新时期小城镇规划建设管理指南丛书

# 小城镇基础设施规划指南

### 徐晓珍　主　编

天津大学出版社
TIANJIN UNIVERSITY PRESS

**图书在版编目(CIP)数据**

小城镇基础设施规划指南/徐晓珍主编 . —天津：
天津大学出版社,2014.10
(新时期小城镇规划建设管理指南丛书)
ISBN 978 - 7 - 5618 - 5215 - 6

Ⅰ.①小… Ⅱ.①徐… Ⅲ.①小城镇-基础设施-城
市规划-指南 Ⅳ.①TU984.11 - 62

中国版本图书馆 CIP 数据核字(2014)第 248619 号

| | | |
|---|---|---|
| 出版发行 | 天津大学出版社 |
| 出 版 人 | 杨欢 |
| 地 址 | 天津市卫津路 92 号天津大学内(邮编:300072) |
| 电 话 | 发行部:022 - 27403647 |
| 网 址 | publish. tju. edu. cn |
| 印 刷 | 北京紫瑞利印刷有限公司 |
| 经 销 | 全国各地新华书店 |
| 开 本 | 140mm×203mm |
| 印 张 | 13.5 |
| 字 数 | 339 千 |
| 版 次 | 2015 年 1 月第 1 版 |
| 印 次 | 2015 年 1 月第 1 次 |
| 定 价 | 35.00 元 |

# 《小城镇基础设施规划指南》
## 编 委 会

主　编：徐晓珍

副主编：桓发义

编　委：张　娜　　孟秋菊　　梁金钊　　刘伟娜

　　　　张微笑　　张蓬蓬　　吴　薇　　相夏楠

　　　　聂广军　　李　丹　　胡爱玲

# 内 容 提 要

本书根据《国家新型城镇化规划（2014—2020 年)》及中央城镇化工作会议精神，系统介绍了小城镇基础设施规划的理论、方法与实践研究。全书主要内容包括概述、小城镇道路交通规划、小城镇给水工程规划、小城镇排水工程规划、小城镇供电工程规划、小城镇通信工程规划、小城镇燃气工程规划、小城镇供热工程规划、小城镇防灾工程规划、小城镇环保环卫规划、小城镇工程管线综合规划、小城镇用地的竖向规划等。

本书内容丰富、涉及面广，而且集系统性、先进性、实用性于一体，既可供从事小城镇规划、建设、管理的相关技术人员以及建制镇与乡镇领导干部学习工作时参考使用，也可作为高等院校相关专业师生的学习参考资料。

# 前　言

城镇是国民经济的主要载体，城镇化道路是决定我国经济社会能否健康持续稳定发展的一项重要内容。发展小城镇是推进我国城镇化建设的重要途径，是带动农村经济和社会发展的一大战略，对于从根本上解决我国长期存在的一些深层次矛盾和问题，促进经济社会全面发展，将产生长远而又深刻的积极影响。

我国现在已进入全面建成小康社会的决定性阶段，正处于经济转型升级、加快推进社会主义现代化的重要时期，也处于城镇化深入发展的关键时期，必须深刻认识城镇化对经济社会发展的重大意义，牢牢把握城镇化蕴含的巨大机遇，准确研判城镇化发展的新趋势新特点，妥善应对城镇化面临的风险挑战。

改革开放以来，伴随着工业化进程加速，我国城镇化经历了一个起点低、速度快的发展过程。1978—2013 年，城镇常住人口从 1.7 亿人增加到 7.3 亿人，城镇化率从 17.9% 提升到 53.7%，年均提高 1.02 个百分点；城市数量从 193 个增加到 658 个，建制镇数量从 2 173 个增加到 20 113 个。京津冀、长江三角洲、珠江三角洲三大城市群，以 2.8% 的国土面积集聚了 18% 的人口，创造了 36% 的国内生产总值，成为带动我国经济快速增长和参与国际经济合作与竞争的主要平台。城市水、电、路、气、信息网络等基础设施显著改善，教育、医疗、文化体育、社会保障等公共服务水平明显提高，人均住宅、公园绿地面积大幅增加。城镇化的快速推进，吸纳了大量农村劳动力转移就业，提高了城乡生产要素配置效率，推动了国民经济持续快速发展，带来了社会结构深刻变革，促进了城乡居民生活水平全面提升，取得的成就举世瞩目。

根据世界城镇化发展普遍规律，我国仍处于城镇化率30%～70%的快速发展区间，但延续过去传统粗放的城镇化模式，会带来产业升级缓慢、资源环境恶化、社会矛盾增多等诸多风险，可能落入"中等收入陷阱"，进而影响现代化进程。随着内外部环境和条件的深刻变化，城镇化必须进入以提升质量为主的转型发展新阶段。另外，由于我国城镇化是在人口多、资源相对短缺、生态环境比较脆弱、城乡区域发展不平衡的背景下推进的，这决定了我国必须从社会主义初级阶段这个最大实际出发，遵循城镇化发展规律，走中国特色新型城镇化道路。

面对小城镇规划建设工作所面临的新形势，如何使城镇化水平和质量稳步提升、城镇化格局更加优化、城市发展模式更加科学合理、城镇化体制机制更加完善，已成为当前小城镇建设过程中所面临的重要课题。为此，我们特组织相关专家学者以《国家新型城镇化规划（2014—2020年）》、《中共中央关于全面深化改革若干重大问题的决定》、中央城镇化工作会议精神、《中华人民共和国国民经济和社会发展第十二个五年规划纲要》和《全国主体功能区规划》为主要依据，编写了"新时期小城镇规划建设管理指南丛书"。

本套丛书的编写紧紧围绕全面提高城镇化质量，加快转变城镇化发展方式，以人的城镇化为核心，有序推进农业转移人口市民化，努力体现小城镇建设"以人为本，公平共享""四化同步，统筹城乡""优化布局，集约高效""生态文明，绿色低碳""文化传承，彰显特色""市场主导，政府引导""统筹规划，分类指导"等原则，促进经济转型升级和社会和谐进步。本套丛书从小城镇建设政策法规、发展与规划、基础设施规划、住区规划与住宅设计、街道与广场设计、水资源利用与保护、园林景观设计、实用施工技术、生态建设与环境保护设计、建筑节能设计、给水厂设计与运行管理、污水处理厂设计与运行管理等方面对小城镇规划建设管理进行了全面系统的论述，内容丰富，资料翔实，集理论与实践于一体，具有很强的实用价值。

本套丛书涉及专业面较广，限于编者学识，书中难免存在纰漏及不当之处，敬请相关专家及广大读者指正，以便修订时完善。

目 录

# 第一章 概　　述

## 第一节　小城镇与小城镇基础设施

### 一、小城镇的基本概述

#### 1. 小城镇的概念

小城镇即规模最小的城市聚落,是指农村一定区域内工商业比较发达,具有一定市政设施和服务设施的政治、经济、科技和生活服务中心。目前在中国,小城镇已经是一个约定俗成的通用名词,即是一种正在从乡村性的社区向多种产业并存的现代化城市转变中的过渡性社区。小城镇专指行政建制"镇"或"乡"的"镇区"部分,且"建制镇"应为行政建制"镇"的"镇区"部分的专称;小城镇的基本主体是建制镇(含县城镇),但其涵盖范围视不同地区、不同部门的事权需要,应允许上下适当延伸,不宜用行政办法全国"一刀切"地硬性规定小城镇的涵盖范围。

#### 2. 小城镇的分类

由于自然、经济等条件不同,使得各个小城镇表现为不同的特征类型。依据不同地区的特征,多层面、多视角地对小城镇进行以下类型划分。

(1)按地理特征分类。地形一般可分为山地、丘陵和平原三类,在小地区范围内地形还可进一步划分为山谷、山坡、滨水等多种形态。因此,按地理特征划分,小城镇可以分为以下几类。

1)平原小城镇。平原大都是沉积或冲积地层,具有广阔平坦的地貌,便于城市建设与运营,因此,平原小城镇数量较多。

2)山地小城镇。山地小城镇多数布置在低山、丘陵地区,由于地形起伏较大,通常呈现出独特的布局效果。

3)滨水小城镇。历史上最早的一批小城镇多数出现在河谷地带。滨水小城镇包括滨海小城镇,这类小城镇在城市布局、景观、产业发展等方面都体现着滨水的独特性。

(2)按功能特征分类。根据小城镇比较突出的功能特征,可划分为以下几种职能类型的小城镇。

1)行政中心小城镇。是一定区域的政治、经济、文化中心;县政府所在地的县城镇;镇政府所在地的建制镇;乡政府所在地的乡集镇(将来能升为建制镇)。城镇内的行政机构和文化设施比较齐全。

2)工业型小城镇。工业型小城镇的产业结构以工业为主,在农村社会总产值中工业产值占的比重大,从事工业生产的劳动力占劳动力总数的比重大。乡镇工业有一定的规模,生产设备和生产技术有一定的水平,产品质量、品种能占领市场。工厂设备、仓储库房、交通设施比较完善。

3)农工型小城镇。农业型小城镇的产业结构,以第一产业为基础,多数是我国商品粮、经济作物、禽畜等生产基地,并有为其服务的产前、产中、产后的社会服务体系,如饲料加工、冷藏、运输、科技咨询、金融信贷等机构为周围地域农业发展提供服务,并以周围农村生产的原料为基础发展乡镇的工业或手工业。

4)渔业型小城镇。沿江河、湖海的小城镇,以捕捞、养殖、水产品加工、储藏等为主导产业。多建有加工厂、冷冻库、运输站等。

5)牧业型小城镇。在我国的草原地带和部分山区的小城镇,以保护野生动物、饲养、放牧、畜产品加工(肉禽、毛皮加工等)为主导产业,也是牧区的生产生活、交通服务的中心。

6)林业型小城镇。在江河中上游的山区林带,过去是开发森林、木材加工的基地,根据生态保护、防灾减灾的要求,林区开发将转化为育林和生态保护区,森林保护、培育、木材综合利用为其主要产业,将成为林区生产生活流通服务的中心。

7)工矿型小城镇。随着矿产资源的开采与加工而逐渐形成的小城镇,或原有的小城镇随着矿产开发而服务职能不断增强,基础设施建设比较完善,为其服务的商业、运输业、建筑业、服务业等也随之得到发展。

8)旅游型小城镇。具有名胜古迹或自然资源,以发展旅游业及为其服务的第三产业或无污染的第二产业为主的小城镇。这些小城镇的交通运输、旅馆服务、饮食业等都比较发达。

9)交通型小城镇。这类小城镇都具有位置优势,多位于公路、铁路、水运、海运的交通中心,能形成一定区域内客流、物流的中心。

10)流通型小城镇。以商品流通为主的小城镇,其运输业和服务行业比较发达,设有贸易市场或专业市场、转运站、客栈、仓库等。

11)口岸型小城镇。位于沿海、沿江河的口岸的小城镇,以发展对外商品流通为主,也包括与邻国有互贸资源和互贸条件的边境口岸的小城镇。这些城镇多以陆路或界河的水上交通为主。设有海关、动植物检疫站、货物储运站等。

12)历史文化古镇。指具有一些有代表性的、典型民族风格的或鲜明地域特点的建筑群,即有历史价值、艺术价值和科学价值文物的小城镇,可发展为旅游型小城镇。

(3)按空间形态分类。从空间形态上划分,小城镇整体上可分为两大类:一类是城乡一体,以连片发展的"城镇密集区"形态存在;另一类是城乡界限分明,以完整独立形态存在。

1)城乡一体,以连片发展的"城镇密集区"形态存在的小城镇。以这种形态存在的小城镇,城与乡、镇域与镇区已经没有明显界限,城镇村庄首尾相接、密集连片。城镇多具有明显的交通与区位优势,以公路为轴沿路发展。这类型小城镇目前主要存在于我国沿海经济发达省份的局部地区。

2)城乡界限分明,以完整独立形态存在的小城镇。这种类型小城镇广泛存在,按其所处空间大致分为以下三种类型。

①城市周边地区的小城镇包括大中城市周边的小城镇和小城市及县城周边的小城镇。这种类型的小城镇发展与中心城紧密相连。

②经济发达、城镇具有带状发展趋势地区的小城镇。这种类型小城镇主要沿交通轴线分布,具有明显的交通与区位优势,最具有经济

发展的潜能,即有可能发展成为城镇带。

③远离城市独立发展的小城镇。这种类型小城镇远离城市,目前和将来都相对比较独立,除少部分实力相对较强、有一定发展潜力外,大部分的经济实力相对较弱,一般都以本地农村服务为主。

(4)按发展模式分类。根据发展动力模式的不同,可将小城镇分为以下几类:

1)地方驱动型。指在没有外来动力的推动下,地方政府组织和依靠农民自己出钱出力,共同建设小城镇各项基础设施,同时共同经营和管理小城镇。

2)城市辐射型。指城市的密集性、经济性和社会性向城市郊外或更远的农村地区扩散,城市的经济活动或城市的职能向外延伸,逐渐形成以中心城市为核心的中小城镇。

3)外贸推动型。这是沿海对外开放程度较高地区较为普遍的方式,这类小城镇抓住了国家鼓励扩大外贸的机遇,发展特色产业,从而促进小城镇的经济发展。

4)外资促进型。指通过利用良好的区位优势,创造有利条件吸引外商投资兴办企业发展起来的小城镇。

5)科技带动型。这种类型小城镇的发展依靠科技创新带动,科技创新与产业发展结合紧密,对经济发展推动力非常强大,小城镇发展速度也较快。

6)交通推动型。这种类型的小城镇依托铁路、公路、航道、航空中枢,依靠交通运输业来发展城镇建设。

**3. 小城镇的特点**

(1)规模小,功能复合。小城镇人口规模及其用地规模和城市相比,属于"小"字辈,然而"麻雀虽小、五脏俱全",一般大中城市拥有的功能,在小城镇中都有可能出现,但各种功能又不能像大中城市那样界定较为分明、独立性较强,所以,往往表现为各种功能集中、交叉和互补互存的特点。

(2)环境好,接近自然。小城镇是介于城市与乡村之间的区域,是乡村的过渡体,是城市的缓冲带。小城镇既是城市体系的最基本单元,同城市有着很多关联,同时又是周围乡村地域的中心,比城市保留着更多的"乡村性"。小城镇具备着介于城市和乡村之间的优美自然环境、地理特征和独特的乡土文化、民情风俗,形成了小城镇独特的二元化复合的自然因素和外在形态。

小城镇多数地处广阔的农村,是地域的中心,担负着直接为周围农村服务的任务。蓝天、白云、绿树、田园风光近在咫尺,有利于创造优美、舒适的居住环境。小城镇乡土文化和民情风俗的地方性也更加鲜明。这对于构建人与自然的和谐,达到人与人、人与社会的交融,以营造环境优美、富有情趣、体现地方特色的小城镇,都有着极为重要的作用。

## 二、小城镇基础设施的概念

小城镇基础设施是小城镇生存和发展所必须具备的工程基础设施和社会基础设施的总称,通常指工程基础设施。小城镇基础设施主要包括城镇道路与交通规划,给水、排水、供电、通信、燃气、供热、防灾、环保环卫等工程设施。

## 三、小城镇基础设施的主要特点

(1)小城镇基础设施的分散性。由于我国小城镇分布面很广,也很分散,特别是一些分布在山区、僻远地区的小城镇,依托区域和城市基础设施的可能性很小。小城镇基础设施的分散性是小城镇基础设施规划复杂性及区别于城市基础设施规划的主要因素之一。

(2)小城镇基础设施的明显区域差异性。小城镇基础设施的明显区域差异性主要包括小城镇基础设施现状和建设基础的差异,相关资源和需求的差异,设施布局和系统规划的差异,以及规模大小和经济运行的差异。小城镇基础设施的区域差异性也是小城镇基础设施规划复杂性及区别于城市基础设施规划的主要因素之一。

(3)小城镇基础设施的规划布局及其系统工程规划的特殊性。我国小城镇基础设施的规划布局及其系统工程规划,就规划整体和方法而言,与城市基础设施的规划布局及其系统工程规划有较大不同。就前者而言,小城镇分布不同、形态各异,有多种不同的规划布局与方法,采用单一的规划布局和单一、单独的规划方法,小城镇基础设施配置不但投资、运行很不经济,而且资源也会造成很大浪费。前者的一些单项设施系统也因其小城镇的分布不同、形态各异,小城镇单项基础设施工程不一定是一个完整的系统。对于较集中分布的小城镇,一个小城镇单项基础设施往往是一个较大区域单项基础设施系统的组成部分,而不是一个完整的单项设施系统。如上述一个小城镇的给水设施,需要配置的往往只是配水厂以下的系统设施,而配水厂以上的给水设施则是在一个相邻区域范围统筹规划布局的共享设施。与前者不同,城市基础设施的规划布局及其系统工程规划中的单项基础设施系统多为一个完整的组成系统,除区域大型电厂等重大基础设施在区域统筹规划布局之外,主要系统设施多在城市规划区范围内布局、配置。

(4)小城镇基础设施的规划建设超前性。小城镇基础设施作为小城镇生存与发展必须具备的基本要素,毋庸置疑,在小城镇经济、社会发展中起着至关重要的作用。小城镇基础设施建设是小城镇经济社会发展的前提和基础。作为前提和基础,小城镇基础设施建设必须超前于其社会经济的发展。

小城镇基础设施规划应充分结合小城镇实际,但又恰当考虑基础设施的超前发展。在需求预测上选择合理的超前系数,在规划建设上选择合理的水平,同时积极采用新技术、新工艺、新方法。

## 四、小城镇基础设施的作用

(1)基础设施是小城镇发展与城镇体系形成及完善的基本要素。小城镇与大中小城市协调发展是符合我国国情的城镇化道路。这不仅要求必须加快提高我国的城镇化水平,使更多的农业富余劳动力和具备条件的农村居民转入城镇就业和定居,也要求因地制宜,完善各级城镇体系。而交通、通信、水、电等区域基础设施的合理布局和建设,形成城镇发展联系的经济与基础设施的轴线、走廊与网络,是小城镇发展与城镇体系形成及完善的基本要素。

(2)基础设施是小城镇发展的载体。基础设施是小城镇经济不可缺少的组成部分,是小城镇赖以生存和发展的重要基础条件;同时,也是提高城市综合竞争力的基础平台。技术性基础设施状况确定一个城镇产业的水平,拥有发达的基础设施,可以吸引和培育高技术、高附加值的产业,创造和持续创造更多的价值。

(3)基础设施是实现生态城镇的支持系统。从理论上分析,生态小城镇建设的科学内涵体现在以下几个方面:①高质量的环保系统;②高效能的运转系统;③高水平的管理系统;④完善的绿地系统;⑤高度的社会文明和生态环境意识。从其内涵可见,生态小城镇的建设主要由小城镇基础设施建设来实现。

(4)基础设施促进小城镇社会经济发展。基础设施的高标准、高水平、超前建设是小城镇经济、社会快速发展取得成功的主要经验之一,而迁就眼前利益,基础设施低起点、低标准、低水平,布局不合理,配套不完善,势必会影响小城镇经济、社会发展,带来交通、通信不畅,水电供应困难,环境污染严重等一系列问题,造成短期勉强维持、长期无发展、难治理的被动局面。

(5)基础设施缩小小城镇与城市的差距。由于交通和通信基础设施的高度发展,城镇时空距离缩短,以及各类基础设施、配套服务设施的高度完备,许多发达国家小城镇建设与城市没有明显区别。

## 五、我国小城镇基础设施现状

我国小城镇基础设施建设发展很不平衡,不同地区小城镇基础设施差别很大。东部沿海经济发达地区一些小城镇基础设施建设颇具规模,有的甚至接近邻近城市水平。而对照城镇化要求,我国小城镇基础设施规划建设现状整体水平普遍不高,道路缺乏铺装,给水普及率和排水管线覆盖率低,基础设施建设普遍滞后,建设不配套,环境质量下降。基础设施工程规划:一是缺乏城镇基础设施统筹规划,各镇为政,自我统一,水厂等设施重复建设严重,未能建立起区域性(城镇群)大配套的有效供给体系;二是县(市)域城镇体系起步晚,县(市)域基础设施规划水平低,不能充分发挥其对县(市)域小城镇基础设施建设的指导作用。

# 第二节　小城镇基础设施规划的组成、任务与意义

## 一、小城镇基础设施规划的组成

小城镇基础设施规划通常是小城镇工程基础设施及其建设相关工程的规划。小城镇基础设施工程规划是小城镇规划不可缺少的重要组成部分。小城镇基础设施工程规划由以下工程规划组成。

(1)小城镇道路与交通规划。

(2)小城镇给水工程规划。

(3)小城镇排水工程规划。

(4)小城镇供电工程规划。

(5)小城镇通信工程规划。

(6)小城镇燃气工程规划。

(7)小城镇供热工程规划。

(8)小城镇防灾工程规划。

(9)小城镇环境卫生工程规划。

(10)小城镇工程管线综合规划。

(11)小城镇用地竖向工程规划。

## 二、小城镇基础设施规划的任务

### 1. 小城镇给水工程规划的主要任务

根据小城镇水资源的状况,最大限度地保护和合理利用水资源,合理选择水源,进行小城镇水源规划和水资源利用平衡工作;确定小城镇自来水厂等给水设施的规模、容量;科学布局给水设施和各级给水管网系统,满足用户对水质、水量、水压等要求;制定水源和水资源的保护措施。

### 2. 小城镇排水工程规划的主要任务

根据小城镇自然环境和用水状况,合理确定规划期内防水处理量,污水处理设施的规模与容量,降水排放设施的规模与容量;科学布

局污水处理厂(站)等各种污水处理与收集设施、排涝泵站等雨水排放设施以及各级污水管网;制定水环境保护、污水利用等对策与措施。

**3. 小城镇供电工程规划的主要任务**

结合小城镇电力资源状况,合理确定规划期内的城市用电量,用电负荷,进行小城镇用电规划;确定小城镇输、配电设施的规模、容量以及电压等级;科学布局变电所(站)等变配电设施和输配电网络;制定各类供电设施和电力线路的保护措施。

**4. 小城镇通信工程规划的主要任务**

结合小城镇通信实况和发展趋势,确定规划期内小城镇通信的发展目标,预测通信需求;合理确定邮政、电信、广播、电视等各种通信设施的规模、容量;科学布局各类通信设施和通信线路;制定通信设施综合利用对策与措施以及通信设施的保护措施。

**5. 小城镇燃气工程规划的主要任务**

结合小城镇燃料资源状况,选择小城镇燃气气源,合理确定规划期内各种燃气的用电量,进行小城镇燃气气源规划;确定各种供气设施的规模、容量;选择并确定小城镇燃气管网系统;科学布置气源厂、汽化站等产、供气设施和输配气管网;制定燃气设施和管道的保护措施。

**6. 小城镇供热工程规划的主要任务**

根据当地气候、生活与生产需求,确定小城镇集中供热对象、供热标准,供热方式;合理确定小城镇供热量和负荷选择并进行小城镇热源规划,确定小城镇热电厂、热力站等供热设施的数量和容量;科学布局各种供热设施和供热管网;制定节能保温的对策与措施以及供热设施的防护措施。

**7. 小城镇防灾工程规划的主要任务**

根据小城镇自然环境、灾害区规划和小城镇地位,确定小城镇各项防灾标准,合理确定各项防灾设施的等级、规模;科学布局各项防灾设施;充分考虑防灾设施与小城镇常用设施的有机结合,制定防灾设施的统筹建设、综合利用、防护管理等对策与措施。

**8. 小城镇环境卫生设施系统规划的主要任务**

根据小城镇发展目标和城市布局,确定小城镇环境卫生设施配置标准和垃圾集运、处理方式;合理确定主要环境卫生设施的数量、规模;科学布局垃圾处理场等各种环境卫生设施,制定环境卫生设施的隔离与防护措施;提出垃圾回收利用的对策与措施。

**9. 小城镇工程管线综合规划的主要任务**

根据小城镇规划布局和各项小城镇工程基础设施规划,检验各专业工程管线分布的合理程度,提出对专业工程管线规划的修正建议,调整并确定各种工程管线在小城镇道路上水平排列位置和竖向标高,确认或调整小城镇道路横断面,提出各种工程管线基本埋深和覆土要求。

## 三、小城镇基础设施的相互关系

(1)小城镇基础设施与小城镇建设的关系。小城镇交通、供电、燃气、供热、给水、排水、通信、防灾、环境卫生等各项工程规划是小城镇建设的主体部分,是小城镇经济、社会发展的支撑体系。小城镇各项工程基础设施的完备程度直接影响小城镇生活、生产等各项活动的开展。滞后或配置不合理的小城镇基础设施将严重阻碍小城镇的发展。适度超前,配置合理的小城镇基础设施不仅能满足小城镇各项活动的要求,而且有利于带动小城镇建设和小城镇经济发展,保障小城镇持续发展。因此,建设完备、健全的小城镇基础设施是小城镇建设最重要的任务。

(2)小城镇道路交通工程规划与其他工程基础设施的关系。小城镇道路交通工程规划为小城镇提供客流交通和物资运输条件,也为小城镇的其他基础设施建设提供各种设备、材料等物资运输条件。

小城镇道路是联系各项工程设施的纽带,是小城镇给水、排水、供电、燃气、供热、通信等工程管线敷设的载体。小城镇大部分工程管线敷设于城镇道路下面,部分工程管线沿道路上空架设。小城镇道路的坡向、坡度、标高将直接影响重力流方式的小城镇工程管线的敷设,如小城镇雨水管渠、污水管道、热水管道、煤气管道以及重力流方式的石油管道和其他液体流经的管道等。因此,小城镇道路的坡向、坡度、标高的确定需与其他工程基础设施统筹考虑,相互协调,共同确定。

(3)其他各工程基础设施之间的相互关系。除小城镇道路交通工程系统外,其他的各工程基础设施之间存在着彼此相吸与相斥关系。为了小城镇工程基础设施的综合利用与管理,在保证设施安全使用与管理方便的前提下,有些设施可集中布置。

小城镇给水工程规划与排水工程规划组成小城镇水工程系统,它们是一个不可分割的整体。但是,根据水质和卫生要求,小城镇取水口、自来水厂必须布置在远离污水处理厂、雨水排放口的地表水或地下水源的上游位置。而且原则上给水管道与污水管道不布置在道路的同侧,若实在有困难,也应有足够的安全防护距离。小城镇的垃圾转运站、填埋场、处理场等设施不应靠近水源,更不能接近取水口、自来水厂等设施。

小城镇供电工程规划与通信工程规划由于存在磁场与电压等因素,为了保证电信设备的安全,信息的正常传递,小城镇强电设施必须与电信设施有相应的安全距离,尤其是无线电收发区应有足够安全防护范围,以免强磁场的干扰。而且原则上电信线路与电力线路不能布置在道路的同侧,以保证电信线路和设备的安全。在有困难的地段,应考虑电信线路采用光缆,或采用管道敷设,并保证有足够的安全距离。

为了保证各类工程设施的安全和整个小城镇的安全,易燃、易爆设施工程、管线之间应有足够的安全防护距离。尤其是发电厂、变电所、各类燃气气源厂、燃气储气站、液化石油气储灌站、供应站等均应有足够的安全防护范围。原则上电力设施与燃气设施不应布置在相邻地域,电力线路与燃气管道、易燃易爆管道不得布置在道路的同侧,各类易燃易爆管道应有足够安全防护距离。此外,电力设施、燃气设施还必须远离易燃、易爆物品的仓储区、仓库等。

## 四、小城镇基础设施规划的意义与作用

### 1. 小城镇基础设施规划的意义

小城镇基础设施规划具有现实指导和未来导向意义。小城镇基础设施规划的各层面规划既能超前、科学地指导工程系统的总体开发

建设,又可以详细、具体地指导各项工程设施设计。而且,经过对其他工程系统规划的综合协调,能有效地指导小城镇基础设施的整体建设,提高小城镇基础设施建设经济性、可靠性和科学性。充分发挥小城镇基础设施在城市发展中的保障与推动作用。

**2. 小城镇基础设施规划的作用**

(1)通过各项小城镇工程规划所做的调查研究对各项小城镇基础设施的现状和发展前景有深刻的剖析,抓住主要矛盾和问题症结,制定解决问题的对策和措施。

(2)小城镇工程规划明确本工程系统的发展目标与规模,统筹本系统建设,制订分期建设计划,有利于建设项目的落实与筹建。

(3)小城镇工程规划合理布局各项工程设施和管网,提供各项设施实施的指导依据,便于有计划地改造、完善现有的工程设施,最大限度地利用现有设施,及早预留和控制发展项目的建设用地和空间环境。

(4)小城镇工程详细规划对建设地区的工程设施和管网作具体的布置,作为工程设计的依据,有效地指导实施建设。

(5)通过各项小城镇工程规划和工程管理综合规划,有利于协调小城镇基础设施建设,合理利用小城镇空中、地面、地下等各种空间,确保各种工程管线安全畅通。

## 五、小城镇基础设施存在的问题

(1)全国小城镇给水工程设施发展较快,有一定基础,但发展不平衡,集镇供水设施普及较低,小城镇给水工程设施整体现状水平不高。

(2)小城镇排水设施投资普遍很小,导致小城镇基础设施的整体水平普遍不高,小城镇排水和污水处理设施处于相当落后的水平。

(3)我国电力工业发展较快,随着国家电网和地方电网、农村电网的不断扩大,我国小城镇用电除大多数已经解决,供电工程建设大多有一定基础,但也存在较多问题。

1)平原、丘陵地区小城镇以大电网和地方小电网供电为主,有丰富水资源的山区等地区小城镇以小电网供电为主。

小城镇电网最高一级电压,县城和中心镇一般为 110 kV,一般小城镇多为 35 kV,小城镇电网多数属农村电网。

2)小城镇农村电网小容量火电机组效率低,污染严重;小电网规模小,受河流季节性和气候的影响,保证出力低。

3)多数小城镇电网电源点单一,形不成环网供电,一旦线路事故检修,容易造成较大范围停电。

4)地方小电网和农村电网网络结构不健全,供电可靠性得不到保证。

5)大多数小城镇变配电设备落后、陈旧,输配电线路老化,供电半径大,线损高,事故隐患多。

6)由于历史原因,多数地区小城镇供电工程缺乏统一规划和管理,电网重复建设,结构不合理,交叉供电现象突出;农村电网电价高。

小城镇供电工程规划建设必须把加快农村电网改造放在重要位置,同时必须加强区域统筹规划。

(4)我国小城镇通信工程设施,已建有一定基础,特别是县驻地镇通信能力有很大提高;传输落后、宽带不足已成为制约小城镇通信发展的主要问题;小城镇广播、电视、网络已初步建成。

(5)许多小城镇防洪工程设施有了一定基础,但对照防洪标准要求还有一定距离,特大洪灾也暴露了小城镇在防洪和建设中一些地区选址、建设不当,防洪设施薄弱,水利设施老化,环境生态破坏严重,江河湖泊淤积,排洪能力减弱,以及水库管理技术水平低,泄洪调度失误等问题。

(6)我国大多数小城镇环境卫生工程设施基础十分薄弱,与小城镇排水、污水处理设施一样,整体现状水平相当落后。小城镇环境卫生工程设施是加强小城镇基础设施建设,改变小城镇"脏、乱、差"面貌的另一个突出重点。

# 第三节 小城镇工程基础设施规划的内容

## 一、小城镇道路与交通工程规划的内容

(1)道路交通现状分析。

（2）交通量需求预测。

（3）对外交通组织和主要对外交通设施（包括公路、铁路、水路交通设施）布局。

（4）镇区道路网规划，包括道路横断面（断面形式与路宽）、交叉口规划、出入口道路规划等。

（5）公共交通、自行车交通、步行交通规划，提出综合交通规划原则。

（6）道路交通设施规划，包括停车场、交通安全和管理设施的设置布置。

## 二、小城镇给水工程规划的内容

### 1. 小城镇给水工程总体规划的主要内容

（1）确定用水量标准，预测小城镇总用水量。

（2）平衡供需水量，选择水源，确定取水方式和位置。

（3）确定给水系统的形式、水厂供水能力和厂址，选择处理工艺。

（4）布局输配水干管、输水管网和供水重要设施，估算干管管径。

（5）确定水源地卫生防护措施。

### 2. 小城镇给水工程详细规划的主要内容

（1）计算用水量，提出对水质、水压的要求。

（2）布局给水设施和给水管网。

（3）计算输配水管渠管径，校核配水管网水量及水压。

（4）选择管材。

（5）进行造价估算。

## 三、小城镇排水工程规划的内容

### 1. 小城镇排水工程总体规划的主要内容

（1）确定排水制度。

（2）划分排水区域，估算雨水、污水总量，制定不同地区污水排放标准。

（3）进行排水管、渠系统规划布局，确定雨、污水主要泵站数量、位置以及水闸位置。

(4)确定污水处理厂数量、分布、规模、处理等级以及用地范围。

(5)确定排水干管、渠的走向和出口位置。

(6)提出污水综合利用措施。

**2. 小城镇排水工程详细规划的主要内容**

(1)对污水排放量和雨水量进行具体的统计计算。

(2)对排水系统的布局、管线走向、管径进行计算复核,确定管线平面位置、主要控制点标高。

(3)对污水处理工艺提出初步方案。

(4)尽量在可能条件下,提出基建投资估算。

## 四、小城镇供电工程规划的内容

**1. 小城镇供电工程总体规划的主要内容**

(1)预测小城镇供电负荷。

(2)选择小城镇供电源。

(3)确定小城镇变电站容量和数量。

(4)布局小城镇高压送电网和高压走廊。

(5)提出小城镇高压配电网规划技术原则。

**2. 小城镇供电工程详细规划的主要内容**

(1)计算用电负荷。

(2)选择和布局规划范围内变配电站。

(3)规划设计 10 kV 电网。

(4)规划设计低压电网。

(5)进行造价估算。

## 五、小城镇通信工程规划的内容

**1. 小城镇通信工程总体规划的主要内容**

(1)依据小城镇经济社会发展目标、小城镇性质与规模及通信有关基础资料,宏观预测小城镇近期和远期通信需求量,预测与确定小城镇近、远期电话普及率和装机容量,研究确定邮政、移动通信、广播、电视等发展目标和规模。

（2）依据小城镇体系布局、小城镇总体布局，提出小城镇通信规划的原则及其主要技术措施。

（3）研究和确定小城镇长途电话网近、远期规划，确定小城镇长途网结构、长途网自动化传输方式、长途局规模的选址、长途局与市话局间城市中继方式。

（4）研究和确定小城镇电话本地网近、远期规划，含确定市话网络结构、汇接局、汇接方式、模拟网、数字网（IDN）、综合业务数字网（ISDN）及模拟网等向数字网过渡方式；拟定市话网的主干路规划和管道规划。

（5）研究和确定近、远期邮政、电话局所的分区范围、局所规模和局所址。

（6）研究和确定近、远期广播及电视台、站的规模和选址，拟定有线广播、有线电视网的主干路规划和管道规划。

（7）划分无线电收发信区，制定相应主要保护措施。

（8）研究和确定小城镇微波通道，制定相应的控制保护措施。

**2. 小城镇通信工程详细规划的主要内容**

（1）计算规划范围内的通信需求量。

（2）确定邮政、电信局所等设施的具体位置、规模。

（3）确定通信线路的位置、敷设方式、管孔数、管道埋深等。

（4）划定规划范围内电台、微波站、卫星通信设施控制保护界线。

（5）估算规划范围内通信线路造价。

## 六、小城镇燃气工程规划的内容

**1. 小城镇燃气工程总体规划的主要内容**

（1）预测小城镇燃气负荷。

（2）选择小城镇气源种类。

（3）确定小城镇气源厂和储配站的数量、位置与容量。

（4）选择小城镇燃气输配管网的压力级制。

（5）布局小城镇输气干管。

**2. 小城镇燃气工程详细规划的主要内容**

(1)计算燃气用量。

(2)规划布局燃气输配设施,确定其位置、容量和用地。

(3)规划布局燃气输配管网。

(4)计算燃气管网管径。

(5)进行造价估算。

## 七、小城镇供热工程规划的内容

**1. 小城镇供热工程总体规划的主要内容**

(1)预测小城镇热负荷。

(2)选择小城镇热源和供热方式。

(3)确定热源的供热能力、数量和布局。

(4)布局城市供热重要设施和供热干线管网。

**2. 小城镇供热工程详细规划的主要内容**

(1)计算规划范围内热负荷。

(2)布局供热设施和供热管网。

(3)计算供热管道管径。

(4)估算规划范围内供热管网造价。

## 八、小城镇防灾工程规划的内容

**1. 小城镇防灾工程总体规划的主要内容(含分区规划)**

(1)确定小城镇消防、防洪、人防、抗震等设防标准。

(2)布局小城镇消防、防洪、人防等设施。

(3)制定防灾对策与措施。

(4)组织小城镇防灾生命线系统。

**2. 小城镇防灾工程详细规划的主要内容**

(1)确定规划范围内各种消防设施的布局及消防通道间距等。

(2)确定规划范围内地下防空建筑的规模、数量、配套内容、抗震等级、位置布局以及平战结合的用途。

(3)确定规划范围内的防洪堤标高、排涝泵站位置等。

(4)确定规划范围内疏散通道、疏散场地布局。

(5)确定规划范围内生命线系统的布局以及维护措施。

## 九、小城镇环境卫生工程规划的内容

### 1. 小城镇环境卫生设施工程总体规划的主要内容

(1)测算小城镇固体废弃物产量,分析其组成和发展趋势,提出污染控制目标。

(2)确定小城镇固体废弃物的收运方案。

(3)选择小城镇固体废弃物处理和处置方法。

(4)布局各类环境卫生设施,确定服务范围、设置规模、设置标准、运作方式、用地指标等。

(5)进行可能的技术经济方案比较。

### 2. 小城镇环境卫生设施工程详细规划的主要内容

(1)估算规划范围内固体废弃物产量。

(2)提出规划区的环境卫生控制要求。

(3)确定垃圾收运方式。

(4)布局废物箱、垃圾箱、垃圾收集点、垃圾转运站、公厕、环卫管理机构等,确定其位置、服务半径、用地、防护隔离措施等。

## 十、城市工程管线综合规划的内容

### 1. 小城镇工程管线综合总体规划的主要内容

(1)确定各种管线的干管走向、水平排列位置。

(2)分析各种工程管线分布的合理性。

(3)确定关键点的工程管线的具体位置。

(4)提出对各工程管线规划的修改建议。

### 2. 小城镇工程管线综合详细规划的主要内容

(1)检查规划范围内各专业工程详细规划的矛盾。

(2)确定各种工程管线的平面分布位置。

（3）确定规划范围内道路横断面和管线排列位置。

（4）初定道路交叉口等控制点工程管线的标高。

（5）提出工程管线基本埋深和覆土要求。

（6）提出对各专业工程详细规划的修正意见。

# 第四节　小城镇基础设施规划的基础资料

小城镇基础设施规划需要有自然环境资料、小城镇现状及规划资料、各专业工程资料等。

## 一、自然环境资料

### 1. 气象资料

（1）气温。城市的年平均气温、极端最高气温、极端最低气温、最大冻土深度。

（2）风。常年主导风向、各季主导风向、风频、平均风速、最大风速、静风频率、风向玫瑰图、台风等。

（3）降水。平均年降水量、最大年降水量、降水强度公式、蒸发量。

（4）日照。平均年日照时数、四季日照情况、雷电日数。

### 2. 水文资料

（1）水系。小城镇及周围地区的江、河、湖、海、水库等分布状况；平均年径流量；年平均流量、最大流量、最小流量；平均水位、最高水位、最低水位；河床演变、泥沙运动、潮汐影响等。

（2）水源。小城镇及周围地区的水资源总量、地表水量、地下水量等。

1）地表水。地表水量分布、过境客水量、水质、水温、大流域水源补给情况，水库储量等。

2）地下水。地下水的种类（潜水、自流水、泉水等）、储量、流向、分布位置、水质、水温、硬度；地下水可开发量；回灌情况、土壤渗透、漏斗区的变化情况；地面沉降等。

### 3. 地质与地形资料

（1）地质。小城镇及周围地区的地质构造与特征。

(2)土壤。小城镇及周围地区的地耐力、腐蚀程度、土质等物理化学性质。

(3)地震。地震断裂带、地震基本烈度以及滑坡、泥石流等情况。

(4)地形。小城镇及周围地区的各种比例的地形图。

(5)生态。小城镇及周围地区的植被状况。

## 二、小城镇现状及规划资料

### 1. 小城镇现状资料

(1)现状经济资料。小城镇国民生产总值、地区生产总值、各行业产值、固定资产、小城镇建设投资、小城镇建设维护等费用,以及历年增长状况。

(2)现状人口资料。小城镇人口数量、各类人口构成与分布状况,以及历年城市人口增长情况,小城镇流动人口资料等。

(3)现状小城镇用地资料。小城镇用地范围、面积,各类建设用地分布状况,以及历年小城镇建设用地增长情况。

(4)现状小城镇布局资料。小城镇各类公共设施、市政设施、工厂企业分布状况、道路交通设施分布状况。

(5)现状小城镇环境资料。小城镇大气、水体和噪声的环境质量状况。

### 2. 小城镇规划资料

(1)小城镇总体规划资料。

1)小城镇规划年限、小城镇性质和人口规模。

2)小城镇经济发展目标,各规划期产业结构、各行业的产值,大型工业项目的规模、产值和分布状况。

3)各规划期的小城镇建设用地规模,各类规划建设用地布局,小城镇道路网和各类设施规划分布状况。

4)小城镇规划居住人口分布状况。

5)小城镇总体规划图、市区城镇体系规划图。

(2)小城镇详细规划资料。

1)详细规划范围内的用地面积、人口规模、工业产值等。

2)该范围内各街坊地块的用地面积、居住人口、各类建筑面积,或地块容积率,或工业企业的性质、产值等。

3)规划道路网,道路宽度、横断面,以及各类设施布置状况。

4)详细规划总平面图,规划指标控制图。

### 三、各专业工程资料

#### (一)小城镇交通工程资料

**1. 交通运输需求资料**

(1)小城镇机动车(客、货)、非机动车等各种交通工具的现有量、构成比例和历年增长情况。

(2)小城镇航空、水运、轨道和道路等各种方式的客货运量、周转量及各种方式的运输量比重,以及其历年变化情况。

(3)居民和车辆出行特征。

(4)客流、货流分布特征。

(5)道路路段和交叉口交通量(机动车、非机动车和人行道等)。

(6)小城镇轨道交通和公交客流的规模和分布等。

**2. 交通设施状况资料**

(1)铁路、公路、水运、航空等对外交通网络和枢纽布局、等级,对外交通设施的容量、布置形式,相关发展指标和技术状况、历年发展变化情况。

(2)小城镇道路及交叉口、公共交通、停车场、广场、货物流通中心等各种城市道路交通设施的分布、等级、形式、规模、相关技术状况、历年发展变化情况。

(3)小城镇航空、水运、轨道和道路交通设施的现状图。

#### (二)小城镇给水工程资料

**1. 小城镇水资源资料**

(1)小城镇水资源分布图、城市水资源分布状况、可利用的地下水、地表水资源量与开发条件。

(2)小城镇及周围的水库设计容量、死库容量、总蓄水量。

(3)小城镇现有的引水工程分布、规模、运行状况。

(4)小城镇取水口的位置、取水条件、原水水质状况。

**2. 小城镇现状供水工程设施资料**

(1)小城镇给水工程设施现状图、分区或详细规划范围的给水工程设施、管线现状图。

(2)小城镇现有自来水厂的分布、规模、制水能力、供水能力、供水压力、运行情况。

(3)现有给水管网分布、走向、管径、管材、管网水质、运行情况。

(4)现状供水水质状况。饮用水(蒸馏水、纯水、矿泉水)制造、使用及销售情况。

(5)现状企业自备水源数量、分布、规模及使用情况。

**3. 小城镇现状供水资料**

(1)小城镇现状总用水量、各类用水量,城市历年用水量增长情况。

(2)小城镇现状供水普及率,用水重复利用率及分支供水情况。

(3)小城镇现状供水水价及节约情况。

(4)小城镇用水保证率及不均匀情况。

**(三)小城镇排水工程资料**

**1. 小城镇排水状况资料**

(1)小城镇现状排水体制、排水流域分区图、分区排水系统。

(2)小城镇现状总污水量,生活污水、工业废水生产量,历年污水量增长情况。

(3)主要污水源、工业废水水源分布情况。

(4)小城镇污水,雨水和工业废水处理利用情况。

(5)小城镇污水排涝情况。

**2. 小城镇排水工程设施资料**

(1)小城镇排水工程设施现状图,分区或详细规划范围的排水工程设施与管线现状图。

(2)小城镇现有污水处理厂的分布、数量、设计处理能力、实际处理能力,处理工艺,处理后水质等情况。

（3）小城镇现有雨、污水管网的分布、位置、管径、长度、高程、排水口位置。

（4）小城镇污水泵站的分布、位置、数量、排水能力。

（5）小城镇排涝泵站的分布、位置、数量、排水能力。

（6）小城镇江、河堤的标高、工程质量、防洪标准、抗洪能力。

### （四）小城镇供电工程资料

#### 1. 区域动力资源

（1）水力资源。本地区水力资源的蕴藏量、可开发量、分布地点及其经济指标。

（2）热能资源。区域的煤、石油、燃气（天然气、沼气、煤气等）、地热等热能资源分布地点、储量、可开采量、经济指标，以及能否供应本城镇等情况。

#### 2. 电源资料

（1）现状区域电力地理接线图，现有负荷和短路功率。

（2）现有及计划修建的电厂和变电站的数量、位置、容量、电压等级等。

（3）区域现有及计划修建的电力线路走向、电压、回路数、容量等。

（4）计划修建的电厂、电力线路的建设年限、发供电量等。

#### 3. 现状城网资料

（1）小城镇电网系统现状图，分区，高压送、配电网现状图，详细规划范围电网现状图。

（2）现状镇网电力线路的电压等级、敷设方式（架空、地理）、导线材料。

（3）现状小城镇变电所、配电所的分布、电压、容量和现有负荷等。

#### 4. 电力负荷资料

（1）工业用电负荷。各工厂企业规模、产品种类、现状用电量、最大负荷、单位产品耗电定额、功率因数、供电可靠性和质量要求，以及生产班次等情况。各工厂企业历年用电量，近期用电增长情况。各工厂企业发展规划、用电量及负荷增长趋势。

（2）农业用电负荷。现状农业用电量、最大负荷、对供电可靠性和质量的要求,农业近期用电增长情况,农业主管部门的农业发展计划以及用电负荷的增长趋势。

(3)生活用电负荷。现状小城镇居民用电量,居住建筑平均负荷(W/m² 建筑面积)或人均居住生活用电水平(W/人),居民家用电器使用情况;现状各类公共设施用电量、用电水平(W/m² 建筑面积)。

(4)公用设施用电负荷。现状道路照明用电量和用电水平(W/m² 道路面积),现状电汽化运输用电量和用电水平[W/(t·km)],现状给水、排水等用电量和用电水平(W/m² 给排水量),现状其他市政设施用电量。

(5)现状电力负荷类型,各类负荷总量、比重及逐年增长情况。

**(五)小城镇通信工程资料**

**1. 邮政系统资料**

(1)小城镇邮政服务网点分布,投递支局、局所分布,局房、设备使用情况,城市邮路、邮件处理等情况。

(2)小城镇现状及历史上主要发展时期的邮政业务总量、信函、期刊、报纸、包裹、邮政储蓄等增长情况。

(3)邮政系统的发展设想,主要为干线邮路组织、邮件处理、投递支局、局所的发展、新业务开拓。

**2. 电话系统资料**

(1)小城镇现状及历史上主要发展时期的电话普及率、总容量、安装率、电话待装户数等。

(2)现有电话局、所的分布,各局、所交换机械设备形式和容量、交换区域界线、局所的新旧程度、使用年限。

(3)现有电话线路和设备种类与分布状况、可利用程度,电话号码资源的利用情况。

(4)电话系统建设动态和发展设想。

**3. 无线电通信系统资料**

(1)移动通信现状,移动电话容量、用户数量、移动台数量与分布;现状无线寻呼发射台数量与分布,无线寻呼用户数量。

（2）现状微波通信发射站数量与分布、发射频道、频率；微波通道分布、控制高度、通道宽度。

（3）卫星通信收发站数量与分布。

（4）无线电台数量与分布、使用频率、设备容量、使用单位、业务功能、收发信号区的范围及保护要求等。

（5）主管部门关于移动通信、微波通信、卫星通信、无线电台等发展设想。

**4. 广播电视资料**

（1）现状无线广播电台数量与分布、频率、发射功率、容量、覆盖范围。

（2）现状有线广播电台分布、设备容量，主要干线分布情况。

（3）无线电视台的数量与分布、电视频道、覆盖范围，电视制作中心规模、容量，电视差转台分布等现状资料。

（4）有线电视台分布、频道数、有线电视入户率、节目数量、主干线分布与走向。

（5）主管部门关于广播电视的发展设想。

（6）有线电视、有线广播线路现状分布状况，总体规划和分区规划阶段，需要有线电视、有线广播线路主干线走向、位置、敷设方式等。详细规划阶段需要规划范围内现有的全部户外线路分布状况、线路位置、走向、敷设方式、线路回路、管孔数、线路材料等。

**(六)小城镇燃气工程资料**

**1. 燃气气源资料**

（1）当地原料（煤气、天然气、沼气）资源的储蓄量、品质、煤质分析、原料生产设施现有生产能力、发展规划、服务年限等。

（2）目前由外地供应的原料数量、品质、价格。

（3）小城镇现有燃气气源设施的供气规模（日平均供气量、日最大供气能力），气源性质、质量，以及调峰情况。

（4）计划部门或委托单位对小城镇燃气原料的安排意见。

（5）燃气气源设施建设地区的基础设施及自然环境条件资料。

**2. 输配系统资料**

（1）小城镇燃气供应系统现状图、分区燃气系统现状图、详细规划范围燃气设施与管线现状图。

(2)燃气供气对象的分布、数量与规模。

(3)小城镇总能源构成与供应、消耗水平,居民、工业、公共建筑用户的燃料构成与供应、消耗,以及用煤、用电价格等资料。

(4)现有燃气输配系统的用气统计、不均匀系数、技术经济指标等资料;输配设施的能力,以及输配设施的供电、供水、排水、道路等条件。

**(七)小城镇供热工程资料**

**1. 小城镇供热现状资料**

(1)小城镇集中供热系统现状图、分区供热系统现状图、详细规划范围供热设施与管线现状图。

(2)现状建筑物供热面积,民用采暖建筑面积,集中供热普及率。

(3)现有采暖供热的供热方式、比重、生活热水供应情况,热能利用状况。

(4)现有火电厂和热电厂(站)的概况,小城镇工业和民用锅炉的分布、供热能力。

(5)已利用的余热资源、供热能力、运行情况和开发前景。

**2. 小城镇供热规划资料**

(1)小城镇集中供热的规划普及率,集中供热的范围、对象,小城镇发展集中供热的政策。

(2)小城镇燃料产地和燃料质量分析资料。

(3)地热、太阳能等能源在当地利用的可能性与开发前景。

**(八)小城镇防灾工程资料**

**1. 小城镇防洪工程资料**

(1)上游流域和小城镇河流两岸导治线的位置、走向及流域内的水土保持情况。小城镇河床断面、过水面积等。

(2)小城镇及周围地区现有与规划水库的蓄水标高、库存,各种频率的下泄流量,水库至城镇的距离等。

(3)流域内其他水利工程设施分布、规模、容量。

(4)小城镇现有防洪工程设施的分布规模、抗洪能力、工程质量、使用情况等。

（5）桥涵的过水能力。

（6）流域和小城镇河流整治规划与实施情况。

（7）小城镇防洪设施标准。

**2. 小城镇抗震工程资料**

（1）小城镇地震历史记载资料。

（2）小城镇现状抗震设施等级、小城镇现状抗震能力、现状建筑状况、各项工程设施设防情况、危险和重点设防单位现状。

（3）小城镇抗震设防标准与等级。

**3. 小城镇消防工程资料**

（1）小城镇消防设施现状，消防站（队）的位置、用地、消防装备、人员数量。消防水源、消防管网分布和压力状况，消防栓布局以及各单位消防组织情况。

（2）易燃易爆品的生产、储运设施和单位的分布状况，化工厂、化肥厂、油库，油品码头、化工仓库、煤气厂、燃气储罐或储罐区、调压站等设施的分布、规模。

（3）小城镇燃气管道、输油管道、易燃气体管道分布与维护状况。

（4）小城镇旧区和建筑密度高的地区的建筑耐火等级及其分布。

**（九）小城镇环境卫生工程资料**

**1. 小城镇环境卫生设施资料**

（1）小城镇环境卫生设施分布现状图。

（2）小城镇现有垃圾处理场、堆埋场、中转场、收集点等设施的分布、数量、处理能力等情况。

（3）小城镇公共厕所、废物箱等设施分布、数量、现状设置标准等。

（4）小城镇环卫车停放场、洗车场等设施的分布、数量、规模。

（5）小城镇环卫管理机构的分布、数量等。

**2. 小城镇废弃物等资料**

（1）小城镇现有生活垃圾、建筑垃圾、工业固体废物、危险固体废物的产生量、产生源。

(2)小城镇现有垃圾的收集、运输、处理方式等资料。

**(十)小城镇工程管线综合工程资料**

(1)小城镇现有和规划的水厂的位置、规模,现有和规划的输配水工程管网的布置形式,给水干管的走向、管径及在小城镇道路中的大致平面位置和埋深要求等。

(2)小城镇工业现有和规划的排水体制,现有和规划的雨、污水干管的走向、敷设方式,以及在小城镇道路中的大致平面位置和埋深要求;雨、污水泵站的位置,排水口的位置等。

(3)小城镇现有和规划的电厂和变电站的位置、容量、电压等级、分布形式、现状和规划的高压送配电网的布局,高压电力线路(35 kV及以上)的走向、位置、敷设方式、高压走廊位置与宽度、高压送配电线路的电压等级、电力电缆的敷设方式,以及在小城镇道路中的大致平面位置和埋深要求。

(4)小城镇现有和规划的热点厂、区域锅炉房、工业余热的分布位置、规模;现有和规划的热力网的供热方式(蒸汽、热水、供热),蒸汽管网的压力等级、蒸汽、热水干管的走向、位置、管径、敷设方式,以及在小城镇道路中的大致平面位置,供热干管敷设的埋深要求。

(5)小城镇现有和规划的邮政、电话局、所分布、规模;现有和规划的各种电话、有线电视干线的走向、位置、敷设方式,以及在小城镇道路中的大致平面位置和埋深要求。

## 四、小城镇规划的成果、制图要求及图例

### 1. 小城镇规划的成果

小城镇规划的最后成果都是由图纸和文字来表达的,其文字的表达应准确、肯定、简练、具有条理性。而规划说明书则用于说明规划内容重要指标选取的依据、计算过程、规划意图等图纸不能表达的问题,以及在实施中要注意的事项。

(1)镇域体系规划的成果。镇域体系规划文件包括规划文本和附件,规划说明书及基础资料收入附件。主要图纸包括以下几种。

1)区位分析图。主要表明与周围县、市的关系,以及处于上层次小城镇体系中的位置、与社会大环境的主要联系等。比例根据实际需要确定。

2)工业、农业及主要资源分布图。包括在县域内工业项目、农业生产项目的位置,主要资源的分布情况,如矿产资源、地质分布、土地、风景名胜等。

3)县域城镇现状图。包括小城镇布局、人口分布、交通网络、土地利用、主要的基础设施、环境、灾害分布等。比例尺一般为 1∶100 000～1∶300 000。

4)经济发展区划图。包括农、林、牧、副、渔、乡镇企业布局、旅游线路布局等内容(比例尺同上)。

5)县域城镇体系规划图。包括小城镇体系、城镇规模和分布、基础设施、社会福利设施、文化教育、服务设施体系、土地利用调整、环境治理与防灾、绿化系统等(比例尺同上)。

(2)小城镇总体规划的成果。小城镇总体规划文件包括规划文本和附件,规划说明及基础资料收入附件。

规划说明书主要包括:镇域概况;明确规划依据、指导思想、原则、期限、目标;镇域经济、人口增长及就业结构、农村城镇化、产业结构调整、环境等方面的规划;镇域小城镇体系规划包括镇区和村庄的分级、规模、功能及性质、发展方向、主要公共建筑布置、基础设施、环境保护、园林绿地等规划以及实施规划的主要措施。

主要图纸包括以下几种。

1)区位分析图。应表明所规划乡镇的位置及用地范围,与市或县城、周围乡镇的经济、交通等联系,以及该区域的公路、河流、湖泊、水库、名胜古迹等。

2)镇(乡)域现状图。应表明现状的小城镇位置、规模、土地利用、道路交通、电力电信、主要乡镇企业和公共建筑,以及资源和环境特点等。比例尺一般为 1∶10 000,可根据规模大小在 1∶5 000～1∶25 000 之间选择。

3)镇(乡)域小城镇体系规划图。应表明规划期末小城镇的等级层次、规模大小、功能及性质、小城镇分布、对外交通与小城镇间的道路系统、电力电信等公用工程设施；主要小城镇企业生产基地的位置、用地范围；主要公共建筑的配置，以及防灾、环境保护等方面的统筹安排。规划图一般为一张图纸，内容较多时可分为两张图纸。比例尺与现状图相同。

（3）小城镇详细规划的成果。控制性详细规划的图纸包括规划文件和规划图纸两部分。规划文件包括规划文本和附件。附件包括规划说明书和基础资料汇编。图纸比例一般为1：1 000～1：2 000。主要规划图纸包括以下几种。

1）位置图标明城镇控制性详细规划的范围及相邻区的位置关系。

2）用地现状图标明各类用地的范围，注明建筑物的现状、人口分布现状以及各类工程设施的现状。

3）土地利用规划图现状土地的使用性质、规模和用地范围等。

4）地块划分编号图标明地块划分界限及编号。

5）各地块控制性详细规划图标明各地块的用地界限、用地性质、用地面积、公共设施位置、主要控制点的标高等。

（4）小城镇修建性详细规划的成果。

修建性详细规划包括规划设计说明书和规划设计图纸。图纸比例一般为1：500～1：2 000。主要规划图纸包括以下几种。

1）规划地段位置图。标明规划地段在城镇中的位置以及与周围城镇的关系。

2）规划地段现状图。标明规划地段内的地形地貌、道路、绿化、工程管线及各类用地的范围等。

3）规划总平面图。标明规划范围内的建筑、道路广场、绿地、河湖水面的位置及范围。

4）道路交通规划图。标明道路红线、交叉口、停车场的位置及用地界限等。

5）竖向规划图。标明道路交叉点、变坡点的控制高程，室外地坪的规划标高。

6）工程管网规划图。标明各类工程管线的走向、管径、主要控制标高，以及相关设施的位置。

7）表达规划设计意图的诱视图或模型。

**2. 小城镇规划的制图要求**

小城镇规划图是完成城镇规划编制任务的主要成果之一。规划图纸在表达规划意图、反映城镇分布、用地布局、建筑及各项设施的布置等方面，比文字说明更为简练、形象、准确和直观。各种规划图纸的名称、图例等都应放在图纸的一定位置上，以便统一图面式样，增加图面修整的效果。

（1）图名。图名，即图纸的名称。图名的字体要求书写工整，大小适当。图名的位置一般横写在图纸的上方，位置要适中。

（2）图标。图标一般在图纸的右下方，表示图纸名称、编绘单位、绘制时间等。图标中的字号应小于图名。

（3）指北针与风向玫瑰图。指北针与风向玫瑰图可一起标绘，指北针也可单独标绘。风向频率玫瑰图以细实线绘制，污染系数玫瑰图以细虚线绘制。风向频率玫瑰图和污染系数玫瑰图可重叠绘制在一起。指北针与风向玫瑰的位置应在图幅区内的上方、左侧或右侧。

（4）图例。图例是图纸上所标注的一切线条、图形、符号的索引，供读图时查对使用。图例所列的线条、图形、符号应与图中标示的完全一致。图例位置一般放在图纸的左下角，图例四周不必框线，注意先画图例，后注名称字体。城镇规划用地图例，单色图例应使用线条、图形和文字；多色图例应使用色块、图形和文字。

（5）比例及比例尺。城镇规划图上标注的比例应是图纸上单位长度与地形实际单位长度的比例关系。必须在图上标绘出表示图纸上单位长度与地形实际单位长度比例关系的比例与比例尺。规划图比例尺的标绘位置可在风向玫瑰图的下方或图例下方。

（6）规划期限。规划年限是说明实施规划任务的年限，要标注在图纸上，字体要采用阿拉伯数字工整书写，位置要与图名相邻，常放在图名的下方。

（7）署名。规划图与现状图上必须签署城镇规划编制单位的正式名称，并可加绘编制单位的徽章。有图标的规划图，在图标内署名；没有图标的城市规划图，在规划图纸的右下方署名。

（8）图框。图纸绘制完成后，要画上边框，进行必要的修饰，以起到美化、烘托图纸的作用。一般图框采用粗、细线两条图框,内框线细一点,外框线相对粗一些,内、外图框间的宽度可按图幅尺寸大小而定。

### 3. 小城镇规划的图例

图例就是图纸上所标注的一切线条、图形、符号的索引,供读图时查对使用。在编制小城镇规划时,把规划内容所包括的各种项目(如工业、仓储、居住、绿化等用地,道路、广场、车站的位置,以及给水、排水、电力、电信等工程管线)应用最简单、最明显的符号或不同的颜色把它们表现在图纸上,采用的这些符号和颜色就叫作规划图例。规划图例不仅是绘制规划图的基本依据,而且是帮助我们识读和使用规划图纸的工具,并在图纸上起着语言和文字说明的作用。

(1)规划图例的分类。

1)按照规划图纸表达的内容,可分为用地图例、建筑图例、工程设施图例和地域图例四类。凡代表各种不同用地性质的符号均称为用地图例,如居住建筑用地、公共建筑用地、生产建筑用地、绿化用地等;建筑图例主要表示各类建筑物的功能、层数、质量等状况;工程设施图例是体现各种工程管线、设施及其附属构筑物,以及为确定工程准备措施而进行必要的用地分析符号,如工程设施及地上、地下的各种管道、线路等;地域图例主要是表示区域范围界限,城乡居民点的分布、层次、类型、规模等。

2)按照建设现状及将来规划设计示意图,可分为现状图例和规划图例两类。现状图例是反映在小城镇建成范围内已形成现状的用地、建筑物和工程设施的图例,如现状用地图例、现状管线图例等,它是为绘制现状图服务的;规划图例是表示规划安排的各种用地、建筑和各项工程设施的图例,它是为绘制规划图纸服务的。

3)按照图纸表现的方法和绘制特点,可分为单色图例和彩色图例两类。单色图例主要是用符号和线条的粗细、虚实、黑白、疏密的不同变化构成的图例,根据具体条件,一般采用铅笔、墨线笔等绘图工具绘成单色图纸,或计算机绘图用单色打印机所绘出的图纸;彩色图例是绘制彩色图纸使用的,主要运用各种颜色的深浅、浓淡绘出各种不同的色块、宽窄线条和彩色符号,来分别表达图纸上所要求的不同内容,常采用彩色铅笔、水彩颜料、水粉颜料等绘制的彩色图纸或计算机绘图用彩色打印机所打印出的图纸。

彩色图例常用色介绍如下。

①彩色用地图例常用色。

淡米黄色：表示居住建筑用地。

红色：表示公共建筑用地；或其中商业可用粉红色、教育设施用橘红色加以区分。

淡褐色：表示生产建筑用地。

淡紫色：表示仓储用地。

淡蓝色：表示河、湖、水面。

绿色：表示各种绿地、绿带、农田、果园、林地、苗圃等。

白色：表示道路、广场。

黑色：表示铁路线、铁路站场。

灰色：表示飞机场、停车场等交通运输设施用地。

②彩色建筑图例常用色。

米黄色：表示居住建筑。

红色：表示公共建筑。

褐色：表示生产建筑。

紫色：表示仓储建筑。

③彩色工程设施图例的常用色。

a. 工程设施及其构筑物图例常用色彩如下。

黑色：表示道路、铁路、桥梁、涵洞、护坡、路堤、隧道、无线电台等。

蓝色：表示水源地、水塔、水闸、泵站等。

b. 工程管线图例常用色彩如下。

蓝色：表示给水管、地下水排水沟管。

绿色：表示雨水管。

褐色：表示污水管。

红色：表示电力、电信管线。

黑色：表示热力管道、工业管道。

黄色：表示煤气管道。

(2)绘制图例的一般要求。

根据不同图例在绘制上的特点,将图例在绘制上的要求简要说明如下。

1)线条图例。图例依靠线条表现时,线条的粗细(宽窄)、间距(疏密)、大小和虚实必须适度。同一个图例,在同一张图纸上,线条必须粗细匀称,间距(疏密)虚实线的长短应尽量一致。表现方法的统一,可以保证图纸上的整幅协调,表达确切,易于区别和辨认。颜色线条,更应注意色彩上的统一,避免出现在同一图例中深浅、浓淡不一致,更不应在绘制过程中随意更换色彩或重新调色。

2)形象图。例如,亭、房屋、飞机等,应尽可能地临摹实物轮廓外形,做到比例适当,使人易画、易懂,形色力求简单,切忌烦琐细碎,难画、难辨。

3)符号图例。运用规则的圆圈、圆点或其他符号排列组合成一定图形(如森林、果园、苗圃、绿地等)时,应注意符号的大小均匀、排列整齐、疏密恰当和表现方式的统一。注意图面的清晰感,并应注意不同角度的视觉效果。

4)色块图例。彩色图例通常是成片的颜色块。邻近色块颜色的深浅、浓淡、明暗的对比是构成图面整幅色彩效果的关键。在一个色块内的颜色必须色度稳定,涂绘均匀。根据色块面积的大小和在图面上表达内容的主次关系来确定色彩的强弱,尽量避免过分浓艳,务必使整个图面色调协调,对比适度。

常见规划图例见表 1-1～1-4。

表 1-1  用地图例

| 代号 | 项　目 | 图　例 |
|------|--------|--------|
| R | 居住用地 | □ |
| R1 | 一类居住用地 | 加注代码 R1 |
| R2 | 二类居住用地 | 加注代码 R2 |

续一

| 代号 | 项　目 | 图　例 | | |
|---|---|---|---|---|
| C | 公共设施用地 | 横线矩形 | 黑色矩形 10 | |
| C1 | 行政管理用地 | C加注符号 | | |
| | 居委、村委、政府 | 居 村 ★ | 居 村 ★ 10 | |
| C2 | 教育机构用地 | 横线矩形 | 31 | |
| | 幼儿园、托儿所 | C加注 幼 | 幼 | |
| | 小学 | 小 | 小 | |
| | 中学 | 中 | 中 | |
| | 大、中专，技校 | 大 专 技 | 大 专 技 | |
| C3 | 文体科技用地 | C加注符号 | | |
| | 文化、图书、科技 | 文 科 图 | 文 科 图 | |
| | 影剧院、展览馆 | 影 展 | 影 展 | |
| | 体育场（依实际比例绘出） | 体育场符号 | 体育场符号 102 | |
| C4 | 医疗保健用地 | C加注符号 | | |
| | 医院、卫生院 | ⊕ | ✚ 10 | |
| | 休、疗养院 | 休 疗 | 休 疗 | |

续二

| 代号 | 项　目 | 图　　例 | |
|------|--------|---------|---|
| C5 | 商业金融用地 | | 10 |
| C6 | 集贸市场用地 | C加注 **集** | C加注 **集** |
| M | 生产设施用地 | | 34 |
| M1 | 一类工业用地 | 加注代码 M1 | |
| M2 | 二类工业用地 | 加注代码 M2 | |
| M3 | 三类工业用地 | 加注代码 M3 | |
| M4 | 农业服务设施用地 | 加注代码 M4 或符号 | |
| | 兽医站 | **兽** | **兽** 32 |
| W | 仓储用地 | | 181 |
| W1 | 普通仓储用地 | | |
| W2 | 危险品仓储用地 | 加注符号 W2 | |
| T | 对外交通用地 | | 253 |
| T1 | 公路交通用地 | 加注符号 | |
| | 汽车站 | | |
| T2 | 其他交通用地 | | |
| | 铁路站场 | | |
| | 水运码头 | | |

| 代号 | 项 目 | 图 例 | |
|---|---|---|---|
| S | 道路广场用地 | | 8 |
| | 停车场 | P | P 8 |
| U | 工程设施用地 | | 153 |
| U1 | 公用工程用地 | 加注符号 | |
| | 自来水厂 | | 131 |
| | 泵站、污水泵站 | | 131 34 |
| | 污水处理场 | | 34 |
| | 供、变电站(所) | | 10 |
| | 邮政、电信局(所) | 邮 电 | 邮 电 |
| | 广播、电视站 | | |
| | 气源厂、汽化站 | m m₍ₐ₎ | m m₍ₐ₎ |
| | 沼气池 | | |
| | 热力站 | | |
| | 风能站 | | |
| | 殡仪设施 | | |
| | 加油站 | | |

续四

| 代号 | 项　　目 | 图　　例 | |
|------|----------|----------|---|
| U2 | 环卫设施用地 | 加注符号 | |
| | 公共厕所 | WC | WC |
| | 环卫站、垃圾收集点、转运站 | 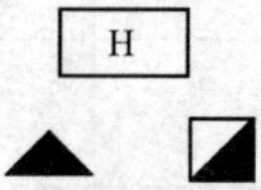 H　　▲　　�￮ | 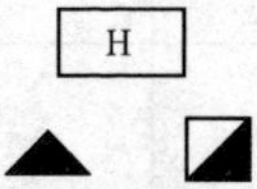 H　　▲　　�￮ 34 |
| | 垃圾处理场 |  ▶◀ |  ▶◀ 34 |
| U3 | 防灾设施用地 | 加注符号 | |
| | 消防站 | ⑪⑨ | ⑪⑨ |
| | 防洪堤、围埝 | 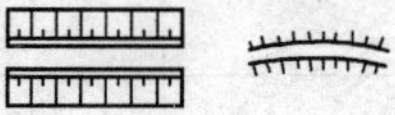 | 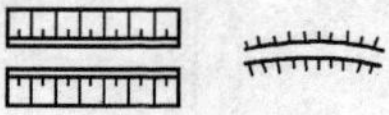 |
| G | 绿地 | | |
| G1 | 公用绿地 | 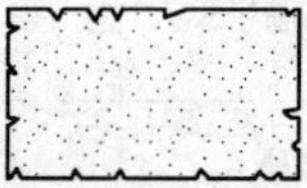 | 72 |
| G2 | 防护绿地 |  |  80 |
| E | 水域和其他用地 | | |
| E1 | 水域 |  |  131 |
| | 水产养殖 | 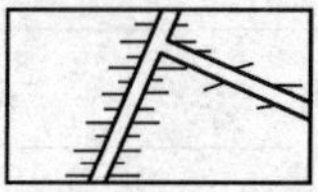 |  130 |
| | 盐田、盐场 | 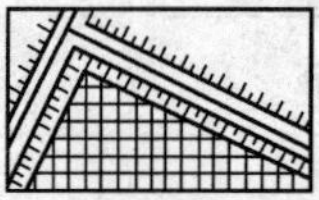 |  130 |

| 代号 | 项　目 | 图　例 | |
|------|--------|--------|---|
| E2 | 农林用地 | | |
| | 旱地 | | 60 |
| | 水田 | | 60 |
| | 菜地 | | 60 |
| | 果园 | | 60 |
| | 苗圃 | | 60 |
| | 林地 | | 60 |
| | 打谷场 | | 60 |
| E3 | 牧草和养殖用地 | | 61 |
| | 饲养场 | 加注 鸡 猪 牛 等符号 | |

续六

| 代号 | 项　目 | 图　例 | |
|------|--------|--------|---|
| E4 | 保护区 | ✕-✕-✕-✕-✕<br>✕-✕-✕-✕-✕ | 64 |
| E5 | 墓地 | | 60 |
| E6 | 未利用地 | | |
| E7 | 特殊用地 | | 谷 60 |

表 1-2　建筑图例

| 代号 | 项　目 | 现　状 | 规　划 |
|------|--------|--------|--------|
| B | 建筑物及质量评定 | 注:字母 a、b、c 表示建筑质量好、中、差,数字表示建筑层数,写在右下角 | 注:数字表示建筑层数,平房不需表示,写在左下角 |
| B1 | 居住建筑 | a2 / a2 40 | 2 / 2 40 |
| B2 | 公共建筑 | a4 / a4 10 | 4 / 4 10 |
| B3 | 生产建筑 | a2 / 34 | 2 / 34 |
| B4 | 仓储建筑 | a / 190 | / 190 |

续表

| 代号 | 项　目 | 现　状 | 规　划 |
|---|---|---|---|
| F | 篱、墙及其他 | | |
| F1 | 围墙 | | |
| F2 | 棚栏 | | |
| F3 | 篱笆 | | |
| F4 | 蒲木篱笆 | | |
| F5 | 挡土墙 | | |
| F6 | 文物古迹 | | |
| | 古建筑 | | 应标明古建名称 |
| | 古遗址 | ××遗址 | 应标明遗址名称 |
| | 保护范围 | 文保 | 指文物本身的范围 |
| F7 | 古树名木 | | |

表 1-3　道路交通及工程设施图例

| 代号 | 项　目 | 现　状 | 规　划 |
|---|---|---|---|
| S0 | 道路工程 | | |
| S11 | 道路平面<br>红线、车行道、中心线、中心点坐标、标高、纵坡 | $i=\%$ | $x=$<br>$y=$　$h$ |
| S12 | 道路平曲线 | | $\alpha=$　$x=$　$h$<br>$R=$　$y=$ |

注:$\alpha$—转折角度;$\dfrac{x}{y}$—折点坐标

$R$—平曲线半径(m);$h$—折点标高

续一

| 代号 | 项　目 | 现　状 | 规　划 |
|------|--------|--------|--------|
| S13 | 道路交叉口红线、车行道、中心线、交叉口坐标及标高、缘石半径 | $x\infty$　$y\infty$　$h$　$R\infty$ | |
| T0 | 对外交通 | | |
| T11 | 高速公路 | （未建成） | |
| T12 | 公路 | 东山市 | 东山市 |
| T13 | 乡村土路 | | |
| T14 | 人行小路 | | |
| T15 | 路堤 | | |
| T16 | 路堑 | | |
| T17 | 公路桥梁 | | |
| T18 | 公路涵洞、涵管 | | |
| T19 | 公路隧道 | | |
| T21 | 铁路线 | | |
| T22 | 铁路桥 | | |
| T23 | 铁路隧道 | | |
| T24 | 铁路涵洞、涵管 | | |

续二

| 代号 | 项　目 | 现　状 | 规　划 |
|------|--------|--------|--------|
| T31 | 公路铁路<br>平交道口 | | |
| T32 | 公路铁路跨线桥<br>公路上行 | | |
| T33 | 公路铁路跨线桥<br>公路下行 | | |
| T34 | 公路跨线桥 | | |
| T35 | 铁路跨线桥 | | |
| T41 | 港口 | | |
| T42 | 水运航线 | | |
| T51 | 航空港、机场 | | |
| U11 | 给水工程 | | |
| | 水源地 | 131 | 130 |
| | 地上供水管线 | DN200　140 | DN 200　140 |
| | 地下供水管线 | DN<br>200　140 | $\dfrac{DN}{200}$　140 |

续三

| 代号 | 项　目 | 现　状 | 规　划 |
|------|--------|--------|--------|
| | 输水槽（渡槽） | | 140 |
| | 消火栓 | 140 | 140 |
| | 水井 | 140 | 140 |
| | 水塔 | 140 | 140 |
| | 水闸 | 140 | 140 |
| U12 | 排水工程 | | |
| | 排水明沟<br>流向、沟底纵坡 | 6‰<br>6‰<br>3 | 6‰<br>6‰<br>3 |
| | 排水暗沟<br>流向、沟底纵坡 | 6‰<br>6‰<br>3 | 6‰<br>6‰<br>3 |
| | 地下污水管线 | 34 | $D400$<br>$D400$<br>34 |
| | 地下雨水管线 | 3 | $D500$<br>$D500$<br>3 |
| U13 | 供电工程 | | |
| | 高压电力线走廊 | 10 | 110kV　110kV<br>10 |
| | 架空高压电力线 | 10 | 10kV<br>10kV<br>10 |

续四

| 代号 | 项 目 | 现 状 | 规 划 |
|------|------|------|------|
|  | 架空低压电力线 | 10 | 10 |
|  | 地下高压电缆 | 10 | 10 |
|  | 地下低压电缆 | 10 | 10 |
|  | 变压器 | 10 | 10 |
| U14 | 通信工程 |  |  |
|  | 架空电信电缆 | 3 | 3 |
|  | 地下电信电缆 | 3 | 3 |
| U15 | 其他管线工程 |  |  |
|  | 供热管线 | 252 | 252 |
|  | 工业管线 | 252 | 252 |
|  | 燃气管线 | 42 | 42 |
|  | 石油管线 | 42 | 42 |

表 1-4　地域图例

| 代号 | 项　　目 | 图　　　例 | |
|------|---------|-----------|---|
| L | 边界线 | | |
| L1 | 国界 | | 200 |
| L2 | 省级界 | | 200 |
| L3 | 地级界 | | 200 |
| L4 | 县级界 | | 200 |
| L5 | 镇（乡）界 | | 200 |
| L6 | 村界 | | 200 |
| L7 | 保护区界 | 加注名称 | 74 |
| L8 | 镇区规划界 | | 221 |
| L9 | 村庄规划界 | | 221 |
| L10 | 用地发展方向 | | 221 |
| A | 居民点层次、人口及用地 | | |
| A1 | 中心城市 | 北京市　10 | （人）<br>(hm²) |
| A2 | 县（市）驻地 | 甘泉县　10 | （人）<br>(hm²) |

续一

| 代号 | 项　目 | 图　　例 | | |
|---|---|---|---|---|
| A3 | 中心镇 | ● ◉　太和镇<br>　　　　10 | | (人)<br>(hm²) |
| A4 | 一般镇 | ◎ ○　赤湖镇<br>　　　　10 | | (人)<br>(hm²) |
| A5 | 中心村 | ● ●　梅竹村<br>　　　47 | | (人)<br>(hm²) |
| A6 | 基层村 | ○ ○　杨庄<br>　　　47 | | (人)<br>(hm²) |
| Z | 区域用地与资源分析 | | | |
| Z1 | 适于修建的用地 | | | 70 |
| Z2 | 需采取工程措施的用地 | | | 31 |
| Z3 | 不适于修建的用地 | | | 45 |
| Z4 | 土壤耐压范围 | >20kN/m²　　<20kN/m² | >20kN/m²　　<20kN/m²<br>23+40 | |
| Z5 | 地下水等深范围 | 0.8m<br>1.5m | 0.8m<br>1.5m<br>160 | |
| Z6 | 洪水淹没范围<br>(100年、50年、20年)<br>及标高 | ——— 洪50年　▽ | ——— 洪50年　▽<br>140+10 | |

| 代号 | 项　目 | 图　例 |
|------|--------|--------|
| Z7 | 滑坡范围 | 虚线内为滑坡范围 |
| Z8 | 泥石流范围 | 小点之内为泥石流边界 |
| Z9 | 地下采空区 | 小点掇合内为地下采空区范围 |
| Z10 | 地面沉降区 | 小点围合内为地面沉降范围 |
| Z11 | 金属矿藏 | 框内注明资源成分 |
| Z12 | 非金属矿藏 | 框内注明资源成分 |
| Z13 | 地热 | 圈内注明地热温度 |
| Z14 | 石油井、天然气井 | |
| Z15 | 火电站、水电站 | |

# 第二章　小城镇道路交通规划

## 第一节　概　述

### 一、小城镇道路交通的作用

小城镇道路交通包括对外道路交通和镇区道路交通。

(1)小城镇对外道路交通。小城镇对外道路交通是城乡联系的桥梁,在小城镇经济和社会发展以及人们生活中起着十分重要的作用。

(2)小城镇镇区道路交通。小城镇镇区道路交通既是小城镇中行人和车辆交通来往的通道,也是布置小城镇公用管线、街道绿化,安排沿街建筑、消防、卫生设施和划分街坊的基础,并在一定程度上关系到临街建筑的日照、通风和建筑艺术造型的处理;同时,对小城镇的布局、发展方向及小城镇的集聚和辐射均起到重要作用。小城镇镇区道路是小城镇各用地地块的联系网络,是整个小城镇的"骨架"和"动脉"。

小城镇道路交通规划是小城镇规划和建设的重要组成部分。

### 二、小城镇道路交通的特点

(1)交通运输工具类型多,机动车中慢速农用车占有较大比例。一般小城镇道路上的交通工具主要有卡车、拖挂车、拖拉机、客车、小汽车、吉普车、摩托车等机动车,还有自行车、三轮车、平板车和一定数量的兽力车等非机动车。这些车辆的大小、长度、宽度差别大,特别是车速差别很大,在道路上混杂行驶,相互干扰大,对行车和安全均不利。据部分富裕地区调查,一些小城镇农用车占机动车比例 50% 左右,小汽车(含摩托车)的比例仅为 16%～18%;县城镇农用车比例一般在 20％左右,少数达到 30％。

(2)人流、车流的流量和流向变化大。随着市场经济的深入,乡镇企业发展迅速,小城镇的流动人口和暂住人口迅速增多,使得小城镇中行人和车辆的流量大小在各个季节一周和一天中均变化很大。各类车辆流向均不固定,在早、中、晚上下班时造成人流、车流集中,形成流量高峰时段。

(3)一般小城镇镇区交通以非机动车与步行方式为主。一般小城镇的交通结构组成中,非机动车与步行的出行占 90％以上。小城镇的人口和用地规模差别大,但一般规模较小,居民出行距离一般在自行车合理骑行范围(6～8 km)之内。除县城镇、中心镇和一般大型镇外,其他一般小城镇只需考虑镇际公共交通,一般不需考虑镇区公共交通。

(4)过境交通和入镇交通流量增长快,占小城镇交通比例高。我国许多小城镇沿公路干线和江河发展,交通条件便利,随着经济发展和城乡繁荣,小城镇在县(市)域综合交通网络中承担的城乡物资商品交流与过境中转交通的双重任务也越来越重,加上近些年来我国不断加大投入交通基础设施建设力度,城乡交通网络不断改善,小城镇过境交通与入镇交通流量增长很快,占小城镇交通比例较高。

### 三、小城镇道路交通中存在的问题

(1)道路基础设施差。道路交通基础设施较差,道路性质不明确、道路断面功能不分,技术标准低,人行道狭窄或被占用,造成人车混行,违反专用交通车站及停车场地,道路违章停车多。在道路的分布中,丁字路口、斜交路口及多条道路交叉的现象也比较多。

(2)小城镇镇区交通与对外交通不协调。一些小城镇规划建设各自为政,缺乏区域统一规划与协调,小城镇镇区道路交通与对外道路交通之间很不协调。对小城镇的车流和人流缺乏动态分析,交通道路规划不能满足小城镇经济社会发展的需要。

(3)缺少停车场地,道路两侧违章建筑多。小城镇中缺少专用停车场地,加之管理不够,各种车辆任意停靠,占用了车行道与人行道,造成道路交通不畅；道路两侧违章搭建房屋多，以及违章摆摊设点、占道经营多，造成交通不畅。

（4）交通管理落后、设施缺乏、体制不健全。小城镇中交通管理人员少，体制不健全，交通标志、交通指挥信号等设施缺乏，致使交通混乱。在对道路交通进行管理时，时常采取专项处理方式进行。当上路开展清理整顿时，违章者、执法者经常上演"游击战"，违章者驾车或躲或藏，交警经常扑空。交警撤退，违章依旧。

# 第二节　小城镇道路系统规划

## 一、小城镇道路系统规划的基本要求

### 1. 在合理的城镇用地功能组织基础上，有一个完整的道路系统

小城镇中的各个组成部分通过城镇道路构成一个相互协调、有机联系的整体。小城镇道路系统规划应以合理的城镇用地功能组织为前提，而在进行城镇用地功能组织的过程中，应该充分考虑小城镇交通的要求。两者紧密结合，才能得到较为完善的方案。

### 2. 应满足交通流畅、安全和迅速

在规划小城镇道路系统时，其选线位置要合理，主次分明，功能明确。过境公路或过境公路联系的对外道路，连接工厂、仓库、码头、货场等的交通性干道应避免穿越城镇中心的地段。位于商业服务、文化娱乐等大型公共建筑前的道路，应设置必要的人流集散场地、绿地和停车场地。

### 3. 充分结合地形、地质、水文条件合理规划道路走向

在确定道路走向和宽度时，尤其要注意节约用地和投资费用。自然地形对规划道路系统有很大的影响。在地形起伏较大的丘陵地区或山区，一般宜沿较缓的山地或结合等高线自由布置道路。对于平原地区的小城镇，按交通运输的要求，道路线形宜平，而直路面对不合理的局部路段，可以采取"截弯取直"或拓宽路面的措施予以改造。

#### 4. 有利于改善小城镇环境

考虑小城镇环境卫生和景观面貌的要求,小城镇主要道路的走向应与小城镇夏季盛行风向相一致,以利于小城镇通风。但在沿海地区、沙漠地区和寒冷地区,为避免暴风、沙尘和风雪直接侵袭,小城镇主要道路的走向应与风沙、雨雪季节的主导风向相垂直或成一定的偏斜角度。小城镇道路是用以联系小城镇各主要组成要素,同时也通过它来反映小城镇面貌。小城镇道路系统在力求通畅、完整的同时,更要注意小城镇道路与建筑、绿化、广场、江湖水面、名胜古迹的配合,以形成优美的小城镇景观艺术效果。可考虑利用与引借小城镇的制高点、风景点和大型公共建筑,来丰富街道景观。

#### 5. 有利于各种工程管线的布置

小城镇道路的纵坡要有利于地面排水,并应根据小城镇公共事业和市政工程管线规定,留有足够的空间和用地。小城镇道路系统规划还应与人防工程、防洪工程、消防工程等防灾工程密切配合。

### 二、小城镇道路的分级

小城镇道路的分级,应根据城镇规模大小而定。县城镇、较大的小城镇镇区道路可分为四级,即主干道、次干道、一般道路和巷道;一般小城镇镇区道路分为四级。

(1)主干道或一级道路。这种道路用于小城镇对外联系或小城镇内生活区、生产区与公共活动中心之间的联系,是小城镇道路网中的中枢。

(2)次干道或二级干道。这种道路通常与主干道平行或垂直,与主干道一起,构成小城镇道路骨架,主要解决小城镇内生活、生产地段的交通。

(3)一般道路或三级道路。这种道路是小城镇道路的辅助道路。

(4)巷道或四级道路。这种道路是小城镇内各建筑之间联系的通道,主要解决人行、住宅区的消防等。

小城镇道路的组成见表2-1,并应符合表2-2的规定。表中道路红线是指规划道路的路幅边界线,红线宽度即红线之间的宽度,也就是路幅宽度。

表 2-1  小城镇镇区道路系统组成

| 规划规模分级 | 道路级别 | | | |
| --- | --- | --- | --- | --- |
| | 主干路 | 干路 | 支路 | 铺路 |
| 特大、大型 | ● | ● | ● | ● |
| 中型 | ○ | ● | ● | ● |
| 小型 | — | ○ | ● | ● |

注:表中●—应设的级别;○—可设的级别。

表 2-2  小城镇道路分级标准

| 规划设计指标 | 集镇道路分级 | | | |
| --- | --- | --- | --- | --- |
| | 一 | 二 | 三 | 四 |
| 计算行车速度/(km/h) | 40 | 30 | 20 | |
| 道路红线宽度/m | 24～32 | 16～24 | 10～14 | 4～8 |
| 车行道宽度/m | 14～20 | 10～14 | 5～7 | 3.5 |
| 每侧人行道宽度/m | 3～6 | 2.5～5 | 1.5 或不设 | 不设 |
| 交叉口建议间距/m | ≥500 | 300～500 | 150～200 | 80～150 |

### 三、小城镇道路系统的空间布局

(1)方格网式道路系统。方格网式俗称棋盘式,是一种常见的形式,其优点是道路呈直线,且交叉点多为直角,适用于地形平坦地区的小城镇;其缺点是对角线方向的交通不够方便,布局较呆板。

(2)环行放射式道路系统。一般由小城镇的公共中心或车站、码头作为放射道路的中心,向四周引出若干条放射性道路。其缺点是在中心地区易引起机动车交通堵塞,交通的灵活性不如方格网式道路系统好。另外,道路的交叉形式有很多钝角与锐角,街坊用地不整齐,不利于建筑物的布置。又由于小城镇规模不大,从中心到各地段的距离较小,一般来说,没有必要采取纯放射式道路系统。

(3)自由式道路系统。自由式道路系统多用于山区、丘陵地带或地形多变的地区,道路为结合地形变化而布置成路线曲折的几何图形。其优点是充分结合自然地形,节省道路建设投资,布置比较灵活。但道路弯曲不易识别方向,不规则形状的地块较多。

(4)混合式道路系统。混合式道路系统是结合小城镇用地条件,采用上述计划总道路形式组合而成,它具有前述几种形式的优点。

### 四、小城镇道路横断面组成与形式

#### 1. 道路横断面的组成

沿道路宽度方向,垂直于道路中心线所作的断面,称为道路横断面。其一般由车行道、人行道、分隔带和行道树等组成,如图 2-1 所示。

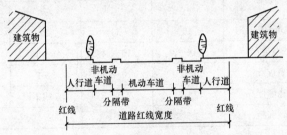

**图 2-1　道路横断面的组成**

(1)车行道。车行道包括机动车道和非机动车道。机动车道宽度以“车道”为单位来确定,“车道”宽以 3.5～4 m 计。单车道的混合机动车通行能力一般取每小时 400 辆计,根据对高峰小时交通量的预测,可通过计算得出机动车道宽度。

非机动车道是供自行车、三轮车、兽力车和架子车等车辆行驶的车道。小城镇中非机动车道单向行驶宽度一般可采用 3～5 m。

(2)人行道。人行道除满足行人步行的需要外,还用于种植绿化带(或行道树)、立灯杆或架空线杆、埋设地下工程管线。

步行区宽度以“步行带”为单位来确定,“步行带”宽以 0.75 m 计。根据行人步行速度不同,其每小时通行能力为 600～1 000 人。道路等级与步行带条数成正比,主干道设 4～6 条步行带,次干道设 2～4 条步行带,则人行道宽度一般在 3～5 m。

(3)分隔带。分隔带又称为分车带或分流带,是分隔车道的隔离物,由绿化或挡墩、栅栏等组成。无论采用何种形式的分隔带,都不应遮挡驾驶员的视线。为了保证行车安全,除交叉口和较多机动车出入口处,分隔带应是连续的。

**2. 道路横断面的形式**

城市道路横断面的基本形式可分为三种,俗称为一块板、两块板和三块板。

(1)一块板断面。不用分隔带划分车行道的道路横断面称为一块板断面。一块板适用于道路红线较窄(一般在 40 m 以下),非机动车不多,设四条车道已能满足交通需要的情况。

(2)两块板断面。用分隔带划分车行道为两部分的道路横断面称为两块板断面。两块板可以减少对向机动车相互之间的干扰,适用于双向交通量比较均匀的情况。

(3)三块板断面。用分隔带将车行道划分为三部分的道路横断面称为三块板断面。三块板适用于道路红线宽度较大(一般在 40 m 以上)、机动车辆多(需要≥4 条机动车道)、行车速度高,以及非机动车多的主干道。

## 五、小城镇道路交叉口

**1. 平面交叉口的类型**

道路交叉口是道路与道路相交的部位,可分为平面交叉和立体交叉两种类型。其中平面交叉在小城镇中最为常见,是指各相交道路中心线在同一高程相交,其常见形式有下列几种类型,如图 2-2 所示。

(1)十字形交叉口如图 2-2(a)所示,两条道路相交,互相垂直或近似于垂直,这是最基本的交叉口形式。其交叉形式简洁,便于交通组织,适用范围广,可用于相同等级或不同等级的道路交叉。

(2)X 交叉口如图 2-2(b)所示,两条道路以锐角或钝角相交。由于当相交的锐角较小时,会形成狭长的楔形地段,对交通不利,建筑也难处理,因此应尽量避免这种形式的交叉口。

（3）T 形、错位形、Y 形交叉口如图 2-2(c)～(e)所示，一般用于主要道路和次要道路相交的交叉口。为保证干道上的车辆行驶通畅，主要道路应设在交叉口的顺直方向。

（4）复合交叉口如图 2-2(f)所示，用于多条道路交叉。这种交叉口用地较大，交通组织复杂，应尽量避免。

（5）环行交叉口，车辆沿环道按逆时针方向绕中心岛环行通过交叉口。

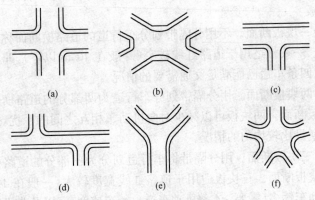

图 2-2　交叉口的类型

(a)十字形交叉口；(b)X 形交叉口；(c)T 形交叉口；
(d)错位形交叉口；(e)Y 形交叉口；(f)复合交叉口

## 2. 交叉口的视距

交叉口是车辆交通最复杂的地方，为使行车安全，要保证驾驶人员在进入交叉口之前的一段距离内能看清相交道路驶来的车辆，并安全通过或及时停车，这段距离应不小于车辆行驶时的停车视距（车辆在道路上行驶时，驾驶人员从看到前方路面上的障碍物开始刹车起直到到达障碍物前安全停止所需的最短距离）。当设计行车速度为 15～25 km/h 时，停车视距一般为 25～30 m；当设计行车速度为 30～40 km/h时，停车视距为 40～60 m。由两相交道路的停车视距在交叉口所组成的三角形，称为视距三角形。在视距三角形以内不得有任何阻碍驾驶人员视线的建、构筑物和其他障碍物，此范围内如有绿化，其高度应不大于 0.7 m。视距三角形是设计道路交叉口的必要条件,应从最不利的情况考虑,一般为最靠右的第一条直行车道与相交道路最靠中的一条车道所构成的三角形,如图 2-3 所示。

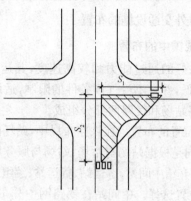

图 2-3　交叉口视距三角形

# 第三节　小城镇交通规划

## 一、小城镇对外交通

### (一)小城镇对外交通类型

小城镇对外交通运输是指以小城镇为基点,与小城镇外部进行联系的各类交通运输的总称。其是小城镇存在与发展的重要条件,也是构成小城镇不可缺少的物质要素。它把小城镇与其他地区城镇联系起来,促进了它们之间的政治、经济、科技、文化交流,为发展工农业生产、提高人民生活质量服务。

小城镇对外交通的类型主要包括铁路、公路和水运三类,各种交通类型都有其各自的特点。

(1)铁路交通。铁路交通运输量大、安全,有较高的行车速度,较强的连续性,一般不受季节、气候影响,可保持常年正常的运行。

(2)公路交通。公路交通机动灵活,设备简单,是适应能力较强的交通方式。

(3)水运交通。水运交通运输量大,成本低,投资少,耗时长。

## (二)小城镇对外交通设施的布置

### 1. 铁路在小城镇中的布置

铁路运输有良好的通过能力和较高速度,其运量大、一次性投资多、日常运行成本低,并且不受气候条件的限制,适用于中、长途运输。小城镇铁路由铁路站场和线路两部分组成。

(1)铁路站场位置的布置。在铁路布局中,站场的位置起着主导作用,因为线路的走向是根据站场与站场、站场与服务地区的联系需要而确定的。下面重点介绍中间站、客运站、货运站、编组站的位置布置。

1)中间站的位置选择。中间站在铁路网中分布普遍,是一种客货合一的车站,多采用横列式布置。根据客货站与城市的位置,中间站可以分为以下三种布置形式。

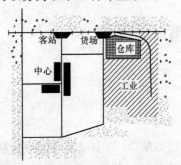

①铁路客、货站在小城镇同侧布置。在规划布置时,为了避免铁路切割小城镇,最好使铁路从镇区的边缘通过,并将客站与货站都布置在镇区这一侧,使货场接近于工业和仓库用地,而客站靠近居住用地的一侧,如图 2-4 所示。在布置时应注意客站与货站的两侧要留有适当的发展用地。

图 2-4　铁路客、货站在小城镇同侧布置

这种布置形式比较理想,但由于客货同侧布置对运输量有一定的限制,从而限制了小城镇工业与仓库的发展,所以,这种布置方式只适用于工业与仓库规模较小的小城镇。否则,由于小城镇发展过程中布置了过多的工业,运输量增加,专用线增多,必然影响到铁路正线的通行能力。

②铁路货站在城市对侧、客站在小城镇同侧布置。当小城镇货运

量大,而同侧布置又受地形限制时,可采取客货对侧布置的形式,且应将铁路运输量大、职工人数少的工业有组织地安排在货场一侧,而将镇区的主要部分仍布置在客站一侧,同时,还要选择好跨越铁路的立交道口,尽量减少铁路对镇区交通运输的干扰,如图 2-5 所示。

　　③铁路客站在城市对侧、货站在小城镇同侧布置。当工业货运量与职工人数都比较多时,也可采取将镇区主要部分设在货场一侧,而将客站设在对侧,如图 2-6 所示。这样,大量职工上下班不必跨越铁路,主要货源也在货场同侧,仅需镇区人口比较少的旅客上下火车时跨越铁路。

图 2-5　铁路货站在城市对侧、
客站在小城镇同侧布置

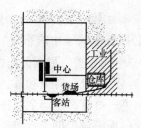

图 2-6　铁路客站在城市对侧、
货站在小城镇同侧布置

　　总之,由于多种原因当车站必须采取客货对侧布置,小城镇交通将不可避免地要跨铁路两侧,应保证镇区布置以一侧为主,货场与地方货源、货流同侧,充分发挥铁路运输效率,并在布局时尽量减少跨越铁路的交通量。

　　2)客运站的位置选择。客运站的服务对象是旅客,为了方便旅客,位置要适中,靠近小城镇中心。据调查,客运站距离镇中心在 2～3 km 比较方便。

　　3)货运站的位置选择。小城镇设一个综合性的货运站与货场即可满足要求,以到发为主的综合性货运站(特别是零担货物)一般应深入接近货源或消费地区。

　　4)编组站的位置选择。编组站是为货运列车服务的专业性车站,承担车辆解体、汇集、甩挂和改编的业务。编组站由到发场、出发场、编组场、驼峰、机务段和通过场组成,用地范围一般比较大,其布置要避免与小城镇的相互干扰,同时也要考虑职工的生活。

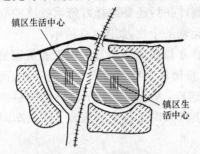

图 2-7　小城镇铁路布置与城镇分区的配合

(2)铁路线路的布置。当铁路线路不可避免地穿越城镇时,应配合城镇规划的功能分区,把铁路线路布置在各分区的边缘、铁路两侧各分区内均应配置独立完善的生活福利和文化设施,以尽量减少跨越铁路的交通,如图 2-7 所示。

**2. 公路在小城镇中的布置**

(1)公路的分类。根据公路性质和作用及其在国家公路网中所处的位置,可分为国道、省道和县、乡道三类。

1)国道。由首都通向全国各省、市、自治区政治、经济中心和三十万以上人口规模城市的干线公路,或通向各大道口、铁路枢纽、重要工农业产地的干线公路,以及通向重要对外口岸和开放城市、革命纪念地、名胜古迹的干线公路,有重要意义的国防公路干线。这些公路组成国家的干线公路网。

2)省道。属于省内县、市间联系的干道或某些大城市联系近郊城镇、休疗养区的道路。

3)县、乡道。是直接服务于城乡、工矿企业的客货运输道路,与广大人民的生产、生活有密切的联系,是短途运输中的主要道路。

(2)公路的分级。公路根据功能和适应的交通量分为以下五个等级。

1)高速公路为专供汽车分向分车道行驶并应全部控制出入的多车道公路。

①四车道高速公路应能适应将各种汽车折合成小客车的年平均日交通量 25 000~55 000 辆;

②六车道高速公路应能适应将各种汽车折合成小客车的年平均日交通量 45 000~80 000 辆;

③八车道高速公路应能适应将各种汽车折合成小客车的年平均日交通量 60 000~100 000 辆；

2)一级公路为供汽车分向分车道行驶并可根据需要控制出入的多车道公路。

①四车道一级公路应能适应将各种汽车折合成小客车的年平均日交通量 15 000~30 000 辆；

②六车道一级公路应能适应将各种汽车折合成小客车的年平均日交通量 25 000~55 000 辆；

3)二级公路为供汽车行驶的双车道公路。双车道二级公路应能适应将各种汽车折合成小客车的年平均日交通量 5 000~15 000 辆。

4)三级公路为主要供汽车行驶的双车道公路。双车道三级公路应能适应将各种车辆折合成小客车的年平均日交通量 2 000~6 000 辆。

5)四级公路为主要供汽车行驶的双车道或单车道公路。

①双车道四级公路应能适应将各种车辆折合成小客车的年平均日交通量 2 000 辆以下；

②单车道四级公路应能适应将各种车辆折合成小客车的年平均日交通量 400 辆以下；

(3)各级公路交通量预测。各级公路设计交通量的预测应符合下列规定。

1)高速公路和具干线功能的一级公路的设计交通量应按 20 年预测；具集散功能的一级公路，以及二、三级公路的设计交通量应按 15 年预测；四级公路可根据实际情况确定。

2)设计交通量预测的起算年应为该项目可行性研究报告中的计划通车年。

3)设计交通量的预测应充分考虑走廊带范围内远期社会经济的发展和综合运输体系的影响。

(4)公路等级选用的基本原则。

1)公路等级的选用应根据公路功能、路网规划、交通量，并充分考虑项目所在地区的综合运输体系、远期发展等，经论证后确定。

2)一条公路,可分段选用不同的公路等级或同一公路等级不同的设计速度、路基宽度,但不同公路等级、设计速度、路基宽度间的衔接应协调,过渡应顺适。

3)预测的设计交通量介于一级公路与高速公路之间时,拟建公路为干线公路时,宜选用高速公路;拟建公路为集散公路时,宜选用一级公路。

4)干线公路宜选用二级及二级以上公路。

(5)不同类型机动车交通量的换算。因道路上行驶的车辆类型比较复杂,在计算混合行驶的车行道上的能力或估算交通量时,需要将各种车辆换算成同一种车。确定公路等级的各汽车代表车型和车辆折算系数见表2-3。

表2-3　各汽车代表车型与车辆折算系数

| 汽车代表车型 | 车辆折算系数 | 说　　明 |
|---|---|---|
| 小客车 | 1.0 | ≤19座的客车和载质量≤2 t的货车 |
| 中型车 | 1.5 | >19座的客车和2 t载质量~≤7 t的货车 |
| 大型车 | 2.0 | 7 t<载质量≤14 t的货车 |
| 拖挂车 | 3.0 | 载质量>14 t的货车 |

(6)公路线路在小城镇中的布置。从我国现有小城镇的形成和发展来看,多数小城镇往往是沿着公路两边逐渐形成的,在旧的小城镇中,公路与小城镇道路并不分设,也没有明确的功能分工,它们既是小城镇的对外交通性道路,又是小城镇内部的主要道路,逐步形成了某些小城镇在公路两旁商业服务设施集中、行人密集、车辆来往频繁的混乱现象,使各种车辆之间、车辆与行人之间产生很大干扰。由于对外交通穿越小城镇,分割居住区,不利于交通安全,也影响居民的生活安宁,如图2-8所示。

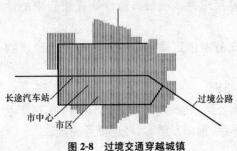

图2-8　过境交通穿越城镇

这种布置不能适应小城镇交通现代化的要求，必须认真加以解决。

在进行小城镇规划时，通常是根据公路等级，小城镇性质和规模等因素来确定公路布置方式，常见的公路布置方式有以下几种。

1)将过境交通引至小城镇外围，以"切线"的布置方式通过小城镇边缘。这种布置方式可将车站设在小城镇边缘的入口处，使过境交通终止于此，不再进入镇区，避免小城镇无关的过境车辆进入镇区所带来的干扰。

2)将过境公路与小城镇保持一定的距离，公路与小城镇的联系采用引进入镇道路的布置方式。这种布置方式适用于公路等级较高且经过小城镇的规模又较小的情况。公路等级越高，经过小城镇的规模越小，则在公路行驶的车辆中需要进入该小城镇的车流比重也就越小，而过境车流量所占比重则越大，所以，公路迁离小城镇布置是适宜的。

3)当小城镇汇集多条过境公路时，可把各过境公路的汇集点从小城镇内部移到小城镇边缘，采用过境公路绕小城镇边缘组成小城镇外环道路的布置方式。这种布置方式相对于外环道路既能较好地引出过境交通，又能兼作布置于小城镇边缘工业仓库之间的交通性干道，以减轻小城镇内部交通的压力和对居住区的干扰。原过境公路伸入小城镇内部的路段可改作小城镇道路。

(7)公交汽车站在小城镇中的布置。一般可分为客运站、货运站和混合站三类。其位置和用地规模应结合城镇特点及城镇干道系统规划统一考虑；布置的原则是既满足使用功能，又不对城镇产生干扰，并与城镇中的铁路站场、水运码头等其他交通设施有良好的联系，组织联运。

1)客运站。对于小城镇，由于镇区面积不大，客运人数不多，长途汽车客运班次较少，大都设1个客运站，布置在小城镇边缘，主要是为了减少过境车流进入镇区；若小城镇铁路交通量不大时，还可将长途汽车站和铁路车站结合布置。

2)货运站。货运站的布置与货物的性质有关；供应城镇居民日常生活用品的货运站，应布置在城镇中心区的边缘地段，与镇区内仓库有较为直接的联系;以供应工业区的原料或运输工业产品或以中转货物为主的货运站,可布置在仓库区,也可布置在铁路货运站及货运码头附近,以便组织联运,同时,货运站宜通过城镇交通性干道对外联系。

一般小城镇由于规模不大、车辆不多,为便于管理,往往客运站与货运站合并布置。

3)混合站。大多镇(乡)的城(集)镇规模较小,公路汽车站一般以混合站为主,位置一般宜选择在城(集)镇对外联系的主方向和主通道边上。

### 3. 港口在小城镇中的布置

水路运输的站场就是港口,它是港口小城镇的重要组成部分,在港口小城镇规划中应合理地部署港口及其各种辅助设施的位置,妥善解决港口与小城镇其他各组成部分的联系。

(1)港口的分类和组成。

1)港口的分类。随着公路运输的发展,根据水运的特点,小城镇港口目前以货运港和渔港为主,水上客运在逐渐减少,或转向以旅游业服务为主。港口一般按装卸货物种类和修建形式分类,具体如下:

①按装卸货物种类分类。按装卸货物种类分为综合港、货运港、客运港、其他港(如军港、渔港)等。

②按修建形式分类。按修建形式分为顺岸式港口、挖入式港口、混合式港口。

2)港口的组成。港口由水域和陆域两大部分组成。

①水域。水域是船舶航行、运转、锚泊和停泊装卸的场所,包括航道、码头前水域港池及锚地。

②陆域。陆域包括码头及用来布置各种设备的陆地,供游客上下船、货物装卸、堆存和转载之用。

(2)港口位置的选择。

1)港口应选在地质条件较好、冲刷淤积变化小、水流平顺、具有较宽水域和足够水深的河(海)岸地段。

2)港口应有足够的岸线长度和一定的陆域面积,以供布置生产和辅助设施。

3)港口应与公路、铁路有通畅的连接,并且有方便的水、电、建筑材料等供应。

4)港口应尽量避开水上贮木场、桥梁、闸坝及其他重要的水上构筑物,若不需跨越桥梁、渡槽、管道等水上过河建筑物时,通航净空尺度应按所通过的最大船舶的高度和航行技术确定,但不得小于表 2-4 中的尺度。

5)港区内不得跨越架空电线和埋设水下电缆,两者应距港区至少100 m,并设置信号标志。

6)客运码头应与镇区联系方便,不为本镇服务的转运码头,应布置在镇区以外的地段。

表 2-4 水上过河建筑物通航净空尺寸　　　　　　　　(单位:m)

| 航道等级 | 天然及渠化河流 | | | | 限制性航道 | | | |
|---|---|---|---|---|---|---|---|---|
| | 净高 $H_M$ | 净宽 $B_M$ | 上底宽 $b$ | 侧高 $h$ | 净高 $H_M$ | 净宽 $B_M$ | 上底宽 $b$ | 侧高 $h$ |
| Ⅰ-(1) | 24 | 160 | 120 | 7.0 | — | — | — | — |
| Ⅰ-(2) | | 125 | 95 | 7.0 | — | — | — | — |
| Ⅰ-(3) | 18 | 95 | 70 | 7.0 | — | — | — | — |
| Ⅰ-(4) | | 85 | 65 | 8.0 | 18 | 130 | 100 | 7.0 |
| Ⅱ-(1) | 18 | 105 | 80 | 6.0 | — | — | — | — |
| Ⅱ-(2) | | 90 | 70 | 8.0 | — | — | — | — |
| Ⅱ-(3) | 10 | 50 | 40 | 6.0 | 10 | 65 | 50 | 6.0 |
| Ⅲ-(1) | — | — | — | — | — | — | — | — |
| Ⅲ-(2) | | 70 | 55 | 6.0 | — | — | — | — |
| Ⅲ-(3) | 10 | 60 | 45 | 6.0 | 10 | 85 | 65 | 6.0 |
| Ⅲ-(4) | | 40 | 30 | 6.0 | 10 | 50 | 40 | 6.0 |
| Ⅳ-(1) | | 60 | 50 | 4.0 | — | — | — | — |
| Ⅳ-(2) | 8 | 50 | 41 | 4.0 | 8 | 80 | 66 | 3.5 |
| Ⅳ-(3) | | 35 | 29 | 5.0 | 8 | 45 | 37 | 4.0 |
| Ⅴ-(1) | | 46 | 38 | 4.0 | — | — | — | — |
| Ⅴ-(2) | 8 | 38 | 31 | 4.5 | 8 | 75~77 | 62 | 3.5 |
| Ⅴ-(3) | 8,5 | 28~30 | 25 | 5.5,3.5 | 8,5 | 38 | 32 | 5.0,3.5 |
| Ⅵ-(1) | — | — | — | — | 4.5 | 18~22 | 14~17 | 3.4 |
| Ⅵ-(2) | 4.5 | 22 | 17 | 3.4 | — | — | — | — |

续表

| 航道等级 | 天然及渠化河流 | | | | 限制性航道 | | | |
|---|---|---|---|---|---|---|---|---|
| | 净高 $H_M$ | 净宽 $B_M$ | 上底宽 $b$ | 侧高 $h$ | 净高 $H_M$ | 净宽 $B_M$ | 上底宽 $b$ | 侧高 $h$ |
| Ⅵ-(3) | 6 | 18 | 14 | 4.0 | 6 | 25～30 | 19 | 3.6 |
| Ⅵ-(4) | | 18 | 14 | 4.0 | 6 | 28～30 | 21 | 3.4 |
| Ⅶ-(1) | — | — | — | — | 3.5 | 18 | 14 | 2.8 |
| Ⅶ-(2) | 3.5 | 14 | 11 | 2.8 | 3.5 | 18 | 14 | 2.8 |
| Ⅶ-(3) | 4.5 | 18 | 14 | 2.8 | 4.5 | 25～30 | 19 | 2.8 |

注：1. 在平原河网地区建桥遇特殊困难时，可按具体条件研究确定。

　　2. 桥墩（或墩柱）侧如有显著的紊流，则通航孔桥墩（或墩柱）间的净宽值应为本表
　　　的通航净宽加两侧紊流区的宽度。

　　3. 当不得已将水上建筑物建在航行条件较差或弯曲的河段上时，其净宽应为本表
　　　所列数值基础上根据船舶航行安全的需要适当放宽。

（3）港口布置与小城镇布局的关系。在港口镇区规划中，要妥善处理港口布置与小城镇布局之间的关系。

1）合理地进行岸线分配与作业区布置。岸线占据十分重要的位置，分配、使用是否合理关系到小城镇布局的大问题，岸线分为深水岸线、中深水岸线和浅水岸线，见表 2-5。分配岸线时，应遵循"深水深用，浅水浅用，避免干扰，各得其所"的原则。在用地布局时，将有条件建设港口的岸线留作港口建设区，但要留出一定长度的岸线供给镇区生活使用，避免出现岸线全部被港口占用的现象，否则会导致港口被镇区其他用地包围而失去发展可能，又使得居住区、风景游览区等与河或海的水面隔离，因此，在规划时，要留出一部分岸线，尤其是风景优美的岸线，供小城镇居民和旅游者游览、休息。

表 2-5　岸线类型

| 种类 | 水深/m | 停靠船只类型 |
|---|---|---|
| 深水岸线 | ≥10 | 0.5 万吨级以上 |
| 中深水岸线 | 6～10 | 0.3～0.5 万吨 |
| 浅水岸线 | ≤6 | 0.3 万吨级以下 |

2）加强水陆联运的组织。港口是水陆联运的枢纽，旅客集散、车

船转换等都集中于此,在小城镇对外交通与小城镇道路交通组织中占有重要的地位。在规划设计中应妥善安排水陆联运,提高港口的流通能力。在水陆联运问题上,经常给小城镇带来的困难是通往港口的铁路专用线往往分割镇区,铁路与港口码头联系的好坏直接关系到港区货物联运的效益、装卸作业速度的快慢以及港口经营费用的大小等。水陆联运往往需要铁路专用线伸入港区内部,常见的布置方式有以下三种。

①铁路沿岸线从镇区外围插入港区,如图 2-9 所示;

②铁路绕过镇区延伸到港区,如 2-10 所示;

③铁路穿越镇区边缘延伸到港区,如图 2-11 所示。

图 2-9　铁路沿岸线从镇区外围插入港区

图 2-10　铁路绕过镇区边缘延伸到港区

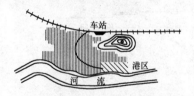

图 2-11　铁路穿越镇区延伸到港区

这三种布置方式中,前两种较好,后一种应尽量避免,因为将会给镇区带来一定的干扰。

## 二、小城镇镇区交通规划

小城镇镇区交通包括镇区客运交通和镇区货运交通。

根据小城镇特点,小城镇镇区客运交通方式主要包括步行交通、自行车交通、公共交通三种方式;镇区货运交通主要为干道交通。

### (一)步行交通

小城镇步行交通设施应符合无障碍交通要求,科学合理地进行人行道、人行横道、商业步行街的规划,并应与居住区、车站广场、中心区广场等步行系统紧密结合,构成完整的城镇步行交通系统。

### 1. 人行道

　　沿人行道设置行道树、车辆停靠站、公用电话亭、垃圾箱等设施时,应不妨碍行人的正常通行。人行道布置如图 2-12 所示。

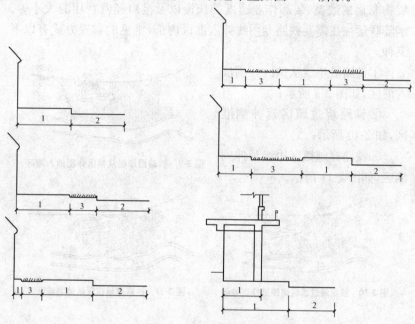

**图 2-12　小城镇人行道的布置**
1—步行道;2—车行道;3—绿带

### 2. 人行横道

　　小城镇的主要路段上,应设置人行横道或过街通道。人行横道的设置应符合下列规定。

　　(1)交叉口处应设置人行横道,路段内人行横道应布设在人流集中、通视良好的地点,并应设醒目标志。人行横道间距宜为 250～300 m。

　　(2)当人行横道长度大于 16 m 时,应在分隔带或道路中心线附近的人行横道处设置行人二次过街安全岛,安全岛宽度不应小于 2.0 m,困难情况下不应小于 1.5 m。

（3）人行横道的宽度应根据过街行人数量及信号控制方案确定，主干路的人行横道宽度不宜小于 5 m，其他等级道路的人行横道宽度不宜小于 3 m，宜采用 1 m 为单位增减。

（4）对视距受限制的路段和急弯陡坡等危险路段以及车行道宽度渐变路段，不应设置人行横道。

**3. 商业步行街**

小城镇设置商业步行街，必须根据具体情况，对步行街与城镇的相互关系做必要的研究；在此基础上，结合具体交通系统分析，合理组织交通及停车设施布局，从而达到改善小城镇的交通环境、增加步行空间、繁荣商业经济的目的。

商业步行街要满足送货车、清扫车、消防车及救护车通行的要求，道路宽度可采用 10～15 m，其间可配置小型广场。道路与广场面积可按 0.8～1.0 m²/人计算。街区的紧急安全疏散出口间隔距离不得大于 160 m。路口处应设置机动车和非机动车停车场地，距离步行街进出口不宜超过 100 m。

**（二）自行车交通**

（1）在自行车出行率较高的小城镇，可由单独设置的自行车专用道、干道两侧的自行车道、支路和住宅区道路共同组成一个能保证自行车连续通行的网络。

（2）自行车专用道应按设计速度 20 km/h 的要求进行道路线型设计。自行车道路的交通环境应设置安全、照明、遮阴等设施。

（3）为适应小城镇自行车交通的不断发展，还应考虑自行车停车条件；对小城镇而言，重点是解决好小城镇中心区及车站的自行车停车问题。

**（三）货运交通**

小城镇的机动车交通通常以货运车辆为主，货运交通的规划是在预测小城镇货运交通流量、流向的基础上选择货运组织方式，安排货运交通路线，确定主要货流所行经的交通干道，选定货运站场、仓库、堆场位置及交通管理设施。

货运交通规划受工业企业、仓库、专业市场及车站、码头等用地布置的影响很大,规划中要妥善地安排好这些货流形成点,尽量按交通流发生点或吸引点间交通量的大小及相关程度规划好它们之间的位置,切忌主要交通流的绕行、越行和迂回,尽量减少交通流的重叠和过境交通流穿越镇区。

同时,应考虑静态交通设施,根据车辆增长预测,合理地布置公共停车场(库)的位置。停车场的容量根据小城镇交通规划做出预测。人、车流较集中的公共建筑、商业街(区),应留出足够的停车场(库)位置,在规划居住区和单位庭院时应考虑停车泊位。

# 第四节　小城镇停车场规划

## 一、小城镇停车场的选址原则

(1)停车场的位置应尽可能在使用场所的一侧,以便人流、货流集散时不穿越道路。停车场的出入口原则上要分开设置。

(2)停车场和其服务的设施距离以 50～150 m 为宜;对于风景名胜、历史文化保护区以及用地受限制的情况下,也可以 150～250 m 为宜,但最大不宜超过 250 m。对于学校和医院等对空气和噪声有特殊要求的场所,停车场应保持足够的距离。

(3)停车场的平面布置应结合用地规模、停车方式,合理安排好停车区、通道、出入口、绿化和管理等组成部分。停车位的布置以停放方便、节约用地和尽可能缩短通道长度为原则,并采取纵向或横向布置,每组停车量不超过 50 辆,组与组之间若没有足够的通道,应尽可能留出不少于 6 m 的防火间距。

(4)停车场内交通线必须明确,除注意单向行驶,进出停车场尽可能做到右进右出。利用画线、箭头和文字来指示车位和通道,减少停车场内的冲突。

(5)停车场地纵坡不宜大于 2.0%;山区、丘陵地形不宜大于 3.0%,但为了满足排水要求,均不得小于 0.3%。进出停车场的通道纵坡在地形困难时,也不宜大于 5.0%。

## 二、小城镇停车规划设置

### 1. 路边停车规划设置

根据路边停车利弊特点,原则上在小城镇里应逐步禁止路边停车。但目前在许多小城镇路外停车设施严重短缺的情况下,由于路边停车又给人最短步行距离,故在不严重影响交通的情况下,允许开发路边停车,而对路边停车场位设置,给予详细的规划与管制。规划时,应考虑交通流量、路口特性、车道数、道路宽度、单双向交通、公共设施及两侧土地使用状况等因素。

(1)容许路边停车的最小道路宽度。若道路车行道宽度小于表 2-6 中禁止停放的最小宽度时,不得在路边设置停车位。

表 2-6　运行路边停车的道路宽度

| 道路类别 | | 道路宽度 | 停车状况 |
|---|---|---|---|
| 道<br><br>路 | 双向道路 | 12 m 以上 | 容许双侧停车 |
| | | 8～12 m | 容许单侧停车 |
| | | 不足 8 m | 禁止停车 |
| | 单行道路 | 9 m 以上 | 容许双侧停车 |
| | | 6～9 m | 容许单侧停车 |
| | | 不足 6 m | 禁止停车 |
| | 巷弄 | 9 m 以上 | 容许双侧停车 |
| | | 6～9 m | 容许单侧停车 |
| | | 不足 6 m | 禁止停车 |

(2)容许路边停车的道路服务水平。路边停车的设置应将原道路交通量换算成标准小汽车(pcu)单位,以 $V$ 表示,然后按车道布置,计算每条车道的基本容量以及不同条件下路边障碍物对车道容量的修正系数,获得路段的交通容量 $C$,最好根据 $V/C$,当 $V/C \leqslant 0.8$ 时,容许设置路边停车场。表 2-7 为设置路边停车场与道路服务水平关系表。

表 2-7　设置路边停车场与道路服务水平关系表

| 服务水平 | 交通流动情形 | | | 交通流量/容量(V/C) | 说　明 |
| --- | --- | --- | --- | --- | --- |
| | 交通状况 | 平均行驶速率/(km/h) | 高峰小时系数 | | |
| A | 自由流动 | ≥50 | $PHF \leqslant 0.7$ | $V/C \leqslant 0.6$ | 容许路边停车 |
| B | 稳定流动(轻度耽延) | ≥40 | $0.7 < PHF \leqslant 0.8$ | $0.6 < V/C \leqslant 0.7$ | 容许路边停车 |
| C | 稳定流动(可接受的耽延) | ≥30 | $0.8 < PHF \leqslant 0.85$ | $0.8 < V/C \leqslant 0.8$ | 容许路边停车 |
| D | 接近不稳定流动(可接受的耽延) | ≥25 | $0.85 < PHF \leqslant 0.9$ | $0.8 < V/C \leqslant 0.9$ | 视情况考虑是否设置路边停车场 |
| E | 不稳定流动(拥挤、不可接受的耽延) | 约为25 | $0.9 < PHF \leqslant 0.95$ | $0.9 < V/C \leqslant 1.0$ | 禁止路边停车 |
| F | 强迫流动(堵塞) | <25 | 无意义 | 无意义 | 禁止路边临时停车 |

以上两条符合路边停车场的设置条件时,方可设置路边停车。禁停、允许停和限时停均应经详细计算后以标志标线指示和禁令。

**2. 路外停车场规划**

路外停车场主要包括社会停车场建筑与住宅附属(配建)停车场和各类专业停车场,其设置原则主要如下。

(1)停车特性与需求:停车特性足以反映停车者的行为意愿。在规划前应有停车延时与停车目的、停车吸引量等基本调查。以此作为停车场车位与形式选择、容量设计的依据。一般拟定设计容量时,建议将高峰时间总停车需求的85%作为规划的标准。

(2)进出方便性:停车者对停车场选择往往将进出方便以及距离目的地步行长短作为主要考虑因素。进出方便性除了出入口布置,还与邻近道路交通系统的交通负荷有关。

(3)建筑基地面积:建筑基地面积是决定路外停车场容量与形式选择的主要因素之一。按标准车辆停车空间面积(如小汽车取宽

2.5 m,长 6.0 m)再加上进出通道和回车道等。一般认为基地面积大于 4 000 m² 的以建通道式停车场较好,其面积在 1 500~4 000 m² 可视情况建通道式停车场。

(4)地价:由于小城镇中心地价比郊区地价贵,通常郊区停车场采用平面式,中心区停车场与其他公用设施(广场、绿地、学校、车站等)共用土地使用权也是取得土地的有效途径。

(5)应在小城镇出入口或外围结合公路和对外交通枢纽设置恰当规模的停车场。

(6)应对停车场设置后附近的交通影响进行评估,使建设后的邻近道路服务水平维持在 D 级以上。

### 三、小城镇停车场主要指标

#### 1. 机动车停车场主要指标

(1)公路设计所采用的设计车辆外廓尺寸规定见表 2-8。

表 2-8 设计车辆外廓尺寸规定表

| 车辆类型 | 总长/m | 总宽/m | 总高/m | 前悬/m | 轴距/m | 后悬/m |
|---|---|---|---|---|---|---|
| 小客车 | 6 | 1.8 | 2 | 0.8 | 3.8 | 1.4 |
| 载重汽车 | 12 | 2.5 | 4 | 1.5 | 6.5 | 4 |
| 鞍式列车 | 16 | 2.5 | 4 | 1.2 | 12.8 | 2 |

(2)停放车辆安全间距见表 2-9。

表 2-9 停放车辆安全间距表

| 净距 | 小型车辆 | 大型或铰接车辆 |
|---|---|---|
| 车间纵向净距/m | 2.0 | 4.0 |
| 车辆背对背尾距/m | 1.0 | 1.5 |
| 车间横向净距/m | 1.0 | 1.0 |
| 车辆距围墙、护栏等的净距/m | 0.5 | 0.5 |

(3)视距应符合以下规定。

1)高速公路、一级公路的停车视距应符合表 2-10 规定。

表 2-10　高速公路、一级公路停车视距

| 设计速度/(km/h) | 120 | 100 | 80 | 60 |
|---|---|---|---|---|
| 停车视距/m | 210 | 160 | 110 | 75 |

2)二、三、四级公路的停车视距、会车视距与超车视距应符合表 2-11 规定。

表 2-11　二、三、四级公路停车视距、会车视距与超车视距

| 设计速度/(km/h) | 80 | 60 | 40 | 30 | 20 |
|---|---|---|---|---|---|
| 停车视距/m | 110 | 75 | 40 | 30 | 20 |
| 会车视距/m | 220 | 150 | 80 | 60 | 40 |
| 超车视距/m | 550 | 350 | 200 | 150 | 400 |

3)双车道公路应按间隔设置具有超车视距的路段。

4)高速公路、一级公路以及大型车比例高的二、三、四级公路,应采用货车停车视距对相关路段进行检验。

5)积雪冰冻地区的停车视距宜适当增加。

(4)部分机动车辆最小转弯半径见表 2-12。

表 2-12　部分机动车辆最小转弯半径

| 国别 | 型号 | 最小转弯半径/m | 国别 | 型号 | 最小转弯半径/m |
|---|---|---|---|---|---|
| 国产载重汽车和小汽车 | 解放 CA10B | 9.2 | 国产自卸汽车、牵引汽车以及平拖拉机 | 黄河 QD351 | 6.7 |
| | 东风 EQ140 | 8.0 | | 上海 SH380 | 9.1 |
| | 解放 CA140 | 8.0 | | 交通 SH361 | 9.5 |
| | 解放 CA150 | 11.0 | | 汉阳 HY930 | 8.58 |
| | 交通 HS141 | 7.15 | | 汉阳 HY940A | 8.4 |
| | 北京 BJ130 | 5.7 | | 汉阳 HY870 | 12.0 |
| | 上海 JH130 | 6.0 | | 汉阳 HY881 | 11.7 |
| | 跃进 NJ130 | 7.6 | 日本 | 日野 KM420/440 | 6.5/5.2 |
| | 黄河 JN150 | 8.25 | 日本 | 依士兹 TD50A-D | 8.0 |
| | 黄河 JN151 | 8.25 | 意大利 | 菲亚特 628N3 | 7.25 |
| | 红旗 CA773 | 7.2 | 前苏联 | 格斯51 | 7.6 |
| | 上海 SH760 | 5.6 | 前苏联 | 吉斯51 | 11.2 |

续表

| 国别 | 型号 | 最小转弯半径/m | 国别 | 型号 | 最小转弯半径/m |
|---|---|---|---|---|---|
| 国产农业机械 | 东方红 28 型拖拉机 | 3.0 | 捷克 | 太脱拉 138 | 10.0 |
| | 丰收 27 型拖拉机 | 2.6 | 捷克 | 斯格达 708R | 9.0 |
| | CT4-9A 型联合收割机 | 10.0 | 前苏联 | 马斯 205 | 8.5 |
| | | | 捷克 | 太脱拉 111 | 10.0 |

(5)机动车辆停车方式。

1)车辆的停放方式。如图 2-13 所示,按其与通行道的关系可分为平行式、垂直式和斜列式。

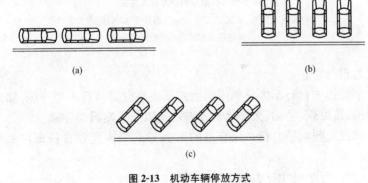

(a)

(b)

(c)

图 2-13 机动车辆停放方式
(a)平行式;(b)垂直式;(c)斜列式

2)车辆的停车发车方式。如图 2-14 所示为常见车辆的停车发车方式。

**2. 非机动车停车场主要指标**

目前在小城镇中使用的非机动车辆:自行车、三轮车、大板车、小板车和兽力车等,其中使用最多的是自行车。非机动车停车场的标准

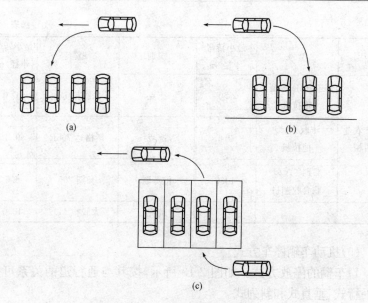

**图 2-14　机动车辆停车发车方式**
(a)前进式停车、后退式发车;(b)后退式停车、前进式发车
(c)前进式停车、前进式发车

车定为自行车。

　　小城镇中自行车大量集中的地方都应该设置自行车停车场,如商业大街、影剧院、公园、大型体育设施场地以及车站码头等地。

　　建议按照城镇自行车保有量的 20%～40% 来规划自行车停车场面积。

　　(1)自行车尺寸见表 2-13。

**表 2-13　自行车尺寸**

| 车型 | 车长/mm | 车高/mm | 车宽/mm |
|---|---|---|---|
| 28 | 1 940 | 1 150 | |
| 26 | 1 820 | 1 000 | 520～600 |
| 20 | 1 470 | 1 000 | |

　　(2)自行车停车位参数见表 2-14。

表 2-14 自行车停车位参数

| 停靠方式 | | 停车宽度/m | | 车辆间距 C/m | 通道宽度/m | | 单位停车面积/(m²/辆) | |
|---|---|---|---|---|---|---|---|---|
| | | 单排 A | 双排 B | | 单侧 D | 双侧 E | 单排停 (A+D)×C | 双排停 (B+E)×C/2 |
| 垂直式 | | 2.0 | 3.2 | 0.6 | 1.5 | 2.5 | 2.10 | 1.71 |
| 角停式 | 30 | 1.7 | 2.9 | 0.5 | 1.5 | 2.5 | 1.60 | 1.35 |
| | 45 | 1.4 | 2.4 | 0.5 | 1.2 | 2.0 | 1.30 | 1.10 |
| | 60 | 1.0 | 1.8 | 0.5 | 1.2 | 2.0 | 1.10 | 0.95 |

### 3. 停车场综合面积指标

停车场综合面积指标见表 2-15。

表 2-15 停车场综合面积指标

| 项目 | 平行 | 垂直 | 与道路成 45°~60°角 |
|---|---|---|---|
| 单行停车道的宽度/m | 2.0~2.5 | 7.0~9.0 | 6.0~8.0 |
| 双行停车道的宽度/m | 4.0~5.0 | 14.0~18.0 | 12.0~16.0 |
| 单向行车时两行停车道之间的通行道宽度/m | 3.5~4.0 | 5~6.5 | 4.5~6.0 |
| 100 辆汽车停车场的平均面积/hm² | 0.3~0.4 | 0.2~0.3 | 0.3~0.4(小型车)<br>0.7~1.0(大型车) |
| 100 辆自行车停车场的平均面积/hm² | — | 0.14~0.18 | — |
| 一辆汽车所需的面积（包括通车道）<br>小汽车/m²<br>载重汽车和公共汽车/m² | 22<br>40 | — | — |

### 四、小城镇公共停车场规划要求

在大型公共建筑、交通枢纽、人流量、车流量大的广场等处均应布置适当容量的公共停车场。公共停车场的规模应按服务对象、交通特征等因素确定。

**1. 机动车停车场的设置要求**

(1)机动车停车场内车位布置可按纵向或横向排列分组安排,每组停车不应超过 50 veh。当各组之间无通道时,应留出大于或等于 6 m的防火通道。

(2)机动车停车场的出入口不宜设在主干路上,可设在次干路或支路上,并应远离交叉口;不得设在人行横道、公共交通停靠站及桥隧引道处。出入口的缘石转弯曲线切点距铁路道口的最外侧钢轨外缘不应小于 30 m。距人行天桥和人行地道的梯道口不应小于 50 m。

(3)停车场出入口位置及数量应根据停车容量及交通组织确定,且不应少于 2 个,其净距宜大于 30 m;条件困难或停车容量小于 50 veh时,可设一个出入口,但其进出口应满足双向行驶的要求。

(4)停车场进出口净宽,单向通行的不应小于 5 m,双向通行的不应小于 7 m。

(5)停车场出入口应有良好的通视条件,视距三角形范围内的障碍物应清除。

(6)停车场的竖向设计应与排水相结合,坡度宜为 0.3%~3.0%。

(7)机动车停车场出入口及停车场内应设置指明通道和停车位的交通标志、标线。

**2. 非机动车停车场的设置要求**

(1)非机动车停车场出入口不宜少于 2 个。出入口宽度宜为 2.5~3.5 m。场内停车区应分组安排,每组场地长度宜为 15~20 m。

(2)非机动车停车场坡度宜为 0.3%~4.0%。停车区宜有车棚、存车支架等设施。

# 第五节　小城镇交通安全和管理设施

## 一、小城镇交通安全设施

(1)交通安全和管理设施等级分为 A、B、C、D 四级,各级道路交通安全和管理设施等级与适用范围应符合表 2-16 的规定。

表 2-16 交通安全和管理设施等级与适用范围

| 交通安全和管理设施等级 | 适用范围 |
|---|---|
| A | 快速路 |
| B | 主干路、次干路作为交通干线时 |
| C | 主干路、次干道作为集散、服务功能时 |
| D | 次干路、支路 |

(2)当交通安全和管理设施等级为 A 级时,应配置系统完善的标志、标线、隔离和防护设施,并应符合下列规定。

1)中间带必须连续设置中央分隔护栏和必需的防眩设施。

2)桥梁与高路堤路段必须设置路侧护栏。

3)互通式立交及其周边路网应连续设置预告、指路、禁令等标志。

4)分合流路段宜连续设置反光突起路标。

5)进出口分流三角端应有醒目的提示和防撞设施。

(3)当交通安全和管理设施等级为 B 级时,应配置完善的标志、标线、隔离和防护设施,并应符合下列规定。

1)当主干路、次干路无中间带时,应连续设置中间分隔设施;当无两侧带时,两侧应连续设置机动车与非机动车分隔设施。

2)桥梁与高路堤路段必须设置路侧护栏。

3)互通式立交及其周边地区路网应设置指路、禁令等标志。

4)隔离设施的端头应有明显的提示。

5)平面交叉口应进行交通渠化、人车隔离和设置交通信号灯;支路接入应有限制措施。

(4)当交通安全和管理设施等级为 C 级时,应配置较完善的标志、标线、隔离和防护设施,并应符合下列规定。

1)主干路宜连续设置中间分隔设施。

2)主、次干路无分隔设施的路段必须施画路面中心线。

3)桥梁与高路堤路段应设置路侧护栏。

4)平面交叉口应进行交通渠化,并应设置交通信号灯;宜设置行人和机动车、非机动车分隔设施。

(5)当交通安全和管理设施等级为 D 级时,应配置较完善的标志、标线;宜设置分隔和防护设施;平面交叉口宜进行交通渠化,并应设置行人和机动车、非机动车分隔设施。

(6)其他情况下配置的交通安全设施,应符合下列规定。

1)在冰、雪、风、沙、坠石、有雾路段等危及运行安全处,应设置警告、禁令标志、视线诱导标志、反光突起路标等交通安全设施。

2)对窄路、急弯、陡坡、视线不良、临崖、临水等危险路段,应设置视线诱导、警告、禁令标志和安全防护设施。

3)学校、幼儿园、医院、养老院门前附近的道路过街设施应设置提示标志,并应施画人行横道线,必要时应设置交通信号灯。

4)铁路与道路平面交叉的道口,应设置警示灯、警告和禁令标志以及安全防护设施。对无人值守的铁路道口,应在距道口一定距离设置警告和禁令标志。

5)道路上跨铁路时,应按铁路的要求设置相应防护设施。

6)快速路、主干路两侧的交通噪声超过现行国家标准《城市区域环境噪声标准》(GB 3096—2008)的规定时,应有消减噪声措施。

(7)道路两侧和隔离带上的绿化、广告牌、管线等不得遮挡路灯、交通信号灯及交通标志。

## 二、小城镇交通管理设施

(1)当交通安全和管理设施等级为 A 级时,应配置完善的信息采集、交通异常自动判断、交通监视、诱导、主线及匝道控制、信息处理及发布等设施。

(2)当交通安全和管理设施等级为 B 级时,宜配置基本的信息采集、交通监视、简易信息处理及发布等监控设施。平面交叉口信号灯形成路网的区域,可采用线控和区域控制。

(3)当交通安全和管理设施等级为 C 级时,在交通繁华路段、交叉口应设置交通监视装置和信号控制设施。

(4)当交通安全和管理设施等级为 D 级时,可视交通状况设置信号灯等设施。

# 第三章　小城镇给水工程规划

## 第一节　概　述

### 一、小城镇给水工程规划的任务、作用

小城镇给水工程规划根据小城镇总体规划确定的原则（如城镇用地范围和发展方向，居住区、工业区、各种功能分区的用地布置、城镇人口规模、规划年限、建筑标准和层数等）来进行。

小城镇给水工程规划的任务是为经济合理、安全可靠地提供居民的生活和生产用水，为保障人民生命财产安全的消防用水，并满足该用户对水量、水质、水压的要求。

小城镇给水工程规划的作用是摄取天然的地表水或地下水，经过一定的处理，使之符合工业生产用水和居民生活用水的标准，并用经济合理的输配水方法输送给各种用户。

### 二、小城镇给水工程规划的组成

给水工程按其工作过程，大致可分为三个部分：取水工程、净水工程和输配水工程，并用水泵联系，组成一个供水系统。

#### 1. 取水工程

取水工程是指从水源取水的工程，包括选择水源和取水地点，建造取水构筑物及相配套的附属管理用房。其主要任务是保证城镇获得足够的水量。

#### 2. 净水工程

净水工程是指将原水进行净化处理的工程，通常称为水厂，包括根据水处理工艺而确定建造的净水构筑物和建筑物，以及与之相配套

的生产、生活、管理等附属用房。其主要任务是生产出达到国家生活饮用水水质标准或工业企业生产用水水质标准要求的水。

**3. 输配水工程**

输配水工程是指将足够的水量输送和分配到各用水地点,并保证水压和水质的要求。为此需敷设输水管道、配水管网和建造泵站以及水塔、水池等调节构筑物。水塔或高地水池常设于城市较高地区,借以调节用水量并保持管网中有一定压力。

在输配水工程中,输水管道及城市管网较长,它的投资占很大比重,一般占给水工程总投资的50%~80%。

配水管网又分为干管和支管,前者主要向市区输水,而后者主要将水分配到用户。

### 三、小城镇给水工程规划的原则

(1)符合国家及地方有关法规标准要求的原则。

(2)实行社会、经济、环境效益的统一和可持续发展的原则。

(3)整体规划、合理布局、因地制宜、节约用地的原则。

(4)近远期结合、分期实施、经济实用的原则。

(5)依据小城镇总体规划及相关区域和城镇体系规划的原则。

## 第二节　小城镇用水量标准及计算

### 一、小城镇用水量标准

#### 1. 居住生活用水量标准

小城镇中每个居民日常生活所用的水量范围称为居民生活用水量标准,居民生活用水一般包括居民的饮用、烹饪、洗刷、沐浴、冲洗厕所等用水。居民生活用水标准与当地的气候条件、城镇性质、社会经济发展水平、给水设施条件、水资源量、居住习惯等有较大关系。表3-1为小城镇居住建筑用水量指标。

表 3-1 小城镇居住建筑用水量指标

| 供水方式 | 最高日用水量 /(L/人·日) | 平均日用水量 /(L/人·日) | 时变化系数 | 备注 |
|---|---|---|---|---|
| 集中龙头供水 | 20~60 | 15~40 | 3.5~2.0 | 此表适用于连续供水方式;如采用定时供水,时变化系数值应取 3~5 |
| 供水到户 | 40~90 | 20~70 | 3.0~1.8 | |
| 供水到户、设水厕 | 85~130 | 55~100 | 2.5~1.5 | |
| 户内设水厕、淋浴、洗衣设备 | 130~190 | 90~160 | 2.0~1.4 | |

## 2. 公共建筑用水量标准

公共建筑用水包括娱乐场所、宾馆、集体宿舍、浴室、商业、办公室等用水,其各自的用水量见表 3-2。

表 3-2 小城镇公共建筑用水量

| 建筑物名称 | | 单位 | 用水量标准 (最高日、L) | 时变化系数 |
|---|---|---|---|---|
| 集体宿舍 | 有盥洗室 | 每人每日 | 50~75 | 2.5 |
| | 有盥洗室和浴室 | 每人每日 | 75~100 | 2.5 |
| 旅馆 | 有盥洗室 | 每床每日 | 50~100 | 2.5~2.0 |
| | 有盥洗室和浴室 | 每床每日 | 100~120 | 2.0 |
| | 25%及以下的房号有浴盆 | 每床每日 | 150~200 | 2.0 |
| | 26%~75%的房号有浴盆 | 每床每日 | 200~250 | 2.0 |
| | 76%~100%的房号有浴盆 | 每床每日 | 250~300 | 2.0~1.5 |
| 医院 | 有盥洗室和浴室 | 每床每日 | 100~200 | 2.5~2.0 |
| | 有盥洗室和浴室,部分房间有浴盆 | 每床每日 | 200~300 | 2.0 |
| | 所有房号有浴盆 | 每床每日 | 300~400 | 2.0 |
| | 有泥浴、水疗设备及浴室 | 每床每日 | 400~600 | 2.0~1.5 |
| 门诊部、诊所 | | 每人次 | 15~20 | 2.5 |
| 公共浴室设有淋浴器、浴盆、理发室 | | 每人次 | 80~170 | 2.0~1.5 |

| 建筑物名称 | | 单位 | 用水量标准<br>(最高日、L) | 时变化系数 |
|---|---|---|---|---|
| 理发室 | | 每人次 | 10~25 | 2.0~1.5 |
| 洗衣房 | | 每千克干衣 | 40~60 | 1.5~1.0 |
| 公共食堂、营业食堂 | | 每人次 | 15~20 | 1.0~1.5 |
| 工业企业、机关、学校和居民食堂 | | 每人次 | 10~25 | 2.0~1.5 |
| 幼儿园<br>托儿所 | 有住宿 | 每人每日 | 50~100 | 2.5~2.0 |
| | 无住宿 | 每人每日 | 25~50 | 2.5~2.0 |
| 办公楼 | | 每人每班 | 10~25 | 2.5~2.0 |
| 中小学校(无住宿) | | 每人每日 | 10~30 | 2.5~2.0 |
| 中等学校(有住宿) | | 每人每日 | 100~150 | 2.0~1.5 |
| 电影院 | | 每人每场 | 3~8 | 2.5~2.0 |
| 剧院 | | 每人每场 | 10~20 | 2.5~2.0 |
| 体育场 | 运动员淋浴 | 每人次 | 50 | 2.0 |
| | 观众 | 每人次 | 3 | 2.0 |
| 游泳池 | 游泳池补充水 | 每日占水池容积 | 15% | — |
| | 运动员淋浴 | 每人每场 | 600 | 2.0 |
| | 观众 | 每人每场 | 3 | 2.0 |

注:医疗、疗养院和休养所的每一床每日的生活用水量标准均包括了食堂、洗衣房的用水量,各类学校的用水量包括了校内职工家属用水。

## 3. 综合生活用水量

小城镇给水工程统一供给的综合生活用水量宜采用表3-3的指标计算,并应根据小城镇地理位置、水资源状况、气候条件等综合分析与比较后选定相应的指标。

表3-3　小城镇人均综合生活用水量指标　　　[单位:L/(人·日)]

| 地区区划 | 小城镇规模分级 | | | | | |
|---|---|---|---|---|---|---|
| | 一 | | 二 | | 三 | |
| | 近期 | 远期 | 近期 | 远期 | 近期 | 远期 |
| 一区 | 190~370 | 220~450 | 180~400 | 200~400 | 150~300 | 170~350 |
| 二区 | 150~280 | 170~350 | 160~310 | 160~310 | 120~210 | 140~260 |

续表

| 地区区划 | 小城镇规模分级 | | | | | |
|---|---|---|---|---|---|---|
| | 一 | | 二 | | 三 | |
| | 近期 | 远期 | 近期 | 远期 | 近期 | 远期 |
| 三区 | 130～240 | 150～300 | 140～260 | 140～260 | 100～160 | 120～200 |

注：1. 一区包括贵州、四川、湖北、湖南、江西、浙江、福建、广东、广西、海南、上海、云南、江苏、安徽、重庆；二区包括黑龙江、吉林、辽宁、北京、天津、河北、山西、河南、山东、宁夏、陕西、内蒙古河套以东和甘肃黄河以东的地区；三区包括新疆、青海、西藏、内蒙古河套以西和甘肃黄河以西的地区（下同）。

2. 用水人口为小城镇总体规划确定的规划人口数（下同）。

3. 综合生活用水为小城镇居民日常生活用水与公共建筑用水之和，不包括浇洒道路、绿地、市政用水和管网漏失水量。

4. 指标为规划期内最高日用水量指标（下同）。

5. 特殊情况的小城镇，其用水量指标应根据实际情况酌情增减。

#### 4. 生产用水量标准

生产用水量标准是指生产单位数量产品所消耗的水量，由于生产工艺过程的多样性和复杂性，生产用水对水质和水量要求的标准不同。在确定生产用水的各项指标时，应深入了解生产工艺过程，并参照厂矿实际用水量或有关规范、手册数据等，已确定其对水质、水量、水压的要求。主要畜禽饲养用水量可按表 3-4 进行计算；农业机械用水量可按表 3-5 进行计算；工业用水量可按表 3-6 进行计算。

表 3-4　主要畜禽饲养用水量

| 畜禽类别 | 单位 | 用水量 | 畜禽类别 | 单位 | 用水量 |
|---|---|---|---|---|---|
| 马 | L/(头·日) | 40～60 | 羊 | L/(头·日) | 5～10 |
| 成牛或肥牛 | L/(头·日) | 40～60 | 鸡 | L/(头·日) | 0.5～1 |
| 牛 | L/(头·日) | 40～60 | 鸭 | L/(头·日) | 1～2 |
| 猪 | L/(头·日) | 40～60 | | | |

表 3-5　主要农业机械用水量

| 机械类别 | 单位 | 用水量 |
|---|---|---|
| 柴油机 | L/(马力·小时) | 30～50 |
| 汽车 | L/(辆·日) | 100～120 |

续表

| 机械类别 | 单位 | 用水量 |
|---|---|---|
| 拖拉机或联合收割机 | L/(台·日) | 100～150 |
| 农机小修厂机床 | L/(台·日) | 35 |
| 汽车、拖拉机修理 | L/(台·日) | 1 500 |

表 3-6　工业用水量

| 序号 | 工业名称 | | 单位 | 用水量标准/L | 备　注 |
|---|---|---|---|---|---|
| 1 | 食品植物油加工 | | 每吨 | 6～30 | 有浸出设备者耗水大 |
| 2 | 酿酒 | | 每吨 | 20～50 | 白酒单产耗水量可达 80 m³/t |
| 3 | 酱酒 | | 每吨 | 8～20 | — |
| 4 | 制茶 | | 每 50 kg | 0.1～0.3 | — |
| 5 | 豆制品加工 | | 每吨 | 5～15 | — |
| 6 | 果脯加工 | | 每吨 | 30～35 | — |
| 7 | 啤酒加工 | | 每吨 | 20～25 | — |
| 8 | 饴糖加工 | | 每吨 | 20 | — |
| 9 | 制糖(甜菜加工) | | 每吨 | 12～15 | — |
| 10 | 屠宰 | | 每头 | 1～2 | 包括饲养栏等用水 |
| 11 | 制革 | 猪皮 | 每张 | 0.15～0.3 | — |
| | | 牛皮 | 每张 | 1～2 | — |
| 12 | 塑料制品 | | 每吨 | 100～220 | — |
| 13 | 肥皂制造 | | 每万条 | 80～90 | — |
| 14 | 造纸 | | 每吨 | 500～800 | — |
| 15 | 水泥 | | 每吨 | 1.5～3 | — |
| 16 | 制砖 | | 每千块 | 0.8～1 | — |
| 17 | 丝绸印染 | | 每万米 | 180～220 | — |
| 18 | 螺丝 | | 每吨 | 900～1 200 | — |
| 19 | 棉布印染 | | 每万米 | 200～300 | — |
| 20 | 肠衣加工 | | 每万根 | 80～120 | — |

## 5. 消防用水量标准

消防用水一般是从街道上消火栓和室内消火栓取水。此外，在有些建筑物中采用特殊消防措施，如自动喷水设备等。消防给水设备，由于不是经常工作，可与生活饮用给水系统合在一起使用。对防火要求高的场所，如仓库或工厂，可设立专用的消防给水系统。

城镇、居住区的室外消防用水量见表 3-7；工厂、仓库和民用建筑在同一时间内发生的火灾次数见表 3-8；建筑物的室外消火栓用水量见表 3-9。

表 3-7　城镇、居住区室外消防用水量

| 人数 /万人 | 同一时间内的 火灾次数/次 | 一次灭火 用水量/(L/s) | 人数 /万人 | 同一时间内的 火灾次数/次 | 一次灭火 用水量/(L/s) |
|---|---|---|---|---|---|
| ≤1 | 1 | 10 | ≤50 | 3 | 75 |
| ≤2.5 | 1 | 15 | ≤60 | 3 | 85 |
| ≤5 | 2 | 25 | ≤70 | 3 | 85 |
| ≤10 | 2 | 35 | ≤80 | 3 | 95 |
| ≤20 | 2 | 45 | ≤90 | 3 | 95 |
| ≤30 | 2 | 55 | ≤100 | 3 | 100 |
| ≤40 | 2 | 65 | | | |

表 3-8　工厂、仓库和民用建筑同时发生火灾次数

| 名称 | 基地面积 /($10^4$ m²) | 附近居住区 人数/万人 | 同时发生的 火灾次数 | 备　注 |
|---|---|---|---|---|
| 工厂 | ≤100 | ≤1.5 >1.5 | 1 | 按需水量最大的一座 建筑物（或堆场）计算工 厂、居住区各考虑一次 |
| | >100 | 不限 | 2 | 按需水量最大两座建 筑物（或堆场）计算 |
| 仓库、民用建筑 | 不限 | 不限 | 1 | 按需水量最大两座建 筑物（或堆场）计算 |

表 3-9　建筑物室外消火栓用水量

| 耐火等级 | 建筑物名称和火灾危险性 | | 建筑物体积/m³ | | | | | |
|---|---|---|---|---|---|---|---|---|
| | | | ≤1 500 | 1 501~3 000 | 3 001~5 000 | 5 001~20 000 | 20 001~50 000 | >50 000 |
| | | | 次灭火用水量/(L/s) | | | | | |
| 一、二级 | 厂房 | 甲、乙 | 10 | 15 | 20 | 25 | 30 | 35 |
| | | 丙 | 10 | 15 | 20 | 25 | 30 | 40 |
| | | 丁、戊 | 10 | 10 | 10 | 15 | 15 | 20 |
| | 库房 | 甲、乙 | 15 | 15 | 25 | 25 | — | — |
| | | 丙 | 15 | 15 | 25 | 25 | 35 | 45 |
| | | 丁、戊 | 10 | 10 | 10 | 15 | 15 | 20 |
| | 民用建筑 | | 10 | 15 | 15 | 20 | 25 | 30 |
| 三级 | 厂房或库房 | 乙、丙 | 15 | 20 | 30 | 40 | 45 | — |
| | | 丁、戊 | 10 | 10 | 15 | 20 | 25 | 35 |
| | 民用建筑 | | 10 | 15 | 20 | 25 | 30 | — |
| 四级 | 丁、戊类厂房或库房 | | 10 | 15 | 20 | 25 | — | — |
| | 民用建筑 | | 10 | 15 | 20 | 25 | — | — |

注:1. 消防用水量应按消防需水量最大的一座建筑物或防火墙间最大的一段计算。

　　2. 耐火等级和生产厂房的火灾危险性,详见《建筑设计防火规范》。

## 二、小城镇用水量计算

### 1. 综合生活用水量计算

在选定了综合生活用水量标准后,可按下式计算小城镇综合生活用水量。

$$Q_1 = \frac{qN}{1\,000} \tag{3-1}$$

式中　$Q_1$——小城镇综合生活用水量(万 m³/d);

　　　$q$——小城镇综合生活用水量标准[L/(人·d)];

　　　$N$——小城镇规划人口数(万人)。

### 2. 工业用水量计算

生产用水量一般按小城镇总用水量的 50%~70%计算,或按规划经济增长率和规划年限估算。小城镇工业用水量,也可参考下式计算。

$$Q_2 = q_2 M_{gy} \qquad (3-2)$$

式中 $Q_2$——小城镇工业用水量(万 $m^3/d$);

$q_2$——小城镇单位工业用地用水量标准$[万 m^3/(km^2 \cdot d)]$;

$M_{gy}$——小城镇规划工业用地($km^2$)。

### 3. 市政及绿化用水量计算

市政浇洒道路和绿化用水,应根据路面种类、绿化面积、气候和土壤等条件确定。浇洒道路用水量一般为每次每平方米路面 1~1.5 L,大面积绿化用水量可采用 1.5~2.0L/($m^2 \cdot d$)。

### 4. 未预见用水量及管道漏损水量

在用水量计算中,未预见用水量及管道漏损水量通常合并计算,可按前 3 项水量之和的 15%~25%计算。

### 5. 小城镇总用水量

(1)各项用水量总和法。如果小城镇的各分项水量可以直接预测,则小城镇总用水量可按下式进行计算。

$$Q_d = Q_1 + Q_2 + Q_3 + Q_4 \qquad (3-3)$$

式中 $Q_d$——小城镇总用水量(万 $m^3/d$);

$Q_1$——小城镇综合生活用水量(万 $m^3/d$);

$Q_2$——小城镇工业用水量(万 $m^3/d$);

$Q_3$——市政及绿化用水量(万 $m^3/d$);

$Q_4$——未预见用水量及管道漏损水量(万 $m^3/d$)。

(2)综合生活用水量比例法。若小城镇工业用水量等不具备直接预测的条件,则小城镇总用水量预测,可在综合生活用水量预测的基础上,按小城镇相关因素分析或类似比较确定的综合生活用水量与总用水量比例或综合生活用水量与工业用水量、其他用水量的比例,测算总用水量。

### 6. 用水量变化系数

无论是生活用水还是生产用水,用水量常常发生变化。生活用水量随生活习惯和气候变化而变化,生产用水则因工艺流程而变化。用水标准值是一个平均值,在设计给水系统时,还应考虑每日每时的用水量变化。

(1)日变化系数。一年中最多一天用水的用水量,称为最高日用水量。一年中,最高日用水量与平均日用水量的比值称为日变化系数,即:

$$日变化系数=最高日用水量/平均日用水量 \qquad (3-4)$$

小城镇的日变化系数一般比城市大,可取 1.5~2.5。

(2)时变化系数。最高日最大时用水量与最高日平均时用水量的比值,称为时变化系数,即:

$$时变化系数=最高日最大时用水量/最高日平均时用水量 \quad (3-5)$$

小城镇用水相对集中,故时变化系数较大,可取 2.5~4.0。时变化系数与小城镇的规模、工业布局、工作班制、作息时间、人口组成等多种因素有关。根据最高日用水量时变化系数,可以计算出时最大供水量,并据此选择管网设备。

### 三、小城镇用水量计算应注意的问题

(1)充分分析判别过去的资料数据。选用数据时,应考虑各种历史因素,若采用不恰当的资料,可能使外推结果随时间而失去精确性。

(2)应充分考虑各种因素的影响。城镇的经济发展水平、区域分布、水资源丰富程度、基础设施配套情况、人们的生活习惯、水价、工业结构等都是影响城市用水量的重要因素,确定指标和预测时,应考虑哪些因素影响用水量,然后分析这些因素今后如何变化,切忌盲目套用。

(3)应注意人口的增长流动。随着市场经济的发展和户籍政策的变化,人口的流动和变化是一个不可忽视的因素,特别是沿海开放城镇的流动人口数量多,导致人均用水量标准偏高。

(4)应掌握城市用水的变化趋势。一个特定的城镇,在一定的历史阶段,受到技术经济发展和水资源的限制,城镇用水量的变化呈阶段性。在初始阶段,经济发展和生活水平较低,用水量变化幅度较小,

但随时间推移会增大;发展阶段,随着工业的发展、城镇人口聚集、生活水平的提高,城镇用水量剧增,变化幅度较大;饱和阶段,城镇水资源的开发受到限制,重复用水措施大力推广,新增用水量主要靠重复用水来解决,城镇用水总量趋于饱和,变化幅度逐渐变小,有时还会出现负增长。这是许多城镇的发展规律,在规划城市用水量时应注意这种趋势。

# 第三节 小城镇水源的规划及取水构筑物

## 一、小城镇水源分类与水质要求

### 1. 水源分类

给水水源可分为地下水和地表水两类。

(1)地下水。地下水是指埋藏在地下孔隙、裂隙、溶洞等含水层介质中储存运移的水体。地下水按埋藏条件可分为包气带水、潜水、泵压水等,其中在城市中多开采潜水。地下水具有水质清洁,水温稳定,分布面广等特点。但地下水的矿化度和硬度较高,一些地区可能出现矿化度很高或其他物质(如铁、锰、氯化物、硫酸盐等)的含量较高的情况。地下水是城市的主要水源,若水质符合要求,一般都优先考虑。但必须认真地进行水文地质勘察,以保证对地下水的合理开发。

(2)地表水。地表水主要指江河、湖泊、蓄水库等。地表水源由于受地面各种因素的影响,具有浑浊度较高、水温变幅大、易受工农业污染、季节性变化明显等特点,但地表径量大、矿化度和硬度低、含铁、锰量低。采用地表水源时,在地形、地质、水文、人防、卫生防护等方面较复杂,并且水处理工艺完备,所以,投资和运行费用较高。地表水源水量充沛,常能满足大量用水的需要,是城市给水水源的主要选择。

### 2. 水质要求

(1)城市统一供给的或自备水源供给的生活饮用水水质应符合现行国家标准《生活饮用水卫生标准》(GB 5749—2006)的规定。

(2)最高日供水量超过 100 万 $m^3$,同时是直辖市、对外开放城市、重点旅游城市,且由城市统一供给的生活饮用水供水水质,应符合表3-10 的规定。

(3)最高日供水量超过 50 万 $m^3$ 不到 100 万 $m^3$ 的其他城市,由城市统一供给的生活饮用水供水水质,应符合表 3-11 的规定。

(4)城市统一供给的其他用水水质应符合相应的水质标准。

(5)城市配水管网的供水水压宜满足用户接管点处服务水头 28 m 的要求。

表 3-10    生活饮用水水质指标一级指标

| 项目 | 指标值 | 项目 | 指标值 |
|---|---|---|---|
| 色度 | 1.5 Pt~Co mg/L | 硅 | — |
| 浊度 | 1NTU | 溶解氧 | — |
| 臭和味 | 无 | 碱度 | $>30$ mgCaCO$_3$/L |
| 肉眼可见物 | 无 | 亚硝酸盐 | 0.1 mgNO$_2$/L |
| pH | 6.5~8.5 | 氨 | 0.5 mgNH$_3$/L |
| 总硬度 | 450 mgCaCO$_3$/L | 耗氧量 | 5 mg/L |
| 氯化物 | 250 mg/L | 总有机碳 | — |
| 硫酸盐 | 250 mg/L | 矿物油 | 0.01 mg/L |
| 溶解性固体 | 1 000 mg/L | 钡 | 0.1 mg/L |
| 电导率 | 400(20 ℃)$\mu$S/cm | 硼 | 1.0 mg/L |
| 硝酸盐 | 20 mgN/L | 氯仿 | 60 $\mu$g/L |
| 氟化物 | 1.0 mg/L | 四氯化碳 | 3 $\mu$g/L |
| 阴离子洗涤剂 | 0.3 mg/L | 氰化物 | 0.05 mg/L |
| 剩余氯 | 0.3,末 0.05 mg/L | 砷 | 0.05 mg/L |
| 挥发酚 | 0.002 mg/L | 镉 | 0.01 mg/L |
| 铁 | 0.03 mg/L | 铬 | 0.05 mg/L |
| 锰 | 0.1 mg/L | 汞 | 0.001 mg/L |
| 铜 | 1.0 mg/L | 铅 | 0.05 mg/L |
| 锌 | 1.0 mg/L | 硒 | 0.01 mg/L |
| 银 | 0.05 mg/L | DDT | 1 $\mu$g/L |
| 铝 | 0.2 mg/L | 666 | 5 $\mu$g/L |
| 钠 | 200 mg/L | 苯并(a)芘 | 0.01 $\mu$g/L |

续表

| 项目 | 指标值 | 项目 | 指标值 |
|---|---|---|---|
| 钙 | 100 mg/L | 农药（总） | 0.5 μg/L |
| 镁 | 50 mg/L | 敌敌畏 | 0.1 μg/L |
| 乐果 | 0.1 μg/L | 对二氯苯 | — |
| 对硫磷 | 0.1 μg/L | 六氯苯 | 0.1 μg/L |
| 甲基对硫磷 | 0.1 μg/L | 铍 | 0.000 2 mg/L |
| 除草醚 | 0.1 μg/L | 镍 | 0.05 mg/L |
| 美曲膦酯 | 0.1 μg/L | 锑 | 0.01 mg/L |
| 2,4,6-三氯酚 | 10 μg/L | 钒 | 0.1 mg/L |
| 1,2-二氯乙烷 | 10 μg/L | 钴 | 1.0 mg/L |
| 1,1-二氯乙烯 | 0.3 μg/L | 多环芳烃（总量） | 0.2 μg/L |
| 四氯乙烯 | 10 μg/L | 萘 | — |
| 三氯乙烯 | 30 μg/L | 萤蒽 | — |
| 五氯酚 | 10 μg/L | 苯并(b)萤蒽 | — |
| 苯 | 10 μg/L | 苯并(k)萤蒽 | — |
| 酚类:（总量） | 0.002 mg/L | 苯并(1,2,3,4d)芘 | — |
| 苯酚 | — | 苯并(ghi)芘 | — |
| 间甲酚 | — | 细菌总数 37 ℃ | 100 个/mL |
| 2,4-二氯酚 | — | 大肠杆菌群 | 3 个/mL |
| 对硝基酚 | — | 类型大肠杆菌 | MPN<1/100 mL |
| 有机氯:（总量） | 1 μg/L | | 膜法 0/100 mL |
| 二氯四烷 | — | 类型链球菌 | MPN<1/100 mL |
| 1,1,1-三氯乙烷 | — | | 膜法 0/100 mL |
| 1,1,2-三氯乙烷 | — | 亚硫酸还原菌 | MPN<1/100 mL |
| 1,1,2,2-四氯乙烷 | — | 放射性（总 α） | 0.1 Bq/L |
| 三溴甲烷 | — | （总 β） | 1Bq/L |

注：1. 指标值取自 EC；

　　2. 酚类总量中包括 2,4,6-三氯酚；

　　3. 有机氯总量中包括 1,2-二氯乙烯,四氯乙烯,三氯乙烯,不包括三溴甲烷及氯苯类；

　　4. 多环芳羟总量中包括苯并(a)芘；

　　5. 无指标值的项目作测定和记录,不作考虑；

　　6. 农药总量中包括 DDT 和 666。

表 3-11　生活饮用水水质指标二级指标

| 项目 | 指标值 | 项目 | 指标值 |
|---|---|---|---|
| 色度 | 1.5 Pt～Co mg/L | 硒 | 0.01 mg/L |
| 浊度 | 2 NTU | 氯仿 | 60 $\mu$g/L |
| 臭和味 | 无 | 四氯化碳 | 3 $\mu$g/L |
| 肉眼可见物 | 无 | DDT | 1 $\mu$g/L |
| pH | 6.5～8.5 | 666 | 5 $\mu$g/L |
| 总硬度 | 450 mgCaCO$_3$/L | 苯并(a)芘 | 0.01 $\mu$g/L |
| 氯化物 | 250 mg/L | 2,4,6-三氯酚 | 10 $\mu$g/L |
| 硫酸盐 | 250 mg/L | 1,2-二氯乙烷 | 10 $\mu$g/L |
| 溶解性固体 | 1000 mg/L | 1,1-二氯乙烯 | 0.3 $\mu$g/L |
| 硝酸盐 | 20 mgN/L | 四氯乙烯 | 10 $\mu$g/L |
| 氟化物 | 1.0 mg/L | 三氯乙烯 | 30 $\mu$g/L |
| 阴离子洗涤剂 | 0.3 mg/L | 五氯酚 | 10 $\mu$g/L |
| 剩余物 | 0.3,末0.05 mg/L | 苯 | 10 $\mu$g/L |
| 挥发酚 | 0.002 mg/L | 农药(总) | 0.5 $\mu$g/L |
| 铁 | 0.03 mg/L | 敌敌畏 | 0.1 $\mu$g/L |
| 锰 | 0.1 mg/L | 乐果 | 0.1 $\mu$g/L |
| 铜 | 1.0 mg/L | 对硫磷 | 0.1 $\mu$g/L |
| 锌 | 1.0 mg/L | 甲基对硫磷 | 0.1 $\mu$g/L |
| 银 | 0.05 mg/L | 除草醚 | 0.1 $\mu$g/L |
| 铝 | 0.2 mg/L | 美曲膦酯 | 0.1 $\mu$g/L |
| 钠 | 200 mg/L | 细菌总数 37 ℃ | 100 个/mL |
| 氰化物 | 0.05 mg/L | 大肠杆菌群 | 3 个/mL |
| 砷 | 0.05 mg/L | 粪型大肠杆 | MPN＜1/100 mL |
| 镉 | 0.01 mg/L | | 膜法 0/100 mL |
| 铬 | 0.05 mg/L | 放射性(总 α) | 0.1 Bq/L |
| 汞 | 0.001 mg/L | (总 β) | 1 Bq/L |
| 铅 | 0.05 mg/L | — | — |

注:1. 指标值取自 WHO(世界卫生组织);

　　2. 农药总量中包括 DDT 和 666。

## 二、小城镇水源选择的原则

(1)选择城镇给水水源应以水资源勘察或分析研究报告和区域、流域水资源规划及城镇供水水源开发利用规划为依据,并应满足各规划区城市用水量和水质等方面的要求。

(2)选择地表水作为供水水源时,其枯水流量的保证率不得低于90%。受降水影响较大的季节性河流,可取用水量不大于枯水流量的25%。受潮汐影响的河流,应考虑合理避咸措施。远距离引水时,应进行充分的技术经济比较,并对因此可能引起的对引入地、引出地生态环境,以及人文环境的影响进行充分的论证和评价。

(3)城镇生活饮用水给水水源的卫生标准应符合现行国家标准《生活饮用水卫生标准》(GB 5749—2006)和《生活饮用水水源水质标准》(CJ 3020—1993)的规定。

(4)符合现行国家标准《生活饮用水卫生标准》(GB 5749—2006)的地下水宜优先作为城镇居民生活饮用水水源。开采地下水应以水文地质勘察报告为依据,其取水量应小于允许开采量。

(5)低于生活饮用水水质要求的水源,可作为水质要求低的其他用水水源。

(6)水资源不足的城镇宜将城镇污水再生处理后用作工业用水、生活杂用水及河湖环境用水、农业灌溉用水等,其水质应符合相应标准的规定。

(7)缺乏淡水资源的沿海或海岛城市宜将海水直接或经处理后作为城市水源,其水质应符合相应标准的规定。

## 三、小城镇水源保护

水源的卫生保护是保证水源水质的重要措施,也是水源选择工作的一个组成部分。小城镇水源一旦遭受破坏、很难在短时间内恢复,将长期影响城镇用水供应。所以,在开发利用水源时,应做到利用与保护相结合,在城镇规划中明确保护措施。

**1. 地表水源卫生保护**

(1)取水点周围半径 100 m 的水域内严禁捕鱼、停靠船只、游泳和从事可能污染水源的任何活动,并应设有明显的范围标志和严禁事项的告示牌。

(2)河流取水点上游 1 000 m 至下游 100 m 的水域内,不得排放工业废水和生活污水;其沿岸防护范围内不得堆放废渣,不得设立有害化学物品的仓库或装卸垃圾、粪便和有毒物品的码头;沿岸农田不得使用工业废水或生活污水灌溉及使用有持久性或剧毒的农药,且不得放牧。

供饮用水水源的水库和湖泊,应根据不同情况将取水点周围部分水域或整个水域及其沿岸防护范围列入此范围,并按上述要求执行。

(3)受潮汐影响河流的取水点上下游防护范围,由自来水公司与当地卫生防疫站、环境卫生检测站根据具体情况研究确定。

(4)污水处理厂区或单独设立的泵房、沉淀池和清水池外围不小于 10 m 的范围内,不得设置生活居住区和修建禽畜养场、渗水厕所、渗水坑;不得堆放垃圾、粪便、废渣或铺设污水渠道;应保持良好的卫生状况和绿化。

**2. 地下水源卫生防护**

(1)取水构筑物的防护范围应根据水文地质条件、取水构筑物形式和附近地区的卫生状况进行确定,其防护措施应按地表水水厂生产区要求执行。

(2)在单井或井群影响半径范围内,不得使用工业废水或生活污水灌溉和使用有持久性毒性或剧毒的农药,不得修建渗水厕所、渗水坑,堆放垃圾、粪便、废渣或铺设污水渠道,并不得从事破坏深层土层的活动。如取水层在水井影响半径内不露出地面或取水层与地面水没有互相补充的关系时,可根据具体情况设置较小的防护范围。

## 四、取水构筑物

**1. 地表水取水构筑物**

地表水取水构筑物位置的选择对取水的水质、水量、取水的安全可靠性、投资、施工、运行管理及河流的综合利用都有影响。所以，应根据地表水源的水文、地质、地形、卫生、水力等条件综合考虑。选择地表取水构筑物位置时，应注意以下基本要求。

(1)小城镇地表水水源应位于水量充沛、水质较好的地段。供应生活饮用水时，水源应位于小城镇和工业区的上游、水质清洁的地段。在污水排放口的上游 100～150 m。

在沿海地区受潮汐影响的河流上设置取水构筑物时，应考虑到咸潮的影响，尽量避免吸入咸水。河流入海处，由于海水涨潮等原因，导致海水倒灌，影响水质。设置取水构筑物时，应注意这一现象，以免日后对工业和生活用水造成危害。

(2)取水构筑物应建造在稳定的河床、湖岸或库岸处。具有稳定的河床或岸边，靠近主流，有足够的水深。

(3)具有良好的地质地形及施工条件。取水构筑物应设在地质构造稳定、承载力强的地基上，不宜设在淤泥、流沙、滑坡、风化严重和岩熔发育地段。在地震地区不宜将取水构筑物设在不稳定的陡坡或山脚下。取水构筑物也不宜设在有宽广河漫滩的地方，以免进水管过长。

选择取水构筑物位置时，要尽量考虑到施工条件，要求交通运输方便，有足够的施工场地。尽量减少土石方量和水下工程量，以节省投资，缩短工期。

(4)应注意人工构筑物或天然障碍物。河流上常见的人工构筑物，如桥梁、码头、堤坝、拦河坝等与天然构筑物，往往造成河流水流条件的改变，从而使河床产生冲刷或淤积。桥梁通常设于河流最窄处和比较稳定的河段上。在桥梁上游河段，由于桥墩处缩小了水流归水断面使水位壅高，流速减慢，泥沙易于淤积。在桥梁下游河段，由于水流流过桥孔时流速增大，致使下游近桥段成为冲刷区。再往下，水流又恢复原来流速，冲积物在此淤积。因此，取水构筑物应避开桥前水流滞缓段和桥后冲刷淤积段。取水构筑物一般在桥前 0.5～1.0 km 以外的地方。

**2. 地下水取水构筑物**

地下水取水构筑物的位置选择与水文地质条件、用水需求、规划期限、城镇布局等都有关系。地下水取水构筑物的位置，应根据水文地质条件选择，并应注意以下事项。

(1)水质良好，不受污染。

(2)取水构筑物位置应尽量靠近集中用水区，减少输水投资。

(3)取水构筑物应建设在交通方便、靠近电源的地方，以利于施工、运行、管理及维护，同时降低输电线路造价。

(4)取水构筑物应建在不受洪水威胁的地方，否则，应考虑防洪措施。

# 第四节　小城镇给水工程设施规划

## 一、小城镇给水工程系统布置形式

小城镇给水系统方式有统一供水、分区供水和分质供水。小城镇给水系统方式应根据小城镇的具体情况，经技术经济比较确定。

(1)统一给水系统。根据生活饮用水水质要求，由同一管网供给生活、生产和消防用水到用户的给水系统，称为统一给水系统。该给水系统的水源可以一个，也可以多个，统一给水系统多用在新建中小城镇、工业区、开发区及用户较为集中，各用户对水质、水压无特殊要求或相差不大的情况。该系统管理简单，但供水安全性低。

(2)分区给水系统。把城镇的整个给水系统分成几个区，每区有泵站和管网等，各区之间有适当的联系，以保证供水可靠和调度灵活。分区给水可以使管网水压不超出水管所能承受的能力，减少漏水量和能量的浪费。但将增加管网造价且管理比较分散。该系统适用于给水区很大，地形起伏、高差显著及远距离输送的情况。

(3)分质供水系统。取水构筑物从同一水源或不同水源取水，经过不同程度的净化过程,用不同的管道,分别将不同水质的水供给各个用户的给水系统称为分质给水系统。除了在城镇中工业较集中的区域,对工业用水和生活用水,采用分支供水外,可在城镇一定范围内对饮用水与杂用水进行分质供水。分质供水管理系统增多,管理复杂,对旧城区实施难度较大,对于水资源紧缺的新建居住区、工业区、海岛地区等可以考虑应用。

## 二、小城镇净水工程规划

净水工程规划包括,根据水源水质变化情况,国家生活饮用水标准,以及其他用户对水质的要求,确定净水厂工艺流程,预测净水工程规划用地。

### 1. 小城镇水厂位置的选择

(1)小城镇水厂位置应以小城镇总体规划和县(市)域城镇体系规划为依据,较集中分布的小城镇应统筹规划区域水厂,不单独设水厂的小城镇可酌情设配水厂。

(2)地表水水厂的位置应根据给水系统的布局确定。宜选择在交通便捷以及供电安全可靠和水厂生产废水处理方便的地方。

(3)水源为含藻水、高浊水或受到不定期污染时,应设置预处理设施。

(4)地下水水厂的位置根据水源地的地点和不同的取水方式确定,宜选择在取水构筑物附近。

(5)地下水中铁、锰、氟等无机盐类超过规定标准时,应设置处理设施。

### 2. 小城镇水厂工艺流程

给水处理的工艺流程选择,确定水源水质、对处理后水(生活用水或工业用水)的水质要求、经济运行情况以及设计生产能力等因素。以地表水为水源时,生活饮用水处理通常采用混合、絮凝、沉淀、过滤和消毒的工艺流程。常规净水工艺流程如图 3-1 所示。

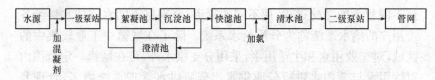

图 3-1　地面水净化工艺流程方框图

### 3. 小城镇水厂平面布置

水厂平面布置是在水厂场地内将各项构筑物和建筑物进行合理安排和布置,以便于生产管理和物料运输,并留出今后的发展余地。布置要求流程合理,管理方便,因地制宜,布局紧凑。地下水厂因生产构筑物少,平面布置较为简单。地表水厂组成部分见表 3-12。

表 3-12　地表水厂组成部分

| 名称 | 组成部分 |
|---|---|
| 生产区 | 预沉池、絮凝池、沉淀池、过滤池等净水构筑物,冲洗水塔、清水池、加药间、加氯间、二级泵房、变配电室、排水泵房以及药库和氯库等 |
| 辅助生产区 | 综合办公楼、化验室、控制室、仓库、车库、检修车间、堆砂场、管配件堆场等 |
| 各类管理 | 生产管道及给水管、排水管、加药管、排洪沟、电缆沟槽等 |
| 其他设施 | 道路、绿化、照明、大门、围墙等,以及食堂、浴室、锅炉房和值班宿舍等生活设施 |

水厂平面布置时,最先考虑生产区的各项构筑物的流程安排,所以,工艺流程的布置是水厂平面布置的前提。

水厂中各净水构筑物之间的水流应为重力流,流程中相邻构筑物水面的高差应满足一定的水头损失要求,从而结合地形布置。图 3-2所示为某水厂平面布置图。该水厂供水总规模 40 万 $m^3$/d,分两期建设,每期 20 万 $m^3$/d。该水厂生活区、辅助生产区分开布置,并考虑了分期建设和今后发展的可能。

### 4. 小城镇水厂用地规划

小城镇水厂用地应按规划期给水规模确定,用地控制指标应按表 3-13采用。水厂厂区周围应设置宽度不小于 10 m 的绿化带。

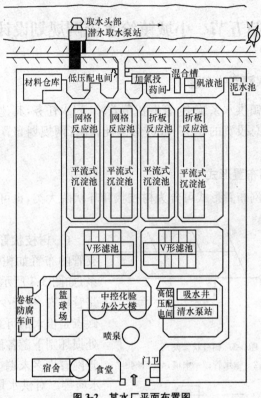

图 3-2　某水厂平面布置图

表 3-13　水厂用地控制指标

| 建设规模/(万 m³/d) | 地表水水厂/(m²·d/m³) | 地下水水厂/(m²·d/m³) |
|---|---|---|
| 5～10 | 0.7～0.50 | 0.40～0.30 |
| 10～30 | 0.50～0.30 | 0.30～0.20 |
| 30～50 | 0.30～0.10 | 0.20～0.08 |

注:1. 建设规模大的取下限,建设规模小的取上限。

2. 地表水水厂建设用地按常规处理工艺进行,厂内设置与处理或深度处理构筑物
   以及污泥处理设施时,可根据需要增加用地。

3. 地下水水厂建设用地按消毒工艺进行,厂内设置特殊水质处理工艺时,可根据需
   要增加用地。

4. 本表指标未包括厂区周围绿化地带用地。

# 第五节　小城镇给水管网规划设计

## 一、给水管网的布置

在小城镇供水系统中,管网担负着输、配水任务,其建筑投资一般占供水工程总投资的 50%～80%,因此,在管网规划布置中必须力求经济合理。

### 1. 管网布置形式

给水管网布置形式可分为树枝状和环状两大类,也可根据不同情况混合布置。

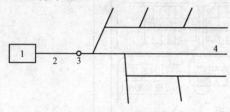

**图 3-3　树枝状管网**

1—泵站;2—输水管;3—水塔;4—管网

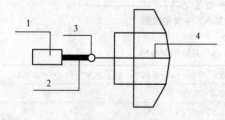

**图 3-4　环状管网**

1—泵房;2—输水管;3—水塔;4—配水管网

(1)树枝状管网。干管与支管的布置如树干和树枝关系,如图 3-3 所示。它的优点是管材省、投资少、构造简单;缺点是供水的可靠性较差,一处损坏则下游各段全部断水;管网有许多末端,有时会恶化水质等。对供水量不大,而且对不间断供水无严格要求的村镇采用较多。

(2)环状管网。干管之间用联络管互相接通,形成许多闭合环,如图 3-4 所示。每个管段都可以从两个方向供水,因此,供水安全可靠,保证率高,但总造价较树枝状高。在供水中,对供水要求较高的村镇,应采用环状管网。

### 2. 给水管网布置原则

(1)给水干管布置的方向应与供水的主要流向一致,并以最短距离向大用户或水塔送水。

(2)给水干管最不利点的最小服务水头,单层建筑可按 5～10 m 计算,建筑物每增加一层应增压 3 m。

(3)管网应分布在整个给水区内,且能在水量和水压方面满足用户要求。小城镇中心的配水管宜呈环状布置;周边地区近期宜布置成树枝状,远期应留有连接成环状管网的可能性。

(4)保证给水的安全可靠,当个别管线发生故障时,断水的范围应减少到最小程度。

(5)选择适当的水管材料。

(6)小城镇输水管原则上应有两条,其管径应满足规划期给水规模和近期建设要求。小城镇一般不设中途加油站。

## 二、给水设计流量计算

住宅建筑物的生活用水情况在一昼夜间是不均匀的,且每时每刻都在变化。因此,在设计室内给水管网时,为保证用水,建筑物内卫生器具必须按最不利时刻计算出最大用水量,即设计秒流量。

(1)给水引水管的设计流量。建筑物的给水引入管的设计流量,应符合下列要求。

1)当建筑物内的生活用水全部由室外管网直接供水时,应取建筑物内的生活用水设计秒流量。

2)当建筑物内的生活用水全部自行加压供给时,引入管的设计流量应为贮水调节池的设计补水量。设计补水量不宜大于建筑物最高日最大时用水量,且不得小于建筑物最高平均时用水量。

3)当建筑物内的生活用水既有室外管网直接供水、又有自行加压供水时,应计算设计流量后,将两者叠加作为引入管的设计流量。

(2)住宅建筑的生活给水管道设计流量计算。根据《建筑给水排水设计规范》(GB 50015—2003)的有关规定,住宅建筑的生活水管道设计流量应按下列步骤计算。

1)根据住宅配置的卫生器具给水当量、使用人数、用水定额、使用时数及小时变化系数,按下式计算出最大用水时卫生器具给水当量平均出流概率。

$$u_0 = \frac{100q_0 m K_h}{0.2 \cdot N_g \cdot T \cdot 3\,600} \tag{3-6}$$

式中　$u_0$——生活给水管道最大用水时卫生器具给水当量平均出流概率(%)；

　　　$q_0$——最高用水日的用水定额,按表3-14规定取用；

　　　$m$——每户用水人数(人)；

　　　$K_h$——小时变化系数,按表3-14取用；

　　　$N_g$——每户设置的卫生器具给水当量数,按表3-15确定；

　　　$T$——用水时数(h)；

　　　0.2——一个卫生器具给水当量的额定流量(L/s)。

表3-14　住宅最高日生活用水定额及小时变化系数

| 住宅类别 | | 卫生器具设置标准 | 用水定额 /[L/(人·d)] | 小时变化系数 $K_h$ |
|---|---|---|---|---|
| 普通住宅 | Ⅰ | 有大便器、洗涤盆 | 85~150 | 3.0~2.5 |
| | Ⅱ | 有大便器、洗脸盆、洗涤盆、洗衣机、热水器和沐浴设备 | 130~300 | 2.8~2.3 |
| | Ⅲ | 有大便器、洗脸盆、洗涤盆、洗衣机、集中热水供应(或家用热水机组)和沐浴设备 | 180~320 | 2.5~2.0 |
| 别墅 | | 有大便器、洗脸盆、洗涤盆、洗衣机、洒水栓、家用热水机组和沐浴设备 | 200~350 | 2.3~1.8 |

注:1. 当地主管部门对住宅生活用水定额有具体规定时,应按当地规定执行；

　　2. 别墅用水定额中含庭院绿化用水和汽车抹车用水。

表3-15　卫生器具的给水额定流量、当量、连接管公称管径和最低工作压力

| 序号 | 给水配件名称 | 额定流量/(L/s) | 当量 | 连接管公称管径/mm | 最低工作压力/MPa |
|---|---|---|---|---|---|
| 1 | 洗涤盆、拖布盆、盥洗槽 单阀水嘴 单阀水嘴 混合水嘴 | 0.15~0.20 0.30~0.40 0.15~0.20(0.14) | 0.75~1.00 1.5~2.00 0.75~1.00(0.70) | 15 20 15 | 0.050 |
| 2 | 洗脸盆 单阀水嘴 混合水嘴 | 0.15 0.15(0.10) | 0.75 0.75(0.50) | 15 15 | 0.050 |

续表

| 序号 | 给水配件名称 | 额定流量/(L/s) | 当量 | 连接管公称管径/mm | 最低工作压力/MPa |
|---|---|---|---|---|---|
| 3 | 洗手盆<br>感应水嘴<br>混合水嘴 | 0.10<br>0.15(0.10) | 0.50<br>0.75(0.5) | 15<br>15 | 0.050 |
| 4 | 浴盆<br>单阀水嘴<br>混合水嘴(含带淋浴转换器) | 0.20<br>0.24(0.20) | 1.00<br>1.2(1.0) | 15<br>15 | 0.050<br>0.050~0.070 |
| 5 | 淋浴器<br>混合阀 | 0.15(0.10) | 0.75(0.50) | 15 | 0.050~0.100 |
| 6 | 大便器<br>冲洗水箱浮球阀<br>延时自闭式冲洗阀 | 0.10<br>1.20 | 0.50<br>6.00 | 15<br>25 | 0.020<br>0.100~0.150 |
| 7 | 小便器<br>手动或自动自闭式冲洗阀<br>自动冲洗水箱进水阀 | 0.10<br>0.10 | 0.50<br>0.50 | 15<br>15 | 0.050<br>0.020 |
| 8 | 小便槽穿孔冲洗管(每 m 长) | 0.05 | 0.25 | 15~20 | 0.015 |
| 9 | 净身盆冲洗水嘴 | 0.10(0.07) | 0.50(0.35) | 15 | 0.050 |
| 10 | 医院倒便器 | 0.20 | 1.00 | 15 | 0.050 |
| 11 | 实验室化验水嘴(鹅颈)<br>单联<br>双联<br>三联 | 0.07<br>0.15<br>0.20 | 0.35<br>0.75<br>1.00 | 15<br>15<br>15 | 0.020<br>0.020<br>0.020 |
| 12 | 饮水器喷嘴 | 0.05 | 0.25 | 15 | 0.050 |
| 13 | 洒水栓 | 0.40<br>0.70 | 2.00<br>3.50 | 20<br>25 | 0.050~0.100<br>0.050~0.100 |
| 14 | 室内地面冲洗水嘴 | 0.20 | 1.00 | 15 | 0.050 |
| 15 | 家用洗衣机水嘴 | 0.20 | 1.00 | 15 | 0.050 |

注：1. 表中括弧内的数值系在有热水供应时,单独计算冷水或热水时使用；
　　2. 当浴盆上附设淋浴器时,或混合水嘴有淋浴器转换开关时,其额定流量和当量只计水嘴,不计淋浴器。但水压应按淋浴器计；
　　3. 家用燃气热水器,所需水压按产品要求和热水供应系统最不利配水点所需工作压力确定；
　　4. 绿地的自动喷灌应按产品要求设计；
　　5. 当卫生器具给水配件所需额定流量和最低工作压力有特殊要求时,其值应按产品要求确定。

2)根据计算管段上的卫生器具给水当量总数,按下式计算该管段上卫生器具的给水当量同时出流概率。

$$u = 100 \frac{1 + \alpha_c (N_g - 1)^{0.49}}{\sqrt{N_g}} \qquad (3-7)$$

式中　$u$——计算管段的卫生器具给水当量同时出流概率(%);

　　　$\alpha_c$——对应于不同 $U_0$ 的系数,查表 3-16;

　　　$N_g$——计算管段的卫生器具给水当量总数。

表 3-16　$U_0$—$\alpha_c$ 值对应表

| $U_0/(\%)$ | $\alpha_c$ | $U_0/(\%)$ | $\alpha_c$ |
|---|---|---|---|
| 1.0 | 0.003 23 | 4.0 | 0.028 16 |
| 1.5 | 0.006 97 | 4.5 | 0.032 63 |
| 2.0 | 0.010 97 | 5.0 | 0.037 15 |
| 2.5 | 0.015 12 | 6.0 | 0.046 29 |
| 3.0 | 0.019 39 | 7.0 | 0.055 55 |
| 3.5 | 0.023 74 | 8.0 | 0.064 89 |

　　3)根据计算管段上的卫生器具给水当量同时出流概率,按下式计算管段上的设计秒流量。

$$q_g = 0.2 \cdot U_0 \cdot N_g \qquad (3-8)$$

式中　$q_g$——计算管段的设计秒流量(L/s)。

　　　式中其他符号意义同前。

　　4)当给水干管上汇入两条或两条以上具有不同 $U_0$ 的支管时,该管段最大用水时卫生器具给水当量平均出流概率按下式计算。

$$\bar{U}_o = \frac{\sum U_{oi} N_{gi}}{\sum N_{gi}} \qquad (3-9)$$

式中　$\bar{U}_o$——给水干管的卫生器具给水当量平均出流概率;

　　　$U_{oi}$——支管的最大用水时卫生器具给水当量平均出流概率;

　　　$U_{gi}$——相应支管的卫生器具给水当量总数。

　　(3)集体宿舍、旅馆、宾馆、医院、疗养院、幼儿园、养老院、办公楼、商场、客运站、会展中心、中小学教学楼、公共厕所等建筑的生活给水设计秒流量,应按下式计算。

$$q_g = 0.2\alpha \sqrt{N_g} \qquad (3-10)$$

式中　$q_g$——计算管段的给水设计秒流量(L/s)；

　　　$N_g$——计算管段的卫生器具给水当量总数，按表 3-15 确定；

　　　$\alpha$——根据建筑物用途而定的系数，应按表 3-17 采用。

表 3-17　根据建筑物用途而定的系数 $\alpha$ 值

| 建筑物名称 | $\alpha$ 值 |
|---|---|
| 幼儿园、托儿所、养老院 | 1.2 |
| 门诊部、诊疗所 | 1.4 |
| 办公楼、商场 | 1.5 |
| 图书馆 | 1.6 |
| 书店 | 1.7 |
| 学校 | 1.8 |
| 医院、疗养院、休养院 | 2.0 |
| 酒店式公寓 | 2.2 |

　　如计算值小于该管段上一个最大卫生器具给水额定流量时，应采用一个最大的卫生器具给水额定流量作为设计秒流量。若计算值大于该管段上按卫生器具给水额定流量累加所得流量值时，应按卫生器具给水额定流量累加所得流量值采用。

　　(4)用水时间集中，用水设备使用集中，同时给水百分数高的建筑，如公共浴室、职工食堂、影剧院、体育场馆等建筑的生活给水管道的设计秒流量，可按下式计算。

$$q_g = \sum q_0 n_0 b \tag{3-11}$$

式中　$q_g$——计算管段的给水设计秒流量(L/s)；

　　　$q_0$——同类型的一个卫生器具给水额定流量(L/s)；

　　　$n_0$——同类型卫生器具数；

　　　$b$——卫生器具的同时给水百分数，按表 3-18～表 3-20 采用。

表 3-18　宿舍(Ⅲ、Ⅳ类)、工业企业生活间、公共浴室、影剧院、
体育场馆等卫生器具同时给水百分数　　　　(单位:%)

| 卫生器具名称 | 宿舍<br>(Ⅲ、Ⅳ类) | 工业企业<br>生活间 | 公共浴室 | 影剧院 | 体育场 |
|---|---|---|---|---|---|
| 洗涤盆(池) | 30 | 33 | 15 | 15 | 15 |
| 洗手盆 | — | 50 | 50 | 50 | 70(50) |

续表

| 卫生器具名称 | 宿舍<br>（Ⅲ、Ⅳ类） | 工业企业<br>生活间 | 公共浴室 | 影剧院 | 体育场 |
|---|---|---|---|---|---|
| 洗脸盆、盥洗槽水嘴 | 60~100 | 60~100 | 60~100 | 50 | 80 |
| 浴盆 | — | — | 50 | — | — |
| 无间隔淋浴器 | 100 | 100 | 100 | — | 100 |
| 有间隔淋浴器 | 80 | 80 | 60~80 | (60~80) | (60~100) |
| 大便器冲洗水箱 | 70 | 30 | 20 | 50(20) | 70(20) |
| 大便槽自动冲洗水箱 | 100 | 100 | — | 100 | 100 |
| 大便器自闭式冲洗阀 | 2 | 2 | 2 | 10(2) | 15(2) |
| 小便器自闭式冲洗阀 | 10 | 10 | 10 | 50(10) | 70(10) |
| 小便器(槽)自动冲洗水箱 | — | 100 | 100 | 100 | 100 |
| 净身盆 | — | 33 | — | — | — |
| 饮水器 | — | 30~60 | 30 | 30 | 30 |
| 小卖部洗涤盆 | — | — | 50 | 50 | 50 |

注：1. 表中括号内的数值是电影院、剧院的化妆间，体育场馆的运动员休息室使用；
　　2. 健身中心的卫生间，可采用本表体育场馆运动员休息室的同时给水百分率。

表 3-19　职工食堂、营业餐馆厨房设备同时给水百分数　　（单位：%）

| 厨房设备名称 | 同时给水百分数 |
|---|---|
| 污水盆(池) | 50 |
| 洗涤盆(池) | 70 |
| 煮锅 | 60 |
| 生产性洗涤机 | 40 |
| 器皿洗涤机 | 90 |
| 开水器 | 50 |
| 蒸汽发生器 | 100 |
| 灶台水嘴 | 30 |

注：职工或学生饭堂的洗碗台水嘴，按100%同时给水，但不与厨房用水叠加。

表 3-20　实验室化验水嘴同时给水百分数　　（单位：%）

| 化验水嘴名称 | 同时给水百分数 | |
|---|---|---|
| | 科研教学实验室 | 生产实验室 |
| 单联化验水嘴 | 20 | 30 |
| 双联或三联化验水嘴 | 30 | 50 |

### 三、给水管网水力计算

#### 1. 最大小时用水量的确定

（1）住宅的最高日生活用水定额及小时变化系数，可根据住宅类别、卫生器具设置标准按表 3-14 确定。

（2）宿舍、旅馆等公共建筑生活用水定额及小时变化系数，根据卫生器具完善程度和区域条件，可按表 3-21 确定。

表 3-21　宿舍、旅馆等公共建筑生活用水定额及小时变化系数

| 序号 | 建筑物名称 | 单位 | 最高日生活用水定额/L | 使用时数/h | 小时变化系数 $K_h$ |
|---|---|---|---|---|---|
| 1 | 宿舍<br>Ⅰ类、Ⅱ类<br>Ⅲ类、Ⅳ类 | 每人每日<br>每人每日 | 150～200<br>100～150 | 24<br>24 | 3.0～2.5<br>3.5～3.0 |
| 2 | 招待所、培训中心、普通旅馆<br>　设公用盥洗室<br>　设公用盥洗室、淋浴室<br>　设公用盥洗室、淋浴室、洗衣室<br>　设单独卫生间、公用洗衣室 | 每人每日<br>每人每日<br>每人每日<br>每人每日 | 50～100<br>80～130<br>100～150<br>120～200 | 24 | 3.0～2.5 |
| 3 | 酒店式公寓 | 每人每日 | 200～300 | 24 | 2.5～2.0 |
| 4 | 宾馆客房<br>　旅客<br>　员工 | 每床位每日<br>每人每日 | 250～400<br>80～100 | 24 | 2.5～2.0 |
| 5 | 医院住院部<br>　设公用盥洗室<br>　设公用盥洗室、淋浴室<br>　设单独卫生间<br>　医务人员<br>　门诊部、诊疗所<br>　疗养院、休养所住房部 | 每床位每日<br>每床位每日<br>每床位每日<br>每人每班<br>每病人每次<br>每床位每日 | 100～200<br>150～250<br>250～400<br>150～250<br>10～15<br>200～300 | 24<br>24<br>24<br>8<br>8～12<br>24 | 2.5～2.0<br>2.5～2.0<br>2.5～2.0<br>2.0～1.5<br>1.5～1.2<br>2.0～1.5 |

续一

| 序号 | 建筑物名称 | 单位 | 最高日生活用水定额/L | 使用时数/h | 小时变化系数 $K_h$ |
|------|-----------|------|------|------|------|
| 6 | 养老院、托老所<br>　全托<br>　日托 | <br>每人每日<br>每人每日 | <br>100~150<br>50~80 | <br>24<br>10 | <br>2.5~2.0<br>2.0 |
| 7 | 幼儿园、托儿所<br>　有住宿<br>　无住宿 | <br>每儿童每日<br>每儿童每日 | <br>50~100<br>30~50 | <br>24<br>10 | <br>3.0~2.5<br>2.0 |
| 8 | 公共浴室<br>　淋浴<br>　浴盆、淋浴<br>　桑拿浴(淋浴、按摩池) | <br>每顾客每次<br>每顾客每次<br>每顾客每次 | <br>100<br>120~150<br>150~200 | <br>12<br>12<br>12 | 2.0~1.5 |
| 9 | 理发室、美容院 | 每顾客每次 | 40~100 | 12 | 2.0~1.5 |
| 10 | 洗衣房 | 每1 kg干衣 | 40~80 | 8 | 1.5~1.2 |
| 11 | 餐饮业<br>　中餐酒楼<br>　快餐店、职工及学生食堂<br>　酒吧、咖啡馆、茶座、卡拉OK房 | <br>每顾客每次<br>每顾客每次<br>每顾客每次 | <br>40~60<br>20~25<br>5~15 | <br>10~12<br>12~16<br>8~18 | 1.5~1.2 |
| 12 | 商场<br>　员工及顾客 | 每1 m²营业厅面积每日 | 5~8 | 12 | 1.5~1.2 |
| 13 | 图书馆 | 每人每次<br>员工 | 5~10<br>50 | 8~10<br>8~10 | 15~1.2<br>15~1.2 |
| 14 | 书店 | 员工每人每班<br>每1 m²营业厅 | 30~50<br>3~6 | 8~12<br>8~12 | 1.5~1.2<br>1.5~1.2 |
| 15 | 办公楼 | 每人每班 | 30~50 | 8~10 | 1.5~1.2 |
| 16 | 教学、实验楼<br>　中小学校<br>　高等院校 | <br>每学生每日<br>每学生每日 | <br>20~40<br>40~50 | <br>8~9<br>8~9 | 1.5~1.2 |
| 17 | 电影院、剧院 | 每观众每场 | 3~5 | 3 | 1.5~1.2 |
| 18 | 会展中心(博物馆、展览馆) | 员工每人每班<br>每1 m²展厅每日 | 30~50<br>3~6 | 8~16 | 1.5~1.2 |

续二

| 序号 | 建筑物名称 | 单位 | 最高日生活用水定额/L | 使用时数/h | 小时变化系数 $K_h$ |
|---|---|---|---|---|---|
| 19 | 健身中心 | 每人每次 | 30~50 | 8~12 | 1.5~1.2 |
| 20 | 体育场(馆)<br>运动员淋浴<br>观众 | 每人每次<br>每人每场 | 30~40<br>3 | —<br>4 | 3.0~2.0<br>1.2 |
| 21 | 会议厅 | 每座位每次 | 6~8 | 4 | 1.5~1.2 |
| 22 | 航站楼、客运站旅客,展览中心观众 | 每人次 | 3~6 | 8~16 | 1.5~1.2 |
| 23 | 菜市场地面冲洗及保鲜用水 | 每 1 m² 每日 | 10~20 | 8~10 | 2.5~2.0 |
| 24 | 停车库地面冲洗水 | 每 1 m² 每次 | 2~3 | 6~8 | 1.0 |

注: 1. 除养老院、托儿所、幼儿园的用水定额中含食堂用水,其他均不含食堂用水;

2. 除注明外,均不含员工生活用水,员工用水定额为每人每班 40~60 L;

3. 医疗建筑用水中已含医疗用水;

4. 空调用水应另计。

## 2. 水流速度的确定

住宅的入户管,公称直径不宜小于 20 mm,生活给水管道的水流速度,按表 3-22 计算。

表 3-22　生活给水管道的水流速度

| 公称直径/mm | 15~20 | 25~40 | 50~70 | ≥80 |
|---|---|---|---|---|
| 水流速度/(m/s) | ≤1.0 | ≤1.2 | ≤1.5 | ≤1.8 |

## 3. 水头损失

(1)沿程水头损失。给水管道的沿程水头损失可按下式计算:

$$i = 105C_h^{-1.85}d_j^{-4.87}q_g^{1.85} \qquad (3-12)$$

式中　$i$——管道单位长度水头损失(kPa/m);

$d_j$——管道计算内径(m);

$q_g$——给水设计流量($m^3$/s);

$C_h$——海澄-威廉系数。各种塑料管、内衬(涂)塑管 $C_h = 140$;

铜管、不锈钢管 $C_h=130$；

内衬水泥、树脂的铸铁管 $C_h=130$；

普通钢管、铸铁管 $C_h=100$。

注:海澄-威廉公式是目前许多国家用于供水管道水力计算的公式。它的主要特点是可以利用海澄-威廉系数的调整,适应不同粗糙系数管道的水力计算。

(2)局部水头损失。生活给水管道的配水管的局部水头损失,宜按管道的连接方式,采用管(配)件当量长度法计算。当管道的管(配)件当量长度资料不足时,可按下列管件的连接状况,按管网的沿程水头损失的百分数取值。

1)管(配)件内径与管道内径一致,采用三通分水时,取 25%~30%;采用分水器分水时,取 15%~20%。

2)管(配)件内径略大于管道内径,采用三通分水时,取 50%~60%;采用分水器分水时,取 30%~35%。

3)管(配)件内径略小于管道内径,管(配)件的插口插入管口内连接,采用三通分水时,取 70%~80%;采用分水器分水时,取 35%~40%。

### 四、给水管材、附件及设备

#### 1. 给水管材

小城镇中常用给水管材一般有钢管、铜管、塑料管和铸铁管、复合管等。必须注意,生活用水的给水管必须是无毒的。

(1)钢管。钢管是给排水工程中应用最广泛的金属管材。钢管分为焊接钢管和无缝钢管。

1)焊接钢管。焊接钢管俗称水煤气管,又称黑铁管,通常由卷成管形的钢板、钢带以对缝或螺旋缝焊接而成,故又称为有缝钢管。焊接钢管的规格用公称直径表示,符号为“$DN$”,单位为 mm。焊接钢管按其表面是否镀锌可分为镀锌钢管(白铁管)和非镀锌钢管(黑铁管);按钢管壁厚不同可又分为普通焊接钢管、加厚焊接钢管和薄壁焊接钢管。

2)无缝钢管。无缝钢管是用钢坯经穿孔轧制或拉制成的钢管,常用普通碳素钢、优质碳素钢或低合金钢制造而成,它具有承受高压及高温的能力,常用于输送高压气体、高温热水、易燃易爆及高压流体等介质。因同一口径的无缝钢管有多种壁厚,故无缝钢管规格一般不用公称直径表示,而用"D(管外径,单位为 mm)×壁厚(单位为 mm)"表示,如 D159×4.5 表示外径为 159 mm、壁厚为 4.5 mm 的无缝钢管。

钢管具有强度高、承受内压力大、抗震性能好、质量比铸铁管轻、接头少、内外表面光滑、容易加工和安装等优点。但是,其抗腐蚀性能差,造价较高。钢管镀锌的目的是防锈、防腐,不使水质变坏,延长使用年限。

(2)铜管。铜管耐压强度高、韧性好,具有良好的延展性、抗震性和抗冲击性等机械性能;化学性能稳定,耐腐蚀,耐热;内壁光滑,流动阻力小,有利于节约能耗。铜管卫生性能好,可以抑制某些细菌生长。由于给水系统用铜管材造价偏高,因此,建筑给水所用铜管为薄壁纯铜管,其口径为 15～200 mm。铜管的连接可采用钎焊连接、沟槽连接、卡套连接、卡压连接等方式。

(3)塑料管。近年来,各种各样的塑料管逐渐代替钢管被应用在设备工程中。塑料管品种较多,优点是化学性能稳定、耐腐蚀、质量轻、管内壁光滑、加工安装方便等。常用的塑料管材有硬聚氯乙烯塑料管、聚乙烯管、交联聚乙烯管、聚丙烯管、聚丁烯管、聚乙烯管等。

1)硬聚氯乙烯塑料管。目前,用得最多的塑料管是硬聚氯乙烯塑料管,也称 UPVC 管,它具有化学性能稳定、耐腐蚀、物理力学性能好、无不良气味、质轻而坚、可制成各种颜色等优点。但是其强度较低,耐久、耐温性能较差。

2)聚乙烯管。聚乙烯管又称 PE 管,包括高密度聚乙烯管和低密度聚乙烯管。其特点是质量轻、韧性好、耐腐蚀、可盘绕、耐低温性能好、运输及施工方便,具有良好的柔性和抗蠕变性能,在建筑给水中得到广泛应用。目前,国内产品的规格在 $DN16～DN160$ 之间,最大可达 $DN400$。

3)交联聚乙烯管。交联聚乙烯管是通过化学方法使普通聚乙烯的线性分子结构改成三维交联网状结构,也称为 PEX 管。交联聚乙烯管具有强度高、韧性好、抗老化(使用寿命达 50 年以上)、温度适应范围广（−70～110 ℃）、无毒、不滋生细菌、安装维修方便、价格适中等优点。常用规格在 $DN10$～$DN32$ 之间，少量达 $DN63$，主要用于建筑室内热水给水系统。

4）聚丙烯管。聚丙烯管也称为 PP 管，普通聚丙烯材质有一显著缺点，即耐低温性差，在 50 ℃以下因脆性太大而难以正常使用。通过共聚合的方式可以使聚丙烯性能得到改善。聚丙烯管有三种，为均聚聚丙烯管、嵌段共聚聚丙烯管、无规共聚聚丙烯管。目前，市场上用得较多的是嵌段共聚聚丙烯管和无规共聚聚丙烯管。

5）聚丁烯管。聚丁烯管是用高分子树脂制成的高密度塑料管，也称为 PB 管。其管材质软、耐磨、耐热、抗冻、无毒无害、耐久性好、质量轻、施工安装简单，公称压力可达 1.6 MPa，能在−20～95 ℃条件下安全使用，且适用于冷、热水系统。

（4）给水铸铁管。给水铸铁管与钢管比较，具有耐腐蚀性强、使用寿命长、价格低等优点；缺点是质量重、长度小，适宜作埋地管道。

（5）复合管。复合管是金属与塑料混合型管材，它综合了金属管材和塑料管材的优势，有铝塑复合管和钢塑复合管两类。

1）铝塑复合管。铝塑复合管的内、外壁是塑料层，中间夹以铝合金层，通过挤压成型的方法复合成的管材，可分为冷、热水用铝塑管和燃气用复合管。除具有塑料管的优点外，还有耐压强度高、耐热、可挠曲、接口少、施工方便、美观等优点。铝塑复合管可广泛应用于建筑室内冷、热水供应和地面辐射供暖。

2）钢塑复合管。钢塑复合管是在钢管内壁衬（涂）上一定厚度的塑料层复合而成，依据复合管基材的不同，可分为衬塑复合管和涂塑复合管两种。衬塑钢管是在传统的输水钢管内插入一根薄壁的 PVC 管，使两者紧密结合，就成了 PVC 衬塑钢管；涂塑钢管是以普通碳素钢管为基材，将高分子 PE 粉末熔融后均匀地涂敷在钢管内壁，经塑化后，形成光滑、致密的塑料涂层。

钢塑复合管兼备了金属管材强度高、耐高压、能承受较强的外来冲击力和塑料管材的耐腐蚀性、不结垢、导热系数低、流体阻力小等优点。

### 2. 常用的附件

小城镇给水附件是对安装在管道及设备上的启闭和调节装置的总称。给水附件一般分为配水附件和控制附件两大类。

(1)配水附件。配水附件是指安装在给水支管末端,供卫生器具或用水点放水用的各式水龙头来调节和分配水流。

1)球形阀式配水龙头。水流经过此种龙头时流向改变,故压力损失较大。球形阀式配水龙头装设在洗涤盆、污水盆、盥洗槽上。

2)旋塞式配水龙头。这种龙头旋塞旋转90°时,即完全开启,短时间可获得较大的流量。由于水流呈直线通过,其阻力较小;缺点是启闭迅速时易产生水锤,一般用于浴室、洗衣房、开水间等配水点处。

3)盥洗龙头。装设在洗脸盆上,用于专门供冷热水,有莲蓬头式、角式、喇叭式、长脖式等多种形式。

4)混合水龙头。这种水龙头是将冷水、热水混合调节为温水的水龙头,供盥洗、洗涤、沐浴等使用。

除上述配水龙头外,还有许多特殊用途的水龙头,如小便器水龙头、充气水龙头和自动水龙头等。

(2)控制附件。控制附件用来调节水量和水压,关断水流等,如闸阀、截止阀、止回阀、浮球阀和安全阀等。

1)闸阀。该阀全开时,水流呈直线通过,压力损失小,但水中杂质沉积阀座时,阀板关闭不严,易产生漏水现象。管件大于50 mm或双向流动的管段宜采用闸阀。

2)截止阀。截止阀结构简单、密封性好、维修方便,但水流在通过阀门时要改变方向,阻力较大,一般适用于管径不大于50 mm的管道或经常启闭的管道上。

3)旋塞阀。旋塞阀绕其轴线转动90°即为全开或全闭。旋塞阀具有结构简单、启用迅速、操作方便、阻力小的优点;缺点是密封面维修困难,在流体参数较高时旋转灵活性和密封性较差,多用于低压、小口径管及介质温度不高的管路中。

4)止回阀。止回阀用以控制水流只能沿一个方向流动,阻止反向流动,安装时应使水流方向与阀体上的箭头方向一致。按结构形式分为升降式和旋启式两种。升降式只能用在水平管道上,二启旋启式既可用在水平管道上,也可用在垂直管道上。

5)浮球阀。浮球阀是一种利用液位变化自动控制水箱、水池水位的阀门,多安装在水箱或水池内。其缺点是体积较大,阀芯易卡住引起关闭不严而溢水。

6)安全阀。安全阀是一种保安器材。管网中安装此阀可以避免管网、用具或密闭水箱超压遭到破坏,一般有弹簧式和杠杆式两种。

### 3. 给水设备

当建筑物较高,而城镇给水管网的供水压力不足以满足建筑物的水压要求时,需要设置如水泵、水箱、贮水池、气压给水装置等升压给水设备。

(1)水泵。水泵是建筑给水系统中的主要升压设备。在建筑给水系统中,一般采用离心式水泵,简称离心泵。

(2)水箱。建筑物室内给水系统中,在需要增压、稳压、减压或需要贮存一定的水量时,均可设置水箱。水箱形状通常为圆形和矩形,制作材料有钢板、钢筋混凝土或玻璃钢等。

(3)贮水池。当不允许水泵直接从室外给水管网抽水时,应设贮水池,水泵从贮水池中抽水向建筑内供水。贮水池可由钢筋混凝土制造,也可由钢板焊制,形状多为圆形和矩形,也可以根据现场情况设计成任意形状。

(4)气压给水装置。气压给水装置是水泵与气压罐的联合工作装置,水泵在向楼层供水的同时,还需将水压入存有压缩空气的密闭罐内。罐内存水增加,压缩空气的体积被压缩,达到一定水位时水泵停止工作,罐内的水在压缩空气的推动下,向各用水点供水。气压给水装置的优点是建设速度快、便于隐藏、容易拆迁、灵活性大、不影响建筑美观、水质不易污染以及噪声小。但这种设备的调节能力低、运行费用高、耗用钢材较多、变压力的供水压力变化幅度大,在用水量和水压稳定性要求较高时,使用这种设备供水会受到一定限制。气压给水装置一般出密封罐、水泵、控制装置、补齐设备等组成。

# 第四章  小城镇排水工程规划

## 第一节  概  述

### 一、小城镇排水工程的分类

小城镇排水工程按照水源和性质分为三类：即生活污水、工业废水和降水。

(1)生活污水。生活污水是指人们日常生活中所产生的污水，其来源为住宅、机关、学校、医院、公共场所及工厂生活间等的厕所、厨房、浴室、洗衣房等处排出的水。

(2)工业废水。工业废水是指工业生产过程中产生的废水，来自车间或矿场等地。根据其污染程度不同，又可分为生产废水和生产污水。

1)生产废水是指生产过程中水质只受到轻微污染或只是水温升高，不经处理可直接排放的工业废水，如一些机械设备的冷却水等。

2)生产污水是指在生产过程中水质受到较严重的污染，需经处理后方可排放的工业废水。其污染物质，有的主要是无机物，如发电厂的水力冲灰水；有的主要是有机物，如食品工业废水；有的含无机物、有机物，并有毒性，如石油工业废水、化学工业废水、炼焦工业废水等。

(3)降水。降水包括地面上径流的雨水和冰雪融化水，一般是较清洁的，但初期雨水却比较脏。雨水排出时间集中、量大。

以上三种水，均需及时、妥善地予以处理与排放。若处置不当，将会影响环境卫生，污染水体，影响工农业生产及人民生活，并对人民身体健康带来严重危害。

### 二、小城镇排水系统的组成

排水系统一般由卫生器具(或生产设备受水器)、排水管道系统、通气管系统、清通设备、抽升设备及污水局部处理构筑物等组成,如图 4-1所示。

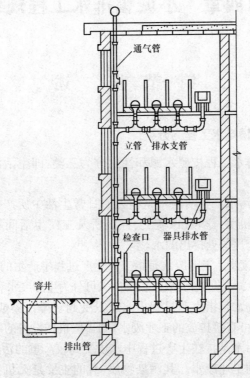

通气管

立管　排水支管

检查口　器具排水管

窨井

排出管

**图 4-1　排水系统的基本组成**

(1)卫生器具(或生产设备受水器)。卫生器具是建筑物内部排水系统的起点,用来满足日常生活和生产过程中各种卫生要求,是收集和排除污、废水的设备。卫生器具的结构、形式和材料各不相同,应根据其用途、设置地点、维护条件和安装条件选用。

(2)排水管道系统。排水管道系统由器具排水管、排水横支管、排水立管、埋地横干管和排出管等组成。

1)器具排水管。连接卫生器具和排水横支管的短管,除坐式大便器等自带水封装置的卫生器具外,均应设水封装置。

2)排水横支管。将器具排水管流来的污水传输到立管中去,横支管应具有一定的坡度。

3)排水立管。用来收集其上所接的各横支管排来的污水,然后把这些污水送入排出管。

4)埋地横干管。指把几根排水立管与排出管连接起来的管段,可根据室内排水的数量和布置情况确定是否需要设置埋地横干管。

5)排出管。用来收集一根或几根立管排出的污水,并将其排至室外排水管网中去。

(3)通气管系统。通气管系统能使室内外排水管道与大气相通,其作用是将排水管道中散发的有害气体排到大气中去,使管道内常有新鲜空气流通,以减轻管内废气对管壁的腐蚀,同时,使管道内的压力与大气取得平衡,防止水分破坏。

(4)清通设备。在排水系统中,为疏通排水管道,需设置检查口、清扫口、检查井等清通设备。

1)检查口。检查口是一个带有盖板的开口配件,拆开盖板即可进行疏通工作。检查口通常设在立管上,可以每隔一层设一个,但在最底层和有卫生器具的最高层必须设置。如为2层建筑,可仅在底层设置。安装检查口时,应使盖板向外,并与墙面成45°夹角。检查口中心距地面距离为1 m,并至少高出该层卫生器具上边缘0.15 m。

2)清扫口。清扫口是设置在排水横管上的一种清通设备。当排水横管上连接2个或2个以上大便器、3个或3个以上其他卫生器具时,应设置清扫口,若横管较长时,每隔一定距离也应设置清扫口。清扫口只能从一个方向清通,因此,它只能装设在排水横管的起点,开口应与地面相平。有时也可用带螺栓盖板的弯头或带堵头的三通配件代替清扫口。

3)检查井。对于不散发有害气体或大量蒸汽的工业废水排水管道,在管道转弯、变径处和坡度改变及连接支管处,可在建筑物内设置检查井。在直线管段上,排除生产废水时,检查井的距离不宜大于30 m;排除生产污水时,检查井的距离不宜大于20 m。对于生活污水排水管道,在建筑物内不宜设置检查井。

(5)抽升设备。一些民用和公共建筑的地下室、人防建筑及工业建筑室内标高低于室外地坪的车间和其他用水设备的房间,卫生器具的污水不能自流排至室外管道时,需设污水泵和集水池等局部抽升设备,以保证生产的正常进行和保护环境卫生。

(6)污水局部处理构筑物。当个别建筑物内排出的污水不允许直接排入室外排水管道时(如呈强酸性、强碱性、含大量汽油、油脂或大量杂质的污水),则要设置污水局部处理设备,使污水水质得到初步改善后再排入室外排水管道。

### 三、小城镇排水工程规划的任务

(1)估算镇区的各种排水量,应分别估算生活污水量、生产废水和雨水量,一般将生活污水和生产废水量之和称为小城镇的总污水量,雨水量单独估算。

(2)拟定镇区污水、雨水的排放方案。包括确定排水区界和排水方向,研究生活污水、生产废水和雨水的排水方式,旧镇区原有排水设施的利用与改造,以及研究在规划期限内排水系统建设的远、近期结合、分期建设等问题。

(3)研究镇区污水处理与利用的方法及污水处理厂(站)位置选择。根据国家环境保护规定与小城镇的具体条件,确定其排放程序、处理方式及污水综合利用的途径。

(4)布置排水沟管。包括污水管道,雨水管渠、防洪沟的布置等。要求确定主干管、干管的平面位置、高程、估算管径,泵站设置等。

(5)估算镇区排水工程的造价及年费用。一般按扩大经济指标计算。

### 四、小城镇排水工程规划的原则

小城镇排水工程规划应符合国家小城镇建设的方针政策,并遵循下列原则。

(1)科学、合理地进行小城镇排水系统规划,遵循小城镇整体规划,实行经济效益、社会效益与环境效益的统一,坚持可持续发展的原则。

(2)符合环境保护的要求,有利于水环境水质的改善。小城镇排水工程规划中对于污(废)水的污染问题,要防患于未然,依靠各有关部门共同搞好治理工作,解决污染问题,保护和改善环境,造福人民。

(3)小城镇排水工程规划的合理水平和定量化指标,应主要依据小城镇性质、类型、地理地域位置、经济、社会发展和城镇建设水平、人口规模和小城镇相关现状水平等,并考虑排水设施规划的适当超前。

(4)充分发挥排水系统的功能,满足使用要求。规划中应力求排水系统完善,技术先进,规划合理,使污(废)、雨水能迅速排除,避免积水为患,妥善地处理与排放污(废)水,保护水体和环境卫生。根据小城镇的实际情况做出具体安排,对于缺水的小城镇,在规划阶段应充分考虑污水及污泥的资源化,考虑处理水的再利用,化害为利,变"废"为宝。

(5)考虑现状,充分发挥原有排水设施的作用。从实际出发,充分掌握原有排水设施的情况,分析研究存在的主要问题及改造利用的可能途径,使新规划系统与原有系统有机结合。

(6)小城镇排水设施用地应按规划期规模控制,以节约用地,保护耕地。

(7)小城镇排水工程规划期限应与小城镇总体规划期限一致。在小城镇排水规划中应重视近期建设规划,应考虑小城镇远景发展的需要。分期建设应首先考虑建设最急需的工程设施,使它能尽早地服务于最迫切需要的地区与建筑物。

(8)小城镇排水工程规划应尽量采用新技术、新工艺、新办法,满足排水工程建设中经济方面的要求。

# 第二节　小城镇排水体制及平面布置

## 一、小城镇排水体制

### 1. 小城镇排水体制的分类

对生活污水、工业污水和降水所采取的排出方式,称为排水体制,也称为排水制度。按排水方式,一般可分为分流制和合流制两种,见表 4-1。

表 4-1　小城镇排水方式分类

| 名称 | | 特点 | 图例 |
|---|---|---|---|
| 合流制 | 直泄式合流制 | 是将管渠系统就近坡向水体,分若干个排出口,混合的污水未经处理直接泄入水体 | <br>图 4-2　直泄式合流制 |
| | 截流式合流制 | 是将混合污水一起排向沿水体的截流干管,晴天时污水全部送到污水处理厂;雨天时,混合水量超过一定数量,其超出部分通过溢流并泄入水体 | <br>图 4-3　截流式合流制 |
| 分流制 | | 是用管道分别收集雨水和污水,各自单独成为一个系统。污水管道系统专门排除生活污水和工业废水;雨水管渠系统专门排除不经处理的雨水 | <br>图 4-4　分流制排水系统示意图 |

小城镇排水体制、排水与污水处理规划要求,见表 4-2。

表 4-2　小城镇排水体制、排水与污水处理规划要求

| 小城镇分级规划期 / 分项 | | 经济发达地区 | | | | | | 经济发展一般地区 | | | | | | 经济欠发达地区 | | | | | |
|---|---|---|---|---|---|---|---|---|---|---|---|---|---|---|---|---|---|---|---|
| | | 一 | | 二 | | 三 | | 一 | | 二 | | 三 | | 一 | | 二 | | 三 | |
| | | 近期 | 远期 | 近期 | 远期 | 近期 | 远期 | 近期 | 远期 | 近期 | 远期 | 近期 | 远期 | 近期 | 远期 | 近期 | 远期 | 近期 | 远期 |
| 排水体制一般原则 | 1. 分流制<br>2. 不完全分流制 | △ | ● | △ | ● | ○2 | ● | ○2 | ● | ○2 | ● | ○2 | △2 | ○2 | ● | | △2 | | △2 |
| | 合流制 | | | | | | | | | | | | | | | | ○ | | ○部分 |
| 排水管网面积普及率(%) | | 95 | 100 | 90 | 100 | 85 | 95~100 | 85 | 100 | 80 | 95~100 | 75 | 90~95 | 75 | 90~100 | 50~60 | 80~85 | 20~40 | 70~80 |
| 不同程度污水处理率(%) | | 80 | 100 | 75 | 100 | 65 | 90~95 | 65 | 100 | 60 | 95~100 | 50 | 80~85 | 50 | 80~90 | 20 | 65~75 | 10 | 50~60 |
| 统建、联建、单建污水处理厂 | | △ | ● | ● | ● | ● | ● | ● | ● | ● | ● | ● | ● | △ | | | △ | | |
| 简单污水处理 | | | | | ○ | | ○ | | ○ | | ○ | | ○ | ○ | ○ | | | ○低水平 | △较高水平 |

注:1. 表中○—可设,△—宜设,●—应设;

　2. 不同程度污水处理率指采用不同程度污水处理方法达到的污水处理率;

　3. 统建、联建、单建污水处理厂指郊区小城镇、小城镇群应优先考虑统建、联建污水处理厂;

　4. 简单污水处理指经济欠发达,不具备建设较现代化污水处理厂条件的小城镇,选择采用简单、低耗、高效的多种
　　 污水处理方式,如氧化塘、多级自然处理系统,管道处理系统,以及环保部门推荐的几种实用污水处理技术;

　5. 排水体制的具体选择按上表要求外,同时应根据总体规划和环境保护要求,综合考虑自然条件、水体条件、污水
　　 量、水质情况,原有排水设施情况,技术经济比较确定。

表 4-2 是在全国小城镇概况分析的同时,重点对四川、重庆、湖北的中心城市周边小城镇、三峡库区小城镇、丘陵地区和山区小城镇,浙江的工业主导型小城镇、商贸流通型小城镇,福建的生态旅游型小城镇、工贸型等小城镇的社会、经济发展状况、建设水平、排水、污水处理状况、生态状况及环境卫生状况的分类综合调查和相关规划分析研究及部分推算的基础上得出来的,因而具有一定的代表性。

对不同地区、不同规模级别的小城镇按不同规划期提出因地因时而异的规划不同合理水平,增加可操作性,同时表 4-2 中除应设要求外,还分宜设、可设要求,以增加操作的灵活性。

### 2. 小城镇排水体制的选择

小城镇排水体制的合理选择是小城镇排水系统规划中一个十分重要的部分,不仅影响排水系统的设计施工、投资运行,同时,对城镇

总体布局和环境保护也影响深远。

(1)环境保护方面。从环境保护方面看,如果将小城镇生活污水、工业废水全部截流送往污水厂进行处理,然后排放,可以较好地控制和防止水体的污染,但截流主干管尺寸较大,容量增加很多,建设费用也相应地增高。采取截流式合流制时,雨天有部分混合污水通过溢流井直接排入水体。实践证明,采用截流式合流制的小城镇,随着建设的发展,河流的污染日益严重,甚至达到不能容忍的程度。分流制排水系统是将小城镇污水全部送往污水厂进行处理,所以,在雨天不会把污水排放到水域中去,对防止水质污染是有利的,但初降雨水径流未加处理直接排入水体,造成初降雨水径流对水体的污染。由于分流制排水系统比较灵活,比较适应社会发展的需要,一般又能符合小城镇卫生的要求,所以,在国内外获得广泛的应用,也是小城镇排水系统的发展方向。

(2)工程造价方面。合流制泵站和污水处理厂的造价比分流制高,但管渠总长度短,所以,合流制的总造价要比分流制低。但不完全分流制因初期只建污水排水系统,因而节省初期投资费用,此外,又可缩短施工工期,较快地发挥工程效益。而完全分流制和截流式合流制的初期投资均比不完全分流制要大。

(3)施工管理方面。合流制管线单一,减少与其他地下管线、构筑物的交叉,管渠施工较简单。另外,合流制管渠中流量变化较大,对水质也有一定影响,不利于泵站和污水厂的稳定运行,造成管理维护复杂,运行费用增加。而分流制排水系统可以保持管内的流速,不致发生沉淀,同时,流入污水厂的水量和水质比合流制变化小得多,污水厂的运行易于控制。合流制管渠不存在管道误接情况,而分流制管渠容易出现管道误接。

## 二、小城镇排水系统的平面布置

小城镇排水系统的平面布置形式主要有以下几种。

### 1. 正交式布置

在地势向水体适当倾斜的地区,各排水流域的干管可以最短距离与水体垂直相交的方向布置,称为正交式布置,如图 4-5 所示。其干管长度短,口径小,污水排出迅速,造价经济。但污水未经处理直接排放,会使水体污染严重。

### 2. 截流式布置

正交布置的发展,沿河岸敷设主干管,并将各干管的污水截流到污水厂,这种布置方式称为截流式布置,如图 4-6 所示。截流式布置对减轻水体污染,改善和保护环境有重大作用,适用于分流制污水排水系统,将生活污水及工业废水经处理后排入水体。也适用于区域排水系统,区域总干管截流各城镇的污水送至城市污水厂进行处理。对截流式合流制排水系统,因雨天有部分混合污水排入水体,易造成水体污染。

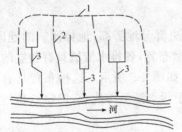

**图 4-5　正交式布置排水系统**

1—城镇边界;2—排水流域分界线;
3—干管

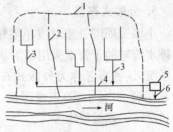

**图 4-6　截流式布置排水系统**

1—城镇边界;2—排水流域分界线;
3—干管;4—主干管;5—污水处理厂;
6—出水口

### 3. 平行式布置

在地势向河流方向有较大倾斜的地区,为了避免因干管坡度及管内流速过大,使管道受到严重冲刷或跌水井过多,可使干管与等高线及河道基本上平行,主干管与等高线及河道成倾斜角敷设,称为平行式布置,如图 4-7 所示。

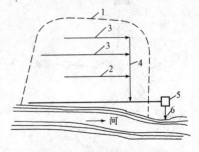

**图 4-7　平行式布置排水系统**

1—城镇边界;2、3—干管;4—主干管;
5—污水处理厂;6—出水口

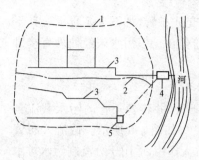

**图 4-8　分区式布置排水系统**
1—城镇边界；2—排水流域分界线；
3—干管；4—污水处理厂；5—污水泵站

### 4. 分区式布置

在地势高低相差很大的地区,当污水不能靠重力流至污水处理厂时,可采用分区布置形式,分别在地势高、低处敷设独立的管道系统,如图4-8所示。大、中城市常采用此系统,而小城镇由于地形条件限制,可将小城镇划分成几个独立的排水区域,各区域有独立的管道系统、污水处理厂和出水口。

### 5. 分散式布置

小城镇周围分流域或小城镇中央部分地势高,地势倾斜的地区,各排水流域的干管常采用辐射状分散布置,各排水流域具有独立的排水系统,这种布置称为分散式布置,如图4-9所示。这种布置具有干管长度短、口径小、管道埋深浅、便于污水灌溉等优点;但缺点是污水厂和泵站的数量将增多。

### 6. 环绕式布置

环绕式布置由分散式布置发展而来,即在四周布置总干管,将干管的污水截流送往污水厂的布置,如图4-10所示。

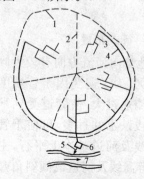

**图 4-9　分散式布置排水系统**
1—城镇边界；2—排水流域分界线；
3—干管；4—污水处理厂

**图 4-10　环绕式布置排水系统**
1—城镇边界；2—排水流域分界线；3 干管；
4—环绕干管；5—出水口；6—污水处理厂；7—河流

### 7. 区域式布置

几个相邻的小城镇,污水集中排放至一个大型的地区污水处理厂,称为区域排水布置,如图 4-11 所示。这种排水系统能扩大污水处理厂的规模,降低污水处理费用,能以更高的技术、更有效的措施防止污染扩散,是我国今后小城镇排水发展的方向,特别适合于经济发达、小城镇密集的地区。

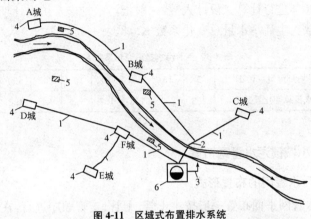

**图 4-11 区域式布置排水系统**

1—污水主干管;2—压力管道;3—排放管;4—泵站;
5—废除的小城镇的污水处理厂;6—区域污水处理厂

# 第三节 小城镇污水工程规划

## 一、小城镇污水量计算

污水量应包括生活污水量和生产污水量。小城镇居住生活污水量设计流量按每人每日平均排出的污水量、使用管道的设计人数和总变化系数计算。其计算公式为:

$$Q = \frac{qNK_s}{T \times 3\ 600} \tag{4-1}$$

式中 $Q$——居住区生活污水的设计流量(L/s);

$q$——居住区生活污水的排污标准[L/(人·d)];

$N$——使用管道的设计人数;

$T$——时间(h),建议用12h;

$K_s$——排水量总变化系数。

在选用生活污水量排放标准时,应根据当地的具体情况确定,一般与同一地区给水设计所采用的标准相协调,可按生活用水量的75%~90%进行计算。设计人数,一般指污水排出系统设计期限终期的人口数。生活污水量总变化系数 $K_s$,见表4-3。

表4-3　生活污水量总变化系数 $K_s$

| 污水平均日流量/(L/d) | 5 | 15 | 40 | 70 | 100 | 200 | 500 | ≥1 000 |
|---|---|---|---|---|---|---|---|---|
| 生活污水量总变化系数 $K_s$ | 2.3 | 2.0 | 1.8 | 1.7 | 1.6 | 1.5 | 1.4 | 1.3 |

## 二、小城镇污水管网布置

### 1. 污水管网的布置形式

污水管网平面布置一般按主干管、干管、支管顺序进行,在总体规划中,只决定污水主干管、干管的走向与平面位置。在详细规划中,还要决定污水支管的走向与平面位置。

(1)污水干管的布置形式。按干管与地形等高线的关系分为平行式布置和正交式布置两种。平行式布置是污水干管与等高线平行,而主干管则与等高线基本垂直,适用于城镇地形坡度较大时,可以减少管道的埋深,避免设置过多的跌水井,改善干管的水力条件,如图4-12(a)所示;正交式布置是干管与地形等高线垂直相交,而主干管与等高线平行敷设,适用于地形平坦略向一边倾斜的城镇。由于主干管管径大,保持自净流速所需坡度小,其走向与等高线平行是合理的,如图4-12(b)所示。

(2)污水支管的布置形式。污水支管的平面布置形式取决于地形、建筑特征和用户接管的方便,一般有以下三种形式。

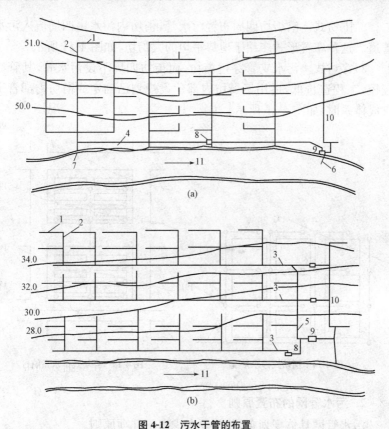

**图 4-12 污水干管的布置**

(a)平行式布置干管；(b)正交式布置干管

1—支管；2—干管；3—地区干管；4—截流干管；5—主干管；6—出口渠渠头；

7—溢流口；8—泵站；9—污水厂；10—污水灌溉田；11—河流

1）低边式。在街坊地形较低的一边，承接街坊内的污水，这种布置形式管线较短，适用于街坊狭长或地形倾斜时，如图4-13所示。

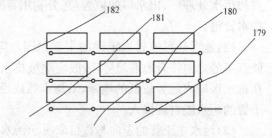

**图 4-13 低边式排水系统**

2)围坊式。沿街坊四周布置污水管,街坊内污水由四周流入污水管道。这种布置形式多用于地势平坦的大街坊,如图 4-14 所示。

3)穿坊式。污水支管穿过街坊,而街坊四周不设污水管,其管线较短,工程造价低,适用于街坊内部建设规划已确定或街坊内部管道自成体系时,如图 4-15 所示。

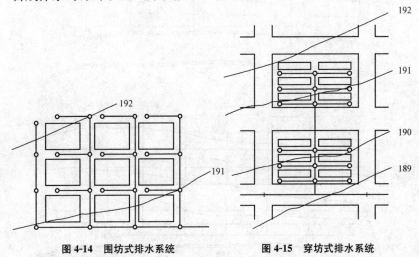

图 4-14　围坊式排水系统　　　　　　　图 4-15　穿坊式排水系统

### 2. 污水管网的布置原则

污水管网具体规划布置时,要考虑以下几项原则。

(1)尽量用最短的管线,在较小的埋深下,把最大面积的污、废水能自流送往污水处理厂。为实现这一原则,在定线时根据城镇地形特点和污水处理厂、出水口的位置,充分利用有利的地形,合理布置城镇排水管道。

(2)地形是影响管道定线的主要原因。定线时应充分利用地形,使管道的走向符合地形趋势,一般应顺坡排水。排水主干管一般布置在排水区域内地势较低的地带,沿集水线或沿河岸等敷设,以便支管、干管的污水能自流接入。

(3)污水主干管的走向与数目取决于污水厂和出水口的位置与数目。如小城镇或地形倾向一方的城镇,通常只设一个污水厂,则只需敷设一条主干管,若区域几个城镇合建污水厂,则需要建造相应的区域污水管道系统。

(4)排水干管一般沿小城镇道路布置。不宜设在交通繁忙且又狭窄的街道下,通常设置在污水量大或地下管线较少一侧的人形道、绿化带,或慢车道下。若街道宽度超过 40 m,为了减少连接支管的数目和底下管线的交叉,可考虑设置两条平行的排水管道。

(5)污水管道尽可能避免穿越河道、铁路、地下建筑或其他障碍物,也要减少与其他地下管线和构筑物交叉,并充分考虑对地质条件的影响。

(6)管线布置应简捷,要注意节约管道的长度,避免在平坦地段布置流量小而长度长的管道,因流量小,保证自净流速所需的坡度较大,而使埋深增加。

(7)管线布置考虑城镇远、近期规划及分期建设的安排,与规划年限相一致。应使管线的布置与敷设满足近期建设的要求,同时考虑远期有扩建的可能。一般主干管年限要长,基本应考虑一次建后相当长时间不再扩建,而次干管、支管、接户管等年限可一次降低,并考虑扩建的可能。

### 三、小城镇污水管网的水力计算

#### 1. 管道水力计算的基本公式

管道内的流动,通常是依靠水的重力从高处流向低处,即所谓重力流。污水中含有一定数量的悬浮物,但水分一般在 99% 以上,可以认为城镇污水的流动是遵循一般水流规律的,在设计中可采用水力学公式进行计算。

由于管道内流速随时都在变化,污水量的管道交汇处会形成回水,管道沉积物及管道接缝会使水流流速发生变化等原因,实际上,污水的流动属非均匀流,但在一个较短的管段内,假如流量变化不大,管道坡度不变,可以认为管段内流速不变,通常把这种管段内污水的流动视为均匀流。并在设计时每一计算管段按均匀流公式计算。

根据以上所述,管道水力学的两个基本公式如下。

流速公式 $\qquad v=\dfrac{1}{n}R^{\frac{2}{3}}I^{\frac{1}{2}}$ 　　　　　　(4-2)

流量公式 $\qquad Q\omega v=\dfrac{1}{n}\omega R^{\frac{2}{3}}I^{\frac{1}{2}}$ 　　　　(4-3)

式中　$Q$——设计流速(L/s)；

　　　$\omega$——设计管段的过水断面面积($m^2$)；

　　　$v$——过水断面的平均流速(m/s)；

　　　$R$——水力半径(m)；

　　　$I$——水力坡度(渠道坡降)；

　　　$n$——管壁粗糙系数,由管渠材料定。

### 2. 管渠的断面与衔接

(1)排水管渠的断面形式。排水管渠的断面形式必须满足静力学、水力学、经济学以及维护管理方面的要求。在静力学方面,要求管道具有足够的稳定性和坚固性;在水力学方面,要求有良好的疏水性能,不但要有较大的排水能力,而且当流量变化时,不易在管道中产生沉淀;在经济学方面,要求管道用材省,造价低;在维护管理方面,要求便于清通。

常用管渠断面形式有圆形、马蹄形、带低流槽的矩形、蛋形、拱顶矩形、梯形,如图 4-16 所示。

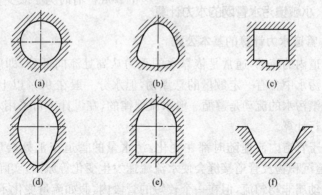

**图 4-16　排水管渠断面形式**
(a)圆形;(b)马蹄形;(c)带低流槽的矩形;
(d)蛋形;(e)拱顶矩形;(f)梯形

污水管道在管径、坡度、高程、方向发生变化及支管接入的地方都需设置检查井,满足污水管渠中的衔接与维护的要求。在设计时,检查井中上下游管渠衔接时尽可能提高下游管段的高程,以减少管道埋深,降低造价;避免上游管段中形成回水而产生淤积。

（2）管道衔接方法。管道的衔接方法主要有水面平接、管顶平接,特殊情况下需用管底平接。

1）管顶平接。管顶平接是指污水管道水力计算中,使上游管段终端与下游管段起端的管顶标高相同。采用管顶平接时,可以避免上游管段产生回水,但增加了下游管段的埋深,管顶平接一般用于不同口径管道的衔接,如图 4-17(a)所示。

2）水面平接。水面平接是指污水管道水力计算中,使上下游管段在设计充满度的情况下,其水面具有相同的高程。同径管段往往是下游管段的充满度大于上游管段的充满度,为避免上游管段回水而采用水面平接。在平坦地区,为减少管道埋深,异管径的管段有时也采用水面平接,如图 4-17(b)所示。

3）管底平接。特殊情况下,下游管段的管径小于上游管段的管径（坡度突然变陡时）而不能采用管顶平接或水面平接时,应采用管底平接,以防下游管段的管底高于上游管段的管底。有时为了减少管道系统的埋深,虽然下游管道管径大于上游,但也可采用管底平接,如图 4-17(c)所示。

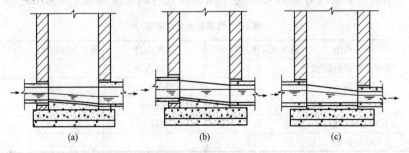

**图 4-17　管道的衔接**

(a)管顶平接；(b)水面平接；(c)管底平接

### 3. 水力计算的控制数据

(1)最大设计充满度。污水管道设计充满度是指管道排泄设计污水量时的充满度。污水管道的设计充满度应小于或等于最大设计充满度。室外排水设计规范规定的污水管道的最大设计充满度见表4-4。

表 4-4　最大设计充满度的有关规定

| 管径($D$)或暗渠高($H$)/mm | 最大设计充满度($h/D$ 或 $h/H$) |
|---|---|
| 200～300 | 0.55 |
| 350～450 | 0.65 |
| 500～900 | 0.70 |
| ≥1 000 | 0.75 |

对于明渠,其超高(渠中最高设计水面至渠顶的高度)应不小于0.2 m。

(2)设计流速。设计流速是指管渠在设计充满度情况下,排泄设计流量时的平均速度,为防止管道因淤积而堵塞或因冲刷而损坏,规范对设计流速规定了最小设计流速和最大允许流速。

1)污水管道最小设计流速。当管径≤500 mm 时为 0.7 m/s;当管径>500 mm 时为 0.8 m/s,明渠为 0.4 m/s。

2)污水管道最大允许流速。当采用金属管道时,最大允许流速为10 m/s,非金属管道为 5 m/s;明渠最大允许流速可按表4-5选用。

表 4-5　明渠最大允许流速

| 明渠构造 | 最大允许流速/(m/s) | 明渠构造 | 最大允许流速/(m/s) |
|---|---|---|---|
| 粗砂及贫砂质黏土 | 0.8 | 干砌石块 | 2.0 |
| 砂质黏土 | 1.0 | 浆砌石块 | 4.0 |
| 黏土 | 1.2 | 浆砌块 | 3.0 |
| 石灰岩或中砂岩 | 4.0 | 混凝土 | 4.0 |
| 草皮护面 | 1.6 | | |

注:1. 本表仅适用于水深为 0.4～1.0 m 的明渠。

2. 当水深小于 0.4 m 或超过 1.0 m 时,表中流速应乘以下列系数:$h<0.4$ m 时为 0.85;$h>1.0$ m 时为 1.25;$h≥2.0$ m 时为 1.40。

（3）最小管径。一般污水管道系统的上游部分设计污水流量很小，若根据流量计算，则管径会很小。根据养护经验证明，过小的管道极易堵塞，清通频繁且不方便，也会增加污水管道的维护工作量和管理费用。为了养护工作的方便，为此，规定了一个允许的最小管径。在街区和厂区内最小管径为 200 mm，在街道下为 300 mm。

在进行管道水力计算时管段由于服务的排水面积小，设计流量小，按此流量计算得出的管径小，此时就应采用最小管径。

（4）最小设计坡度。在均匀情况下，水力坡度等于水面坡度，即管底坡度。由均匀流速公式看出，管渠坡度和流速之间存在一定关系。相应于管内流速为最小设计流速时的管道坡度称为最小设计坡度。不同管径对应的最小坡度见表 4-6。

表 4-6　不同管径对应的最小坡度表

| 直径/mm | 最小坡度 | 直径/mm | 最小坡度 |
|---|---|---|---|
| 125 | 0.001 | 400 | 0.002 5 |
| 150 | 0.007 | 500 | 0.002 |
| 200 | 0.004 | 600 | 0.001 6 |
| 250 | 0.003 5 | 700 | 0.001 5 |
| 300 | 0.003 | 800 | 0.001 2 |

# 第四节　小城镇雨水管网系统规划

## 一、小城镇雨水管网系统内容与任务

### 1. 小城镇雨水管网系统的内容

小城镇雨水管网系统是由收集、排放城镇雨水的雨水口、雨水管渠、检查井、出水口等构筑物所组成的一整套工程设施。小城镇雨水管网系统规划的主要内容包括。

（1）确定排水流域与排水方式，进行雨水管渠的平面布置，确定雨水调节池、雨水泵站及雨水排放口的位置。

（2）根据小城镇雨水量统计资料及气候条件，确定或选定当地暴雨强度公式。

（3）确定计算参数，计算雨水流量并进行水力计算，确定雨水管渠断面尺寸、设计坡度及埋设深度等。

### 2. 小城镇雨水管网系统的任务

小城镇雨水管网系统的任务是及时收集并排除暴雨形成的地面径流，保障城镇人民生命安全和工农业生产的正常进行。由于雨水短时间的径流量大，所需的雨水管渠较大，造价较高。因此，在进行小城镇排水规划时，除建立完善的雨水管网系统外，还应对整个小城镇雨水管网系统进行统筹规划，保留一定的水塘、洼地及截洪沟，考虑防洪的"拦、蓄、分、泄"功能，通过建立雨水蓄留系统，对小城镇雨水加以充分利用。

## 二、小城镇雨水管网布置

### 1. 充分利用地形，就近排入水体

雨水管渠应尽量利用自然地形坡度布置，要以最短的距离靠重力流将雨水排入附近的池塘、河流、湖泊等水体中。当地形坡度较大时，雨水干管应布置在地形低处或溪谷线上；当地形平坦时，雨水干管应布置在排水流域的中间，以便于支管接入，尽量扩大重力流，排除雨水的范围。

### 2. 尽量避免设置雨水泵站

当地形平坦，且地面平均标高低于河流的洪水水位标高时，需将管道适当集中，在出水口前设雨水泵站，经抽升后排入水体。尽可能使雨水泵站的流量减到最小，以节省雨水泵站的工程造价和经常运行费用。

### 3. 根据城市规划布置雨水管网

通常应根据建筑物的分布，道路布置及街坊或小区内部的地形，出水口的位置等布置雨水管网，使街坊或小区内大部分雨水以最短距离排入街道低侧的雨水管网。

（1）雨水干管的平面和竖向布置应考虑与其他地下管线和构筑物在相交处相互协调，以满足其最小净距的要求。市区内如有可利用的池塘、洼地等，可考虑雨水的调蓄。在有连接条件的地方，可考虑两个管渠系统之间的连接。

（2）雨水管道应平行道路敷设，宜布置在人行道或绿化带下，不宜布置在快车道下，以免积水时影响交通或维修管道时破坏路面。当道路大于 40 m 时，应考虑在道路两侧分别设置雨水管道。

### 4. 雨水管采用明渠或暗管应结合具体条件确定

在城区或厂区内，由于建筑密度高，交通量大，一般采用暗管排除雨水；在城市郊区，建筑密度较低，交通量较小的地方，一般考虑采用明渠排除雨水。明渠造价低；但容易淤积，滋生蚊蝇，影响环境卫生，且明渠占地大，使道路的竖向规划和横断面设计受限，桥涵费用也增加。

此外，在每条雨水干管的起端，应尽可能采用道路边沟排除路面雨水，通常可减少 100~150 m 暗管。

### 5. 合理布置雨水口，以保证路面雨水排除通畅

雨水口的布置应根据地形和汇水面积确定，以使雨水不致漫过路口。一般在道路交叉口的汇水点、低洼地段均应设置雨水口。此外，在道路上每隔 25~50 m 也应设置雨水口。雨水口布置，如图 4-18 所示。

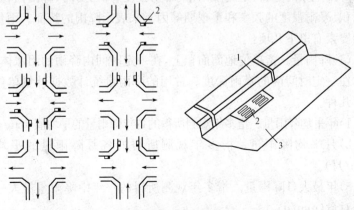

**图 4-18　雨水口布置**
1—路边石；2—雨水口；3—道路路面

**6. 雨水出水口的布置**

雨水出水口有集中与分散两种布置形式。当管道将雨水排入池塘或小河时，水位变化小，出水口构造简单，宜采用分散出水口。当河流等水体的水位变化很大，管道的出水口离常水位较远时，出水口的构造就复杂，因而造价也会较高，此时宜采用集中出水口布置形式。

**7. 排洪沟的布置**

对于傍山建设的城镇和厂矿企业，为了消除洪水的影响，除在设计地区内部设置雨水管道外，还应考虑在设计地区周围或超过设计地区设置排洪沟，以拦截从分水岭以内排泄下来的洪水，并将其引入附近水体，以保证城市和厂矿企业的安全。

**8. 调蓄水体的布置**

充分利用地形，选择适当的河湖水面和洼地作为调蓄池，以调节洪峰，降低沟道设计流量，减少泵站的设置数量。必要时，可以开挖一些池塘、人工河，以达到储存径流，就近排放的目的。

### 三、小城镇雨水管渠设计参数计算

**1. 降雨分析**

降雨现象的分析，是用降雨量、暴雨强度、降雨历时、降雨面积、汇水面积、暴雨强度的频率和重现期等因素来表示降雨的特征。雨量分析的要素有以下几项：

（1）降雨量。指单位地面面积上，在一定时间内降雨的雨水体积。又称在一定时间内的降雨深度。常用的降雨量统计数据计量单位有以下几种。

1）年平均降雨量。指多年观测所得的各年降雨量的平均值(mm/a)。

2）月平均降雨量。指多年观测所得的各月降雨量的平均值(mm/月)。

3）年最大日降雨量。指多年观测所得的一年中降雨量最大一日的绝对量(mm/d)。

（2）降雨历时。指连续降雨的时段，可以指一场雨全部的时间，也可以指其中个别的连续时段。

（3）降雨强度。指某一连续降雨时段内的平均降雨量，即单位时间的平均降雨深度。

（4）降雨面积。指降雨所笼罩的面积。

（5）汇水面积。指雨水管渠汇集雨水的面积。

（6）暴雨强度的频率。指在多次的观测中，等于或大于某值的暴雨强度出现的次数与观测资料总项数之比的百分数。

（7）暴雨强度的重现期。重现期指等于或大于该暴雨强度发生的机会，以 $N(\%)$ 表示；而暴雨强度的重现期指等于或大于该暴雨强度发生一次的平均时间间隔，以 $P$ 表示，以"年"为单位。显然，暴雨强度年频率 $N$ 与它的重现期 $P$ 互为倒数。强度大的暴雨，其发生的平均时间间隔即重现期长；强度小的暴雨，其重现期短。针对不同重要程度地区的雨水管渠，应采取不同的重现期来设计。因为若取重现期过大，则使管渠断面尺寸很大，工程造价会很高；若取得过小，一些重要地区如中心区、干道则会经常遭受暴雨积水损害。规范规定，一般地区重现期为 $0.5\sim3$ 年，重要地区为 $2\sim5$ 年。

**2. 暴雨强度**

降水量是降水的绝对量，用深度 $h(\mathrm{mm})$ 表示。降雨强度指某一连续降雨时段内的平均降雨量，用 $i$ 表示，即：

$$i=\frac{h}{t} \tag{4-4}$$

式中　$i$——降雨强度（mm/min）；

　　$t$——降雨历时，即连续降雨的时段（min）；

　　$h$——相应于降雨历时的降雨量（mm）。

降雨强度也可用单位时间内单位面积上的降雨体积 $q_0[\mathrm{L}/(\mathrm{s}\cdot10^4\mathrm{m}^2)]$ 表示。$q_0$ 和 $i$ 的关系如下。

$$q_0=\frac{1\times1\ 000\times1\ 000}{100\times60}i=166.7i \tag{4-5}$$

在设计雨水管渠时，假定降雨在汇水面积上均匀分布，并选择降雨强度最大的雨作为设计根据，根据当地多年（至少 10 年以上）的雨量记录,可以推算出暴雨强度的公式。按照规范,暴雨公式一般采用下列形式。

$$q=\frac{167A_1(1+c\lg P)}{(t+b)^n} \qquad (4\text{-}6)$$

式中　　　$q$——暴雨强度$[L/(s \cdot 10^4 m^2)]$;

　　　　　$P$——重现期(年);

　　　　　$t$——降雨历时(min);

　　$A_1,c,b,n$——地方参数,由设计方法确定。

### 3. 重现期

进行雨水管渠规划时,同一管渠不同的重要性地区可选用不同的重现期。表 4-8 为有降雨重现期的取值要求。

表 4-8　有降雨重现期的取值要求

| 地　形 | | 地区使用重要性质 | | |
|---|---|---|---|---|
| 地形分级 | 地面坡度 | 一般居住区<br>一般道路 | 中心区、使馆区、工厂区、<br>仓库区、干道、广场 | 特殊重要<br>地　区 |
| 有两向地面排水<br>出路的平缓地形 | <0.002 | 0.333~0.5 | 0.5~1 | 1~2 |
| 有一向地面排水<br>出路的谷线 | 0.002~0.01 | 0.5~1 | 1~2 | 2~3 |
| 无地面排水出路<br>的封闭洼地 | >0.01 | 1~2 | 2~3 | 3~5 |

注:"地形分级"与"地面坡度"是地形条件的两种分类标准,符合其中的一种情况,即可
　按表选用。若两种不利情况同时占有,则宜选用表内数据的高值。

### 4. 集水时间

连续降雨的时段称为降雨历时。降雨历时可以指全部降雨的时间,也可以指其中任一时段。设计中通常用汇水面积最远点雨水流到设计断面时的集水时间作为设计降雨历时。

对管道的某一设计断面,集水时间 $t$ 由两部分组成:从汇水面积最远点流到第一个雨水口的地面集水时间 $t_1$ 和从雨水口流到设计断

面的管内雨水流行时间 $t_2$。可用公式表示为

$$t = t_1 + mt_2 \tag{4-7}$$

式中，$t_1$ 受地形、地面铺砌、地面种植情况和街区大小等因素的影响，一般为 $5\sim15$ min；$m$ 为折减系数。一般规定：管道用 2，明渠用 1.2；$t_2$ 为雨水在上游管段内的流行时间。则

$$t_2 = \sum \frac{L}{60v} \tag{4-8}$$

式中　$L$——上游各管段的长度(m)；

　　　$v$——上游各管段的设计流速(m/s)。

**5. 径流系数**

降落在地面上的雨水，只有一部分径流流入雨水管道，其径流量与降雨量之比为径流系数 $\psi$。影响径流系数的因素有地面渗水性、植物和洼地的截流量、集流时间和暴雨雨形等。地面单一履盖径流系数，见表 4-9。由不同种类地面组成的排水面积的径流系数 $\psi$ 用加权平均法计算。城市综合径流系数也可参考表 4-10。

表 4-9　单一覆盖径流系数

| 地面覆盖种类 | 径流系数 $\psi$ |
| --- | --- |
| 各种屋面、混凝土和沥青路面 | 0.90 |
| 大块石铺砌路面、沥青表面处理的碎石路面 | 0.60 |
| 级配碎石路面 | 0.45 |
| 干砌砖石和碎石路面 | 0.40 |
| 非铺砌土路面 | 0.30 |
| 绿地和草地 | 0.15 |

表 4-10　城市综合径流系数

| 不透水覆盖面积情况 | 综合径流系数 |
| --- | --- |
| 建筑稠密的中心区(不透水覆盖面积>70%) | 0.6~0.8 |
| 建筑较密的居住区(不透水覆盖面积50%~70%) | 0.5~0.7 |
| 建筑较稀的居住区(不透水覆盖面积30%~50%) | 0.4~0.6 |
| 建筑很稀的居住区(不透水覆盖面积<30%) | 0.3~0.5 |

### 6. 水管渠设计流量公式

在确定了降雨强度 $i$ 或 $q_0$、径流系数 $\psi$ 后,再知道设计管段的排水面积 $F$,就可以计算管段的设计流量。即

$$Q=166.7\psi Fi=\psi Fq_0 \qquad\qquad (4-9)$$

## 四、小城镇雨水管渠水力计算

### 1. 水力计算的设计参数

(1)设计充满度。雨水中主要含有泥砂等无机物质,不同于城市污水的性质,加之暴雨径流量大,而相应较高设计重现期的暴雨强度的降雨历时较短。故管道设计充满度按流满考虑,即 $h/D=1$(明渠应有 $\geqslant 0.2$ m 的超高,街道边沟应有 $\geqslant 0.03$ m 的超高)。

(2)设计流速。为避免雨水所挟带的泥砂等无机物在管渠内沉积下来而堵塞管道,我国设计规范规定满流时管道最小设计流速为 $0.75$ m/s;明渠最小设计流速为 $0.4$ m/s。

为防止管壁受到冲刷而损坏,雨水管渠的最大设计流速为:金属管道为 $10$ m/s;非金属管道为 $5$ m/s;明渠按表 4-11 采用。

**表 4-11　明渠最大设计流速**

| 明渠类别 | 最大设计流速<br>/(m/s) | 明渠类别 | 最大设计流速<br>/(m/s) |
|---|---|---|---|
| 粗砂或低塑性黏土 | 0.8 | 草皮护面 | 1.6 |
| 粉质黏土 | 1.0 | 干砌块石 | 2.0 |
| 黏土 | 1.2 | 浆砌块石或浆砌砖 | 3.0 |
| 石灰岩或中砂岩 | 4.0 | 混凝土 | 4.0 |

(3)最小管径和最小设计坡度。雨水管道的最小管径为 $300$ mm,相应的最小坡度为 $0.03\%$;雨水口连接管的最小管径为 $200$ mm,相应的最小坡度为 $1\%$。

(4)最小埋深与最大埋深。在冰冻地区,雨水管道正常使用是在雨季,冬季一般不降雨,若该地区使雨水管内不贮留水,且地下水位较

深时,其最小埋深则可不考虑冰冻影响,但应满足管道最小覆土厚度的要求。其他具体规定同污水管道。

**2. 雨水管渠的设计步骤**

(1)划分排水流域和管道定线。根据城市规划图和排水区地形,划分排水流域。地形平坦,无明显分水线的按城市主要街道汇水面积拟定。进行管道定线,确定水流方向,使雨水以最短距离按重力流就近排入水体。

(2)划分设计管段和沿线汇水面积,雨水管道设计管段的划分应使管段内地形变化不大,管段上下端流量变化不多,无大流量交汇。沿线汇水面积的划分,要根据实际地形条件,当地形平坦,则根据就近排除的原则,把汇水面积按周围管道布置,用等分角线划分;当有适宜的地形坡度时,则按雨水汇入低侧的原则划分。将设计管段长度和计算面积量出。

(3)由各流域的具体条件确定设计管系的重现期、径流系数、街坊集水时间等设计参数。

(4)确定管道的最小埋深,并由竖向规划读出设计管段的地面标高,准备进行水力计算。

(5)由暴雨公式列表计算各管段内设计流量,再确定出各设计管段的管径、坡度、流速、管底标高和管道埋深。计算设计流量时,先由地形假定流速 $v$,算得集流时间 $t$,再由暴雨公式得出 $Q$,由 $Q$ 确定管段的 $d$、$i$、$v$ 和标高。最后要校核假定的 $v$ 与实际的 $v$,要求两者相近,否则需重新假定流速 $v$ 再作计算。

# 第五节  小城镇合流制排水规划

## 一、小城镇合流制排水系统适用条件

(1)排水区域内有一处或多处水源充沛的水体,其流量和流速足够大,一定量的混合污水排入水体后对水体造成的危害程度在允许范围内。

（2）街坊和街道建设比较完善，必须采用暗管（渠）排雨水，而街道横断面较窄，管渠的设置位置受到限制。

（3）地面有一定的坡度偏向水体，当水体水位较高时，岸边不受淹没，污水中途不需要设置泵站提升。

（4）水体卫生要求特别高的地区，污、雨水均需要处理者。

规划中考虑采用合流制排水系统时，必须要满足环境保护要求，充分考虑水体环境容量的限制。

## 二、小城镇合流制排水系统的布置

合流制管网系统除应满足管渠、泵站、污水处理厂、出水口等布置的一般要求外，尚应考虑以下要求。

（1）管渠的布置应充分考虑生活污水、工业废水及雨水的顺利排除，结合地形以最短的距离偏向水体。支管、干管布置基本同雨水管渠布置方法相同。

（2）沿水体岸边布置，其高程应使连接的支、干管的水能顺利流入，并使其高程在最大月平均高水位以上。

（3）溢流井数目不宜过多，位置选择要恰当，并适当集中，最好靠近水体，以缩短排放管渠的长度，尽可能结合排涝泵站与中途泵站一起修建，降低工程造价。

（4）在合流制管网的上游排水区域，如果雨水可沿地面的街道边沟排泄，则该区域可只设置污水管道。只有当雨水不能沿地面排泄时，才考虑布置合流管渠。

## 三、小城镇合流制排水管渠水力计算

### 1. 设计流量的确定

合流管渠的设计流量由生活污水量、工业废水量和雨水量三部分组成。生活污水量按平均流量计算，即总变化系数为1。工业废水量用最大班内的平均流量计算。雨水量按上述第四节中"四、小城镇雨水管渠水力计算"的方法计算。合流制排水设计流量，在溢流井上游和下游是不相同的。

（1）第一个溢流井上游管渠的设计流量（如图 4-19 中 1～2 管段）。

$$Q = Q_s + Q_g + Q_y$$
$$= Q_h + Q_y \qquad (4\text{-}10)$$

式中　$Q_s$——平均生活污水量（L/s）；

　　　$Q_g$——最大班工业废水量的平均流量（L/s）；

　　　$Q_y$——雨水设计流量（L/s）；

　　　$Q_h$——溢流井以前的旱流污水量（L/s）。

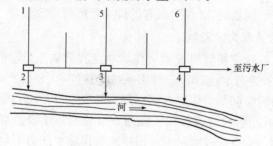

**图 4-19　设有溢流井的合流管渠**

（2）溢流井下游管渠的设计流量（如图 4-19 中 2～3 管段）。合流管渠溢流井下游管渠的设计流量，对旱流污水量 $Q_h$ 仍按上述方法计算，对未溢流的设计雨水量则按上游旱流污水量的倍数（$n_0$）计。此外，还需计入溢流井后的旱流污水量 $Q_h'$ 和溢流井以后汇水面积的雨水流量 $Q_y'$。

$$Q' = (n_0 + 1)Q_h + Q_h' + Q_y' \qquad (4\text{-}11)$$

式中　$n_0$——截流倍数，即开始溢流时所截流的雨水量与旱流污水量比。

其他符号意义同前式。

溢流井上游的混合污水量 $Q'$ 超过 $(n_0 + 1)Q_h$ 的部分从溢流井溢入水体。当截流干管上设几个溢流井时，上述确定设计流量的方法不变。

## 2. 设计数据规定

（1）合流制排水管渠的设计充满度一般按满流计算。

（2）设计最小流速。合流管渠（满流时）设计最小流速 0.75 m/s。

鉴于合流管渠在晴天时管内充盈度很低,流速很小,易淤积,为改善旱流的水力条件,需校核旱流时管内流速,一般不宜小于 0.2～0.5 m/s。

(3)合流排水管渠最大设计流速、最小设计坡度、最小管径与最小埋深要求基本和雨水管渠的要求相同。

### 四、小城镇旧合流制排水管网的改造

随着小城镇经济的迅速发展,小城镇水环境污染日益加剧。在进行小城镇排水规划时,必须对原有的排水管渠进行改建。

**1. 改合流制为分流制**

一般将旧合流制管渠改建后作为单纯排除雨水(或污水)的管渠系统,另外新建污水(或雨水)管渠系统。这样,比较彻底地解决了污水对水体的污染问题。住房内部有完善的卫生设备,小城镇街道横断面有足够的位置,允许设置由于改建成分流制需增设的管道,并且施工中对交通不会造成较大影响。旧排水管渠输水能力不足,或管渠损坏渗漏比较严重,需彻底翻修,增大管径,铺设新管线。通常,在以上情况下可考虑将合流制改为分流制。

**2. 保留合流制,修建截流干管**

将合流制改为分流制,基本要改建所有的污水出户管及雨水连接管,要破坏很多路面,需很长时间,并且投资资金巨大。因此,目前旧合流制管渠系统的改造大多保留原有体制,沿河修建截流干管,即将直排式合流制改造成为截流式合流制管渠系统。也有城市为保护重要水源河道,在沿河修建雨污合流的大型合流管渠,将雨污水一同引往远离水源地的其他水体。

截流式合流制因混合污水的溢流而造成一定的环境污染,可采取以下措施的补救。

(1)建混合污水贮水池或利用自然河道和洼塘,将溢流的合流污水调蓄起来,待雨后再把贮存的水送往污水处理厂,能起到沉淀的预先处理作用。

(2)在溢流出水口处设置简单的处理设施,如对溢流混合污水筛滤、沉淀等。

（3）适当提高截流倍数，增加截流干管及扩大污水处理厂容量等。

（4）使降雨尽量多地分散贮留，尽可能向地下渗透，减少溢流的混合污水量。主要手段有依靠公园、运动场、广场、停车场地下贮留雨水，依靠渗井、地下盲沟、渗水性路面渗透雨水，削减洪峰。

# 第六节　小城镇污水处理规划

## 一、小城镇污水的主要污染指标

污水的污染指标是用来衡量水在使用过程中被污染的程度，也称污水的水质指标。下面介绍最常用的几项主要水质指标。

### 1. 生物化学需氧量（BOD）

生物化学需氧量（BOD）是一个反映水中可生物降解的含碳有机物含量及排到水体后所产生耗氧影响的指标。BOD 表示在温度为 20 ℃和有氧的条件下，由于好氧微生物分解水中有机物的生物化学氧化过程中消耗的溶解氧量，也就是水中可生物降解有机物稳定化所需要的氧量，单位为 mg/L。BOD 不仅包括水中好氧微生物的增长繁殖或呼吸作用所消耗的氧量，还包括了硫化物、亚铁等还原性无机物所耗用的氧量，但这一部分所占比例通常很小。BOD 值越高，表示污水中可生物降解的有机物越多。

污水中可降解有机物的转化与温度、时间有关。在 20 ℃的自然条件下，有机物氧化到硝化阶段，即实现全部分解稳定所需时间在 100 d 以上，但实际上常用 20 ℃时 20 d 的生化需氧量 $BOD_{20}$ 近似地代表完全生化需氧量。生产应用中，20 d 的时间太长，一般采用 20 ℃时 5 d 的生化需氧量 $BOD_5$ 作为衡量污水有机物含量的指标。

### 2. 化学需氧量（COD）

尽管 $BOD_5$ 是城市污水中常用的有机物浓度指标，但是存在分析上的缺陷：5 天的测定时间过长，难以及时指导实践；污水中难生物降解的物质含量高时，$BOD_5$ 测定值误差较大；工业废水中往往含有抑制微生物生长繁殖的物质，影响测定结果。因此，有必要采用化学需氧量(COD)这一指标作为补充或替代。

化学需氧量(COD)是指在酸性条件下,用强氧化剂重铬酸钾将污水中有机物氧化为 $CO_2$、$H_2O$ 所消耗的氧量,用 $COD_{cr}$ 表示,一般写成 COD。单位为 mg/L。重铬酸钾的氧化性极强,水中有机物绝大部分(90%~95%)被氧化。化学需氧量的优点是能够更精确地表示污水中有机物的含量,并且测定的时间短,不受水质的限制。其缺点是不能像 BOD 那样表示出微生物氧化的有机物量。另外,还有部分无机物也被氧化,并非全部代表有机物含量。

城市污水的 COD 一般大于 $BOD_5$,两者的差值可反映废水中存在难以被微生物降解的有机物。在城市污水处理分析中,常用 $BOD_5/COD$ 的比值来分析污水的可生化性。当 $BOD_5/COD>0.3$ 时,可生化性较好,适宜采用生化处理工艺。

### 3. 悬浮物(SS)

悬浮固体是水中未溶解的非胶态的固体物质,在条件适宜时可以沉淀。悬浮固体可分为有机性和无机性两类,反映污水汇入水体后将发生的淤积情况,其含量的单位为 mg/L。因悬浮固体在污水中肉眼可见,能使水浑浊,属于感官性指标。

悬浮固体代表了可以用沉淀、混凝沉淀或过滤等物化方法去除的污染物,也是影响感官性状的水质指标。

### 4. pH 值

酸度和碱度是污水的重要污染指标,用 pH 值来表示。酸度和碱度对保护环境、污水处理及水工构筑物都有影响,一般生活污水呈中性或弱碱性,工业污水多呈强酸或强碱性。城市污水的 pH 值呈中性,一般为6.5~7.5。pH 值的微小降低可能是由于城市污水输送管道中的厌氧发酵。雨季时较大的 pH 值降低往往是城市酸雨造成的,这种情况在合流制系统尤为突出。pH 值的突然大幅度变化,不论是升高还是降低,通常是由于工业废水的大量排入造成的。

### 5. 总氮(TN)、氨氮($NH_3$-N)、凯氏氮(TKN)

(1)总氮(TN)。为水中有机氮、氨氮和总氧化氮(亚硝酸氮及硝酸氮之和)的总和。有机污染物分为植物性和动物性两类:城市污水中植物性有机污染物,如果皮、蔬菜叶等,其主要化学成分是碳(C),由 $BOD_5$ 表示;动物性有机污染物质,如人畜粪便、动物组织碎块等,其化学成分以氮(N)为主。氮属植物性营养物质,是导致湖泊、海湾、水库等缓流水体富营养化的主要物质,成为废水处理的重要控制指标。

(2)氨氮($NH_3$-N)。氨氮是水中以 $NH_3$ 和 $NH_4^+$ 形式存在的氮,是有机氮化物氧化分解的第一步产物。氨氮不仅会促使水体中藻类的繁殖,而且游离的 $NH$ 对鱼类有很强的毒性,致死鱼类的浓度在 $0.2\sim2.0$ mg/L 之间。氨也是污水中重要的耗氧物质,在硝化细菌的作用下,氨被氧化成 $NO_2^-$ 和 $NO_3^-$,所消耗的氧量称硝化需氧量。

(3)凯氏氮(TKN)。凯氏氮是氨氮和有机氮的总和。测定 TKN 及 $NH_3$-N,两者之差即为有机氮。

### 6. 总磷(TP)

总磷是污水中各类有机磷和无机磷的总和。与总氮类似,磷也属植物性营养物质,是导致缓流水体富营养化的主要物质。受到人们的关注,成为一项重要的水质指标。

### 7. 非重金属无机物质有毒化合物和重金属

(1)氰化物(CN)。氰化物是剧毒物质,急性中毒时抑制细胞呼吸,造成人体组织严重缺氧,对人的经口致死量为 $0.05\sim0.12$ g。

排放含氰废水的工业主要有电镀、焦炉和高炉的煤气洗涤,金、银选矿和某些化工企业等,含氰浓度为 $20\sim70$ mg/L。

氰化物在水中的存在形式有无机氰(如氰氢酸 HCN、氰酸盐 $CN^-$)及有机氰化物(称为腈,如丙烯腈 $C_2H_3CN$)。

我国《生活饮用水卫生标准》(GB 5749—2006)规定,氰化物含量不得超过 $0.05$ mg/L,农业灌溉水质标准规定为不大于 $0.5$ mg/L。

(2)砷(As)。砷是对人体造成伤害比较严重的有毒物质之一。砷化物在污水中存在形式有无机砷化物(如亚砷酸盐 $AsO_2$,砷酸盐 $AsO_4^{3-}$)以及有机砷(如三甲基砷)。三价砷的毒性远高于五价砷,对人体来说,亚砷酸盐的毒性作用比砷酸盐大 60 倍。因为亚砷酸盐能够和蛋白质中的硫反应,而三甲基砷的毒性比亚砷酸盐更大。

砷也是累积性中毒的毒物,当饮水中砷含量大于 0.05 mg/L 时就会导致累积。近年来发现砷还是致癌元素(主要是皮肤癌)。工业中排放含砷废水的有化工、有色冶金、炼焦、火电、造纸、皮革等行业,其中以冶金、化工排放砷量较高。

我国《生活饮用水卫生标准》(GB 5749—2006)规定,砷含量不应大于 0.04 mg/L,农田灌溉标准不应高于 0.05 mg/L,渔业用水不超过 0.1 mg/L。

### 8. 重金属

重金属是指原子序数在 21~83 之间的金属或相对密度大于 4 的金属。其中,汞(Hg)、镉(Cd)、铬(Cr)、铅(Pb)毒性最大,危害也最大。

(1)汞(Hg)。汞是重要的污染物质,也是对人体毒害作用比较严重的物质。汞是累积性毒物,无机汞进入人体后随血液分布于全身组织,在血液中遇氯化钠生成二价汞盐累积在肝、肾和脑中,在达到一定浓度后毒性发作,其毒性主要是汞离子与酶蛋白的硫结合,抑制多种酶的活性,使细胞的正常代谢发生障碍。

甲基汞是无机汞在厌氧微生物的作用下转化而成的。甲基汞在体内约有 15% 累积在脑内,侵入中枢神经系统,破坏神经系统功能。

含汞废水排放量较大的是氯碱工业,因其在工艺上以金属汞作流动阴电极,以制成氯气和苛性钠,有大量的汞残留在废盐水中。聚氯乙烯、乙醛、醋酸乙烯的合成工业均以汞作催化剂,因此,上述工业废水中含有一定数量的汞。此外,在仪表和电气工业中也常使用金属汞,因此也排放含汞废水。

我国《生活饮用水卫生标准》(GB 5749—2006)规定饮用水、农田灌溉水中汞的含量不得超过 0.001 mg/L,渔业用水要求更为严格,不得超过 0.000 5 mg/L。

(2)镉(Cd)。镉也是一种比较广泛的污染物质。镉是一种典型的累积富集型毒物,主要累积在肾脏和骨骼中,引起肾功能失调,骨质中钙被镉所取代,使骨路软化,造成自然骨折,疼痛难忍。这种病潜伏期长,短则 10 年,长则 30 年,发病后很难治疗。

每人每日允许摄入的镉量为 0.057~0.071 mg。我国《生活饮用水卫生标准》(GB 5749—2006)规定,镉的含量不得大于 0. 01 mg/L,农业用水与渔业用水标准则规定要小于 0. 005 mg/L。

镉主要来自采矿、冶金、电镀、玻璃、陶瓷、塑料等生产部门排出的废水。

(3)铬(Cr)。铬也是一种较普遍的污染物。铬在水中以六价和三价两种形态存在,三价铬的毒性低,作为污染物质所指的是六价铬。人体大量摄入六价铬能够引起急性中毒,长期少量摄入也能引起慢性中毒。

六价铬是《生活饮用水卫生标准》(GB 5749—2006)中的重要指标规定,饮用水中的浓度不得超过0. 05 mg/L,农业灌溉用水与渔业用水应小于 0. 1 mg/L。

排放含铬废水的工业企业主要有电镀、制革、铬酸盐生产以及铬矿石开采等。电镀车间是产生六价铬的主要来源,电镀废水中铬的浓度一般为 50~100 mg/L。生产铬酸盐的工厂,其废水中六价铬的含量一般为 100~200 mg/L。皮革鞣制工业排放的废水中六价铬的含量约为 40 mg/L。

(4)铅(Pb)。铅对人体也是累积性毒物。据美国资料报道,成年人每日摄取铅低于 0. 32 mg 时,人体可将其排除而不产生积累作用;摄取 0. 5~0. 6 mg,可能有少量的累积,但尚不至于危及健康;如每日摄取量超过 1. 0 mg,即将在体内产生明显的累积作用,长期摄入会引起慢性中毒,其毒性是铅离子与人体内多种酶络合,从而扰乱了机体多方面的生理功能,可危及神经系统、造血系统、循环系统和消化系统。

我国规定饮用水、渔业用水及农田灌溉水中铅的含量小于 0. 1 mg/L。

铅主要含于采矿、冶炼、化学、蓄电池、颜料工业等排放的废水中。

**9. 微生物指标**

污水生物性质的检测指标有大肠菌群数(或称大肠菌群值)、大肠菌群指数、病毒及细菌总数。

(1)大肠菌群数(大肠菌群值)与大肠菌群指数。大肠菌群数(大肠菌群值)是每升水样中所含有的大肠菌群的数目,以个/L 计;大肠菌群指数是查出 1 个大肠菌群所需的最少水量,以 mL 计。可见大肠菌群数与大肠菌群指数是互为倒数,即

$$大肠菌群指数 = \frac{1\,000}{大肠菌群数}(mL) \qquad (4\text{-}9)$$

若大肠菌群数为 500 个/L,则大肠菌群指数为 1 000/500 等于 2 mL。

大肠菌群数作为污水被粪便污染程度的卫生指标,有下列两个原因。

①大肠菌与病原菌都存在于人类肠道系统内,它们的生活习性及在外界环境中的存活时间都基本相同。每人每次排泄的粪便中含有大肠菌 $10^{11} \sim 4 \times 10^{11}$ 个,数量大多为病原菌,但对人体无害。

②由于大肠菌的数量多,且容易培养检验,但病原菌的培养检验十分复杂与困难。故此,常采用大肠菌群数作为卫生指标。水中存在大肠菌,能够表明受到粪便的污染,并可能存在病原菌。

(2)病毒。污水中已被检出的病毒有 100 多种。检出大肠菌群,可以表明肠道病原菌的存在,但不能表明是否存在病毒及其他病原菌(如炭疽杆菌)。因此,还需要检验病毒指标。病毒的检验方法目前主要有数量测定法与蚀斑测定法两种。

(3)细菌总数。细菌总数是大肠菌群数,病原菌,病毒及其他细菌数的总和,以每毫升水样中的细菌菌落总数表示。细菌总数愈多,表示病原菌与病毒存在的可能性愈大。因此,用大肠菌群数、病毒及细菌总数等 3 个卫生指标来评价污水受生物污染的严重程度比较全面。

## 二、小城镇水污染物排放标准

小城镇污水处理的水质目标和污水处理程度是选择污水处理方法、流程的依据。

目前,我国城镇污水处理厂污染物的排放均执行由原国家环境保护总局和国家技术监督检验总局批准颁布的《污水处理厂污染物排放标准》(GB 18918—2002)。该标准是专门针对城镇污水处理厂污水、废气、污泥污染物排放制定的国家专业污染物排放标准,适用于城镇污水处理厂污水排放、废气的排放和污泥处理的排放与控制管理。根据国家综合排放标准与国家专业排放标准不交叉使用的原则,该标准实施后,城镇污水处理厂污水、废气和污泥的排放不再执行综合排放标准。

该标准将城镇污水污染物控制项目分为以下两类。

第一类为基本控制项目,主要是对环境产生较短期影响的污染物,也是城镇污水处理厂常规处理工艺能去除的主要污染物,包括BOD、COD、SS、动植物油、石油类、LAS、总氮、氨氮、总磷、色度、pH值和粪大肠菌群数共12项,一类重金属汞、烷基汞、镉、铬、六价铬、砷、铅共7项。

第二类为选择控制项目,主要是对环境有较长期影响或毒性较大的污染物,或是影响生物处理、在城市污水处理厂又不易去除的有毒有害化学物质和微量有机污染物,如酚、氰、硫化物、甲醛、苯胺类、硝基苯类、三氯乙烯、四氯化碳等43项。

该标准制定的技术依据主要是处理工艺和排放去向,根据不同工艺对污水处理程度和受纳水体功能,对常规污染物排放标准分为三级:一级标准、二级标准、三级标准。一级标准分为A标准和B标准。一级标准是为了实现城镇污水资源化利用和重点保护饮用水源的目的,适用于补充河湖景观用水和再生利用,应采用深度处理或二级强化处理工艺。二级标准主要是以常规或改进的二级处理为主的处理工艺为基础制定的。三级标准是为了在一些经济欠发达的特定地区,根据当地的水环境功能要求和技术经济条件,可先进行一级半处理,适当放宽的过渡性标准。Ⅰ类重金属污染物和选择控制项目不分级。

一级标准的A标准是城镇污水处理厂出水作为回用水的基本要求。当污水处理厂出水引入稀释能力较小的河湖作为城镇景观用水和一般回用水等用途时,执行一级标准的A标准。

城镇污水处理厂出水排入《地表水环境质量标准》(GB 3838—2002)中地表水Ⅲ类功能水域(划定的饮用水水源保护区和游泳区除外)、《海水水质标准》(GB 3097—1997)中海水Ⅱ类功能水域和湖、库等封闭或半封闭水域时,执行一级标准的B标准。

城镇污水处理厂出水排入《地表水环境质量标准》中(GB 3838—2002)地表水Ⅳ、Ⅴ类功能水域或《海水水质标准》(GB 3097—1997)中海水Ⅲ、Ⅳ类功能海域,执行二级标准。

非重点控制流域和非水源保护区的建制镇的污水处理厂,根据当地经济条件和水污染控制要求,采用一级强化处理工艺时,执行三级标准。但必须预留二级处理设施的位置,分期达到二级标准。

城镇污水处理厂水污染物排放基本控制项目,执行表 4-12 和表 4-13的规定。选择控制项目按表 4-14 的规定执行。

表 4-12　基本控制项目最高允许排放浓度(日均值)(单位:mg/L)

| 序号 | 基本控制项目 | | 一级标准 | | 二级标准 | 三级标准 |
|---|---|---|---|---|---|---|
| | | | A 标准 | B 标准 | | |
| 1 | 化学需氧量(COD) | | 50 | 60 | 100 | 120① |
| 2 | 生化需氧量(BOD₅) | | 10 | 20 | 30 | 60① |
| 3 | 悬浮物(SS) | | 10 | 20 | 30 | 50 |
| 4 | 动植物油 | | 1 | 3 | 5 | 20 |
| 5 | 石油类 | | 1 | 3 | 5 | 15 |
| 6 | 阴离子表面活性剂 | | 0.5 | 1 | 2 | |
| 7 | 总氮(以 N 计) | | 15 | 20 | | |
| 8 | 氨氮(以 N 计) | | 5(8) | 8(15) | 25(30) | |
| 9 | 总磷(以 P 计) | 2005 年 12 月 31 日前建设的 | 1 | 1.5 | 3 | 5 |
| | | 2006 年 1 月 1 日起建设的 | 0.5 | 1 | 3 | 5 |
| 10 | 色度(稀释倍数) | | 30 | 30 | 40 | 50 |
| 11 | pH 值 | | 6,9 | | | |
| 12 | 粪大肠菌群数/(个/L) | | 10³ | 10⁴ | 10⁴ | |

表 4-13　部分一类污染物最高允许排放浓度(日均值)(单位:mg/L)

| 序号 | 项目 | 标准值 | 序号 | 项目 | 标准值 |
|---|---|---|---|---|---|
| 1 | 总汞 | 0.001 | 5 | 六价铬 | 0.05 |
| 2 | 烷基汞 | 不得检出 | 6 | 总砷 | 0.1 |
| 3 | 总镉 | 0.01 | 7 | 总铅 | 0.1 |
| 4 | 总铬 | 0.1 | — | — | — |

表 4-14　选择控制项目最高允许排放浓度（日均值）（单位：mg/L）

| 序号 | 选择控制项目 | 标准值 | 序号 | 选择控制项目 | 标准值 |
|---|---|---|---|---|---|
| 1 | 总镍 | 0.05 | 23 | 三氯乙烯 | 0.3 |
| 2 | 总铍 | 0.002 | 24 | 四氯乙烯 | 0.1 |
| 3 | 总银 | 0.1 | 25 | 苯 | 0.1 |
| 4 | 总铜 | 0.5 | 26 | 甲苯 | 0.1 |
| 5 | 总锌 | 1.0 | 27 | 邻二甲苯 | 0.4 |
| 6 | 总锰 | 2.0 | 28 | 对二甲苯 | 0.4 |
| 7 | 总硒 | 0.1 | 29 | 间二甲苯 | 0.4 |
| 8 | 苯并[α]芘 | 0.000 03 | 30 | 乙苯 | 0.4 |
| 9 | 挥发酚 | 0.5 | 31 | 氯苯 | 0.3 |
| 10 | 总氰化物 | 0.5 | 32 | 1,4-二氯苯 | 0.4 |
| 11 | 硫化物 | 1.0 | 33 | 1,2-二氯苯 | 1.0 |
| 12 | 甲醛 | 1.0 | 34 | 对硝基氯苯 | 0.5 |
| 13 | 苯胺类 | 0.5 | 35 | 2,4-二硝基氯苯 | 0.5 |
| 14 | 总硝基化合物 | 2.0 | 36 | 苯酚 | 0.3 |
| 15 | 有机磷农药(以 P 计) | 0.5 | 37 | 间甲酚 | 0.1 |
| 16 | 马拉硫磷 | 1.0 | 38 | 2,4-二氯酚 | 0.6 |
| 17 | 乐果 | 0.5 | 39 | 2,4,6-三氯酚 | 0.6 |
| 18 | 对硫磷 | 0.05 | 40 | 邻苯二甲酸二丁酯 | 0.1 |
| 19 | 甲基对硫磷 | 0.2 | 41 | 邻苯二甲酸二辛酯 | 0.1 |
| 20 | 五氯酚 | 0.5 | 42 | 丙烯腈 | 2.0 |
| 21 | 三氯甲烷 | 0.2 | 43 | 可吸附有机卤化物(AOX 以 Cl 计) | 1.0 |
| 22 | 四氯化碳 | 0.03 | | | |

在确定小城镇污水处理厂排放标准时，应根据污水处理厂出水的利用情况、受纳水体水域使用功能的环境保护要求以及当地的技术经济条件综合考虑。

对于一些城镇化发展中的地区而言，建设及运营资金短缺，土地资源紧张，有限的投资与较高的排放标准存在一定的矛盾。但我国目前尚无小城镇的污水排放标准，能否将小城镇的污水排放标准进行调整或放宽，也是目前大家十分关心的问题。

### 三、小城镇污水处理方法

选择污水处理方案时,应考虑环境保护、污水量、水质以及投资能力等因素。小城镇污水处理方法一般可归纳为物理法、生物法和化学法。

(1)物理法。主要利用物理作用分离污水中的非溶解性物质。处理构筑物较简单、经济,适用于小城镇水体容量大、自净能力强、污水处理程度要求不高的情况。

(2)生物法。利用微生物的生命活动,将污水中的有机物分解氧化为稳定的无机物质,使污水得到净化。此法处理程度比物理法要高,常作为物理处理后的二级处理。生物处理技术可以分为以下几种方法。

1)活性污泥法(包括传统法、延时法、吸附再生发、纯氧法、射流曝气法、深井法、SBR 和 ICEAS 序批法、二段法、AB 法等)。

2)生物膜法。

3)厌氧法技术。

4)厌氧—好氧技术。

5)氧化沟(塘)技术(如奥贝尔氧化沟、卡鲁塞尔氧化沟、交替式氧化沟)。

6)多种类型的稳定塘法(如厌氧塘、兼性塘、好氧塘和曝气塘)和土地处理技术(包括湿地、漫流、快速渗滤等)。

物理分离技术包括沉淀、澄清、气浮、过滤、机械分离等。

物化处理技术包括电渗析、反渗透、超滤、离子交换、混凝、化学氧化、活性炭等技术。

化学处理技术包括化学混凝法、中和法、化学沉淀法和氧化还原法。

(3)化学法。化学法是利用化学反应作用来处理或回收污水的溶解物质或胶体物质的方法。化学处理法处理效果好、费用高,多用于对生物法处理后的出水做进一步的处理,提高出水水质,常作为三级处理。

### 四、小城镇污水厂规划

#### 1. 污水厂厂址选择

(1)污水处理厂应设在地势较低处,便于城市污水自流入厂内。厂址选择应与排水管道系统布置统一考虑,充分考虑城市地形的影响。

（2）污水厂宜设在水体附近，便于处理后的污水就近排入水体，尽量无提升，合理布置出水口。排入的水体应有足够环境容量，减少处理水对水域的影响。

（3）厂址必须位于集中给水水源的下游，并应设在城镇、工厂厂区及居住的下游和夏季主导风向的下方。厂址与城镇、工厂和生活区应有 300 m 以上距离，并设卫生防护带。

（4）厂址尽可能少占或不占农田，但宜在地质条件较好的地段，便于施工、降低造价。充分利用地形，选择有适当坡度的地段，以满足污水在处理流程上的自流要求。

（5）结合污水的出路，考虑污水回用于工业、城市和农业的可能，厂址应尽可能与回用处理后污水的主要用户靠近。

（6）厂址不宜设在雨季易受水淹的低洼处。靠近水体的污水处理厂要考虑不受洪水的威胁。

（7）污水处理厂选址应考虑污泥的运输和处置，宜近公路和河流。厂址处要有良好的水电供应，最好是双电源。

（8）选址应注意城市近、远期发展问题，近期合适位置与远期合适位置往往不一致，应结合城市总体规划一并考虑。厂址用地应考虑将来扩建的可能。

**2. 污水处理厂的用地面积**

小城镇污水处理厂占地面积与处理水量和采用的处理工艺有关。表 4-15 中列出不同规模、不同处理方法的污水厂用地指标，污水处理厂在规划预留用地面积时参考表中数值，并结合当地实际情况，分析、比较选择。

表 4-15　小城镇污水处理厂面积估算　［单位：$(m^2 \cdot d)/m^3$］

| 处理水量/$(m^3/d)$ | 一级处理 | 二级处理（一） | 二级处理（二） |
|---|---|---|---|
| 1~2 | 0.6~1.4 | 1.0~2.0 | 4.0~6.0 |
| 2~5 | 0.6~1.0 | 1.0~1.5 | 2.5~4.0 |
| 5~10 | 0.5~0.8 | 0.8~1.2 | 1.0~2.5 |

注：1. 一级处理工艺流程大体为泵房、沉砂、沉淀及污泥浓缩、干化处理等。

2. 二级处理（一）工艺流程大体为泵房、沉砂、初次沉淀、曝气、二次沉淀及污泥浓缩、干化处理等。

3. 二级处理（二）工艺流程大体为泵房、沉砂、初次沉淀、曝气、二次沉淀、消毒及污泥提升、浓缩、消化、脱水及沼气利用等。

**3. 污水处理厂的平面布置**

(1)根据污水处理的工艺流程,确定各处理构筑物的相对位置,相互有关的构筑物应尽量靠近,以减少连接管渠长度及水头损失,并考虑运转时操作方便。

(2)构筑物布置应尽量紧凑,以节约用地,但必须同时考虑敷设管渠的要求、维护、检修方便及施工时地基的相互影响等。一般构筑物的间距为 5~8 m。对于消化池,从安全的角度出发,与其他构筑物之间的距离应不少于 20 m。

(3)构筑物布置结合地形、地质条件尽量减少土石方工程量及避开劣质地基。

(4)厂内污水与污泥的流程应尽量缩短,避免迂回曲折,并尽可能采用重力流。

(5)各种管渠布置要使各处理构筑物能独立运转,当某一处理构筑物因故停止工作时,使其后接处理构筑物,仍能保持正常的运行。

(6)应设超越全部处理构筑物、全部排放水体的超越管。

(7)在厂区内,还应设有给水管、空气管、消化气管、蒸汽管,以及输配电线路。这些管线有的敷设在地下,但大部分都在地上。对管线的安排,既要便于施工和维护管理,也要紧凑,少占用地,同时,也可以考虑采用架空的方式敷设。

(8)附属构筑物的位置应按方便、安全的原则确定。

(9)在污水厂区内,应有完善的雨水管道系统,必要时应考虑防洪要求。

(10)道路布置应考虑施工中及建成后的运输要求,厂区加强绿化以改善卫生条件。

(11)考虑扩建的可能性,为扩建留有余地,做好分期建设的安排,同时考虑分期施工的要求。

# 第五章 小城镇供电工程规划

## 第一节 概 述

### 一、小城镇供电工程的基本要求

(1)满足小城镇各部门用电及其增长的需要。

(2)保证供电的可靠性,特别是对电压的要求。

(3)要节约投资和减少运行费用,达到经济合理的要求。

(4)注意远、近期规划相结合,以近期为主,考虑远期发展的可能。

(5)要便于实现规划,不能一步实施时,要考虑分步实施。

### 二、小城镇电力工程规划的原则

(1)小城镇电力工程规划依据不同规划阶段的小城镇规划编制,并以上一级电力工程规划和地区电力系统规划为指导,满足小城镇规划期经济社会发展需要和不同规划阶段规划的要求。

(2)对规划期内区域电力系统,电能不能经济、合理供到的地区的小城镇,应充分利用本地区的能源条件,因地制宜地建设适宜规模的发电厂(站)作为小城镇供电电源,对于山区小城镇应充分利用可以利用的水电资源。

(3)对于较集中分布或连绵分布的小城镇,发电厂、水电站、110 kV以上变电站及其电力线路等电力工程设施应统筹规划,联合建设,资源共享。

(4)小城镇用电负荷预测应选两种以上方法预测,以其中一种以上方法为主,一种方法用于校核。

(5)小城镇电力工程规划,电网最高一级电压,应根据电网远期规划的负荷量和其电网与地区电力系统的连接方式确定。

（6）小城镇架空电力线路应根据小城镇地形、地貌特点和道路网规划沿道路、河渠、绿化带架设；35 kV 及以上高压架空电力线路应规划专用通道，并应加以保护；镇区内的中、低压架空电力线路宜同杆架设，中心区繁华地段、旅游景区地段等应采用电缆埋地敷设，较重要地段也可采用架空绝缘线敷设。

（7）小城镇基础设施规划的其他共同原则。

### 三、小城镇电力工程规划的基本步骤

（1）收集、分析、归纳收集到的资料，进行负荷预测。

（2）根据负荷及电源条件，确定供电电源的方式。

（3）按照负荷分布，拟定若干个输电和配电网布局方案，进行技术经济比较，提出推荐方案。

（4）进行规划可行性论证。

（5）编制规划文件，绘制规划图表。

## 第二节　小城镇电力负荷预测与计算

### 一、小城镇电力负荷的分类

电力负荷分析小城镇供电工程规划的基础。供电系统中各组成部分，如发电厂和变电所规划、线路回数、电压等级都是取决于这个基础。

电力负荷一般分为工业用电负荷、农业用电负荷、市政及生活用电负荷。

（1）工业用电负荷。一般根据工业企业提供的用电数字，并根据其产量校核。对尚未设计及提不出用电量的工业，可根据典型设计或同类型企业的用电量来估算，也可按年产量与单位产品耗电量来计算。

（2）农业用电负荷。农业用电负荷种类很多，仅用单位产品耗电

定额来计算农业用电是不够的。一般可根据调查的农业用电器具的类型、数量、用电量的大小，使用时间来计算，也可采用每耕种一亩田、饲养一头牲畜的用电定额来计算。

（3）市政及生活用电负荷。要按人均用电指标计算，参照类似的指标或本乡镇逐年负荷增长比例制定的指标。也可按以下不同用电户分别计算。

1）住宅照明用电，以住宅面积及额定照明标准计算住宅照明年用电量。

2）其他公共建筑用电除特殊要求的建筑外，可参照住宅用电量的计算方法，计算公共建筑照明年用电量。

3）给排水设备用电。

4）街道照明用电。

按用电设备的可靠性和中断供电所造成的损失或影响程度，负荷可分为一级负荷、二级负荷和三级负荷。

（1）一级负荷。一级负荷是指当突然中断供电时，将引起人身伤亡，造成重大影响或重大损坏，将影响有重大政治、经济意义用电单位的正常工作，或造成公共场所秩序严重混乱的负荷。例如，重要通信枢纽、重要交通枢纽、重要的经济信息中心、特级或甲级体育建筑、国家级宾馆、国家级承担重大国事活动的会堂以及经常用于重要国际活动的大量人员集中的公共场所等用电单位中的重要电力负荷。

在一级负荷中，当中断供电后将影响实时处理重要的计算机及计算机网络正常工作以及特别重要场所中不允许中断供电的负荷，为特别重要的负荷。

一级负荷应由两个电源供电，当一个电源发生故障时，另一个电源不应同时受到损坏。

对于一级负荷中的特别重要负荷，应增设应急电源，并严禁将其他负荷接入应急供电系统。

（2）二级负荷。二级负荷是指中断供电时，将造成较大影响或损失，影响重要用电单位的正常工作或造成公共场所秩序混乱的电力负荷。二级负荷的供电系统，宜由两回线路供电。在负荷较小或地区供电条件困难时,二级负荷可由一回路 6 kV 及以上专用的架空线路或电缆供电,应采用两个电缆组成的线路供电,其每根电缆应能承受100％的二级负荷。

(3)三级负荷。不属于一、二级的电力负荷,统称为三级负荷。三级负荷为一般负荷。

三级负荷属于不重要负荷,对供电电源无特殊要求。

## 二、小城镇电力负荷预测的内容

在规划设计中,应完成以下 5 个方面的内容。

(1)电量需求预测。应包括下列内容。

1)各年(或水平年)需电量。

2)各年(或水平年)一、二、三产业和居民生活需电量。

3)各年(或水平年)分部分、分行业需电量。

4)各年(或水平年)按经济区域、行政区域或供电区需电量。

(2)电力负荷预测。应包括下列内容。

1)各年(或水平年)最大负荷。

2)各年(或水平年)代表月份的日负荷曲线、周负荷曲线。

3)各年(或水平年)年持续负荷曲线、年负荷曲线。

4)各年(或水平年)的负荷特性和参数,如平均负荷率、最小负荷率、最大峰谷差、最大负荷利用小时数等。

(3)用电增长的因素和规律分析。

为了很好地掌握系统中用电增长的因素和规律,需要在充分调查研究的基础上,对以下内容进行分析。

1)能源变化的情况与电力负荷的关系。

2)国民生产总值增长率与电力负荷增长率的关系。

3)工业生产发展速度与电力负荷增长速度的关系。

4)设备投资、人口增长与电力负荷增长的关系。

5)电力负荷的时间序列发展过程。

另外,尚需研究经济政策、经济发展水平、人均收入变化、产业政策变化、产业结构调整、科技进步、节能措施、需求侧管理、电价、各类相关能源与电力的可转换性及其价格、气候等因素与电力需求水平和特性之间的影响,需分析研究电网的扩展和加强、城市电网改造、供电条件改善、农村电汽化等对电力需求的影响。

(4)电力电量、负荷特性、缺电情况分析。

1)分析地区电力电量消费水平及其构成。

2)地区总的电力电量消费与工农业产值的比例关系。

3)过去 5～10 年电力电量增长速度。

4)对负荷特性、缺电情况做必要的分析和描述。

(5)设计负荷水平的确定。对电力系统规划审议确定的负荷水平,特别是设计水平年的负荷水平进行以下分析和核算并报有关单位认可,即作为本设计的负荷水平。

1)与本地区过去的电力、电量增长率进行对比。

2)与国家计委和主管部门对全国或对本地区的装机和发电量预测和控制数进行分析对比。

3)说明与地区电力部门的预测负荷和电量是否一致。

4)对负荷的主要组成、分布情况和发展趋势作必要的描述。

5)必要时还应根据关键性用户建设计划及其主要产品产量、对预测负荷进行分析评价。

### 三、小城镇电力负荷预测的方法

#### 1. 用电单耗法

根据产品(或产值)用电单耗和产品产量(或产值)来推算电量,是预测有单耗指标的工业和部分农业用电量的一种直接有效的方法。

所需要的用电量 $A$ ＝预测期的产品产量 $G$(或产值)×

用电单耗量 $Q$

即

$$A = \sum QG \tag{5-1}$$

#### 2. 电力弹性系数法

弹性系数是用来表示预测对象(因变量)的变化率与某一相关因

素(自变量)的变化率的比例关系。

设 $k_y$、$k_x$ 分别表示因变量与自变量的变化率，$E$ 为弹性系数，则

$$E = \frac{k_y}{k_x} \tag{5-2}$$

$E$ 可为任意实数，$E>0$ 表示因变量与自变量的增大或减少的变化趋势相同，$E<0$ 则表示其趋势不相同；$|E|>1$ 表示因变量的变化率大于自变量的变化率，$|E|<1$ 则表示因变量的变化率小于自变量的变化率。

电力弹性系数法主要用于第一、二产业负荷预测。其电力弹性系数是电能消费增长速度与国民经济增长速度的比值。其值可根据县(市)域或小城镇的工业结构、用电性质、各类用电比重和发展趋势进行分析后，按下式确定。

$$\text{电力弹性系数 } e = 1 + \frac{(1+d)\delta}{d} \tag{5-3}$$

式中　$d$——工农业总产值的年平均增长率；

　　　$\delta$——产值用电单耗的年平均变化率。

电力超前经济发展，一般在非饱和阶段 $e>1$，到增长趋向饱和阶段，$e<1$。

小城镇第一、二产业用电量预测值可用下式计算。

$$A_{(m+n)} = A_m(1+d)^n \cdot \delta \tag{5-4}$$

式中　$A_{(m+n)}$——预测年份用电量；

　　　$A_m$——预测基准年份用电量；

　　　$d$——工农业生产总值年增长率；

　　　$\delta$——电量弹性系数；

　　　$n$——预测年限。

对于小城镇第三产业和生活用电，可用综合用电水平法预测。根据规划期人口数 $N$ 及每人的平均用电量(或用电负荷)$A_N$ 来推算小城镇或县(市)域规划范围的第三产业和市政生活用电量(或用电负荷)$A$。即

$$A = A_N \cdot N \tag{5-5}$$

$A_N$ 值可对小城镇第三产业及生活用电的大量分项统计结果进行纵向(历年)和横向(各项比例)的分析对比、综合计算后取得,或直接调查分析比较类似小城镇的第三产业和生活用电水平的预测值选取。

上式计算应注意中、远期,特别是远期 $A_N$ 值的递增变化。由于远期小城镇经济社会发展、人民生活水平会有较大幅度地提高,第三产业及生活用电的比重将有较大变化,$A_N$ 递增率的变化会较大。远期 $A_N$ 值宜以与其相关的因素(如人口、第三产业比例、市政建设水平、人均收入、居住面积等)作自变量,$A_N$ 作因变量,用回归分析建立数学预测模型的方法预测;也可参考国外同类 $A_N$ 递变的情况,充分考虑 $A_N$ 远期递增率变化的相关因素,采用外推法推测。

**3. 负荷密度法**

负荷密度是指每平方千米土地面积上的平均负荷数值。参照城市发展规划、人口规划、居民收入水平增长情况,来测算城乡负荷水平。其计算公式为

$$P=Sd \tag{5-6}$$

式中　$P$——某地区年综合负荷;

　　　　$S$——该地区土地面积;

　　　　$d$——平均每平方千米负荷密度。

当采用负荷密度法进行小城镇用电负荷预测时,其居住建筑、公共建筑、工业建筑三大类建设用地的规划单应建设用地负荷指标的选取,应根据其具体构成分类发负荷特征,结合现状水平和不同小城镇的实际情况,按表 5-1 经分析、比较后选定。

表 5-1　小城镇规划单位建设用地负荷指标　(单位:kW/hm²)

| 建设用地分类 | 居住用地 | 公共设施用地 | 工业用地 |
|---|---|---|---|
| 单位建设用地负荷指标 | 80～280 | 300～550 | 200～500 |

注:表中其他类建设用地的规划单位建设用地负荷指标的选取,可根据小城镇的实际情况,经调查分析后确定。

**4. 按用地分类综合用电指标法预测**

这种预测方法是按城镇用地和用电性质的统一分类、用地性质和

用地开发强度,逐块预测各用地地块负荷,再求出规划范围用电总负荷 $P_\Sigma$:

$$P_\Sigma = K_\mathrm{T} \sum_{i=1}^{n} P_i \tag{5-7}$$

式中　$P_i$——地块的预测用电负荷;

　　　$K_\mathrm{T}$——各地块用电负荷的同时系数;

　　　$n$——规划范围用地地块数。

在小城镇规划中可将用地地块的一般用户负荷和大用户负荷分别预测,一般负荷作为均布负荷,大用户作为点负荷。

均布负荷可采用综合用电指标法预测,可根据分类的单位建筑面积综合用电指标和用地地块建筑面积或分类的负荷密度指标和地块用地面积推算出分块用地负荷。

分类的单位建筑面积综合用电指标或分类负荷密度,可通过综合分析典型规划建设和建筑设计的有关用电负荷资料,或实际调查分析类似建成区的分类用电负荷得出。

表 5-2 为城镇规划分类综合用电指标。

**表 5-2　城镇规划分类综合用电指标**

| 用地性质 | 用地分类 | | 综合用电指标 | 备注 |
|---|---|---|---|---|
| | 分类及其代号 | | | |
| 居住用地 R | 一类居住用地 $R_1$ | 高级别墅 | $15\sim18$ W/m² | 按每户 400 m²,有空调、电视、烘干洗衣机、电热水器、电灶等家庭电汽化、现代化考虑 |
| | | 别墅 | $15\sim20$ W/m² | 按每户 250 m²,有空调、电视、烘干洗衣机、电热水器、无电灶考虑 |
| | 二、三类居住用地 $R_2$、$R_3$ | 多层 | $12\sim18$ W/m² | 按平均每户 76~85 m² 小康电器用电考虑 |
| | | 中高层 | $14\sim20$ W/m² | 按平均每户 76~85 m² 小康电器用电考虑 |

续一

| 用地性质 | 用地分类<br>分类及其代号 | 综合用电指标 | 备注 |
|---|---|---|---|
| 公共设施用地 C | 行政办公用地 $C_1$ | 15～28 W/m² | 行政、党派和团体等机构用地 |
| | 商业金融业用地 $C_2$ | 20～44 W/m² | 商业、金融业、服务业、旅馆业和市场等用地 |
| | 文化娱乐用地 $C_3$ | 20～35 W/m² | 新闻出版、文艺团体、广播电视、图书展览、游乐业设施用地 |
| | 体育用地 $C_4$ | 14～30 W/m² | 体育场馆和体育训练基地 |
| | 医疗卫生用地 $C_5$ | 18～25 W/m² | 医疗、保健、卫生、防疫、康复和急救设施等用地 |
| | 教育科研设计用地 $C_6$ | 15～25 W/m² | 高校、中专、科研和勘测设计机构用地 |
| | 文物古迹用地 $C_7$ | 15～18 W/m² | |
| | 其他公共设施用地 $C_8$ | 8～10 W/m² | 宗教活动场所、社会福利院等 |
| 工业用地 M | 一类工业用地 $M_1$ | 20～25 W/m² | 无干扰、污染的工业、如高科技电子工业、缝纫工业、工艺品制造工业 |
| | 二类工业用地 $M_2$ | 30～42 W/m² | 有一定干扰、污染的工业、如食品、医药、纺织等工业 |
| | 三类工业用地 $M_3$ | 45～56 W/m² | 指部分中型机械、电器工业企业 |
| 仓储用地 W | 普通仓库用地 $W_1$<br>危险品仓库用地 $W_2$ | 3～10 W/m² | — |
| | 堆场用地 $W_3$ | 1.5～2 W/m² | — |
| 对外交通用地 T | $T_1$、$T_2$ 中的铁路、公路站 | 25～30 W/m² | — |
| | 港口用地 $T_4$ | ①100～500 kW<br>②500～2 000 kW<br>③2 000～5 000 kW | ①年吞吐量 10 万～50 万 t 港口；②吞吐量 50 万～100 万 t 港口；③吞吐量 100 万～500 万 t 港口。不同港口用电量差别很大,实用中宜作点负荷,调查比较确定 |
| | 机场用地 $T_5$ | 35～42 W/m² | — |

续二

| 用地性质 | 用地分类 | | 综合用电指标 | 备注 |
|---|---|---|---|---|
| | 分类及其代号 | | | |
| 道路广场用地 S | 道路用地 $S_1$ | | 17～20 kW/km² | |
| | 广场用地 $S_4$ | | | |
| | 社会停车场库用地 $S_3$ | | | |
| 市政公用设施用地 U | 供应(供水、供电、供燃气、供热)设施用地 $U_1$ | | 830～850 kW/km² | kW/km² 是全开发区考虑的该类用电负荷密度 |
| | 交通设施用地 $U_2$ | | | |
| | 邮电设施用地 $U_3$ | | | |
| | 环卫设施用地 $U_4$ | | | |
| | 施工与维修设施用地 $U_5$ | | | |
| | 其他(如消防等) | | | |

注:1. 上表中综合用电指标除在备注中注明为开发区该类用电负荷密度者等外,均为单位建筑面积的用电指标,上述指标考虑了同类符合的同时率。

2. $R_1$、$R_2$ 中有服务设施用地,应按相应的用电指标考虑。

当采用单位建筑面积用电负荷指标法进行小城镇详细规划用电负荷预测时,其居住建筑、公共建筑、工业建筑的规划单位建筑面积负荷指标的选取,应根据三大类建筑的具体构成分类及其用电设备配置,结合当地各类建筑单位建筑面积负荷的现状水平,按表 5-3 经分析、比较后选定。

表 5-3　小城镇规划单位建筑面积用电负荷指标　　(单位:W/m²)

| 建设用地分类 | 居住用地 | 公共建筑 | 工业建筑 |
|---|---|---|---|
| 单位建筑面积负荷指标 | 15～40(每户 1～4 kW) | 30～80 | 20～80 |

注:表外其他类建筑的规划单位建筑面积用电负荷指标的选取,可根据小城的实际情况,经调查分析后确定。

### 5. 人均指标预测法

当采用人均市政、生活用电指标法预测用电量时,应结合小城镇的地理位置、经济社会发展与城镇建设水平、人口规模、居民经济收入、生活水平、能源消费构成、气候条件、生活习惯、节能措施等因素，对照表 5-4 的指标数值选定。

表 5-4 小城镇规划人均市政、生活用地指标

[单位:(kW·h)/(人·年)]

| 小城镇规模分级 | 经济发达地区 | | | 经济发展一般地区 | | | 经济欠发达地区 | | |
|---|---|---|---|---|---|---|---|---|---|
| | 一 | 二 | 三 | 一 | 二 | 三 | 一 | 二 | 三 |
| 近期 | 560~630 | 510~580 | 430~510 | 440~520 | 420~480 | 340~420 | 360~440 | 310~360 | 230~310 |
| 远期 | 1 960~2 200 | 1 790~2 060 | 1 510~1 790 | 1 650~1 880 | 1 530~1 740 | 1 250~1 530 | 1 400~1 720 | 1 230~1 400 | 910~1 230 |

### 6. 平均增长率法预测

平均增长率预测法是在统计分析近年用电量平均增长率的基础上，采用相关综合分析，分阶段确定用电量的宏观增长率，再计算预测规划期用电量的一种方法。

小城镇电力平均增长率法预测可以根据小城镇规划期不同的发展阶段，分阶段确定相应年递增率，其用电量(用电负荷)可以按下式计算。

$$A_n = A(1+F)^n \tag{5-8}$$

式中　$A_n$——规划区匡算到 $n$ 年的用电量；

　　　$A$——规划区某年实际用电量；

　　　$F$——年平均递增率；

　　　$n$——计算年数。

平均增长率法适用于各种用电规划资料暂缺的情况下，对远期综合用电负荷的概算。

# 第三节　小城镇供电电源规划

## 一、小城镇电源的分类

电源是电力网的核心，小城镇供电电源的选择，是小城镇供电工

程设计中的重要组成部分。电源有发电站和变电所两种类型。

**1. 发电站**

目前,我国小城镇主要有水力发电站、火力发电站、风力发电站,还有沼气发电站等。水力发电站虽然一次性建造投资虽然比较高,但运行费用低廉,是比较经济的能源。目前,我国小城镇的自建电站中,小水电站占绝大部分。火力发电站是燃烧煤、石油或天然气发电,其一次性建造投资高,运行费用也高。我国小城镇除少数产煤区外,很少建这种电站。风力发电站是利用风能发电,沼气发电站就是利用燃烧沼气发电。这两种发电的方法目前在小城镇还未大规模应用。

**2. 变电所**

变电所是指电力系统内,装有电力变压器、能改变电网电压等级的设施与建筑物。变电所可采用区域网供电方式将区域电网上的高压变成低压,再分配到各用户。这种供电方式具有运行稳定、供电可靠、电能质量好、容量大,能够满足用户多种负荷增长的需要以及安全经济等优点。因此,在有条件的小城镇,应优先选用这种供电方式。变电所一般分为变压与变流变电所两种。

(1)变压变电所。低压变高压为升压变电,高压变低压为降压变电。城市地区一般为降压变电所。

(2)变流变电所。直流变交流或交流变直流,也称整流变电所。

**二、小城镇电源规划主要技术指标**

**1. 小城镇水电站规划技术参数**

(1)表 5-5 为水电站规模划分。

表 5-5　水电站规模划分　　　　　　(单位:万 kW)

| 规模 | 大型 | 中型 | 小型 |
| --- | --- | --- | --- |
| 装机容量 | >15 | 1.2~1.5 | <1.2 |

(2)向小城镇供电小型水电站规模多数为几千 kW 至几万 kW。表 5-6 为 1 000 kW 以下水电站主要技术指标。

表 5-6 1 000 kW 以下水电站主要技术指标

| 项目 | 主要设备 | | | |
|---|---|---|---|---|
| | 水轮机 | | | 发电机容量 |
| | 水头/m | 流量 /[m³/(s·台)] | 出力 /(kW/台) | /(kVA/台) |
| 2×64 kW 水电站 | 3.75~4.5 | 2.42~2.65 | 74.2~97.4 | 80 |
| 2×64 kW 水电站 | 2.5~3.25 | 3.1~3.52 | 63.5~94.2 | 80 |
| 2×64 kW 水电站 | 6~8 | 1.13~1.31 | 56~86 | 80 |
| 2×64 kW 水电站 | 8~13 | 0.64~0.82 | 42~86 | 80 |
| 2×120 kW 水电站 | 4.5~5 | 2.65~2.8 | 97.4~114 | 150 |
| 2×120 kW 水电站 | 3.25~3.75 | 3.52~3.79 | 94.2~117 | 150 |
| 2×120 kW 水电站 | 13~21 | 0.82~1.04 | 86~177 | 150 |
| 2×120 kW 水电站 | 22.5~32.5 | 0.45~0.54 | 80~147 | 150 |
| 2×192 kW 水电站 | 3.75~5.5 | 5.48~6.3 | 170~228 | 240 |
| 2×192 kW 水电站 | 32.5~43.5 | 0.59~0.62 | 147~220 | 240 |
| 2×192 kW 水电站 | 42.5~57.5 | 0.62~0.72 | 147~344 | 240 |
| 2×280 kW 水电站 | 25~35 | 1.0~1.18 | 212~350 | 350 |
| 2×384 kW 水电站 | 35~45 | 1.18~1.34 | 352~514 | 480 |
| 2×384 kW 水电站 | 57.5~65 | 0.72~0.76 | 334~414 | 480 |
| 2×600 kW 水电站 | 45~62.5 | 1.34~1.58 | 514~857 | 750 |
| 10~12 kW 水电站 | 1.5 | 0.968 | 10.5 | 15 |
| 15~20 kW 水电站 | 2.5 | 0.966 | 18 | 25 |
| 25~30 kW 水电站 | 3.5 | 1.140 | 30 | 35 |
| 35~45 kW 水电站 | 4.5 | 1.295 | 43 | 50 |
| 40~50 kW 水电站 | 6 | 1.1 | 49 | 60 |

## 2. 小城镇火电厂技术参数

(1)小城镇火电厂厂址应在城镇主导风向的下风向,并应有一定的防护距离,满足表 5-7 的要求。

表 5-7 发电厂卫生防护距离 (单位:m)

| 燃料工作质 的灰分 $A_p$/(%) | 飞灰收回量为 25% 时的燃料消耗量/(t/h) | | |
|---|---|---|---|
| | 3~12.5 | 12.6~25 | 26~50 |
| 10 以下 | 100 | 100 | 300 |
| 10~15 | 100 | 300 | 500 |
| 16~20 | 100 | 300 | 500 |
| 21~25 | 100 | 300 | 500 |
| 26~30 | 100 | 300 | 500 |
| 31~45 | 300 | 500 | 1 000 |

（2）表 5-8 为火力发电厂规模划分表。

### 表 5-8　火力发电厂规模划分　　　　　（单位：万 kW）

| 规模 | 大型 | 中型 | 小型 |
|---|---|---|---|
| 装机容量 | ＞25 | 2.5～25 | ＜2.5 |

（3）表 5-9、表 5-10 分别为中、小型发电厂厂址选择主要技术参数。表 5-11 为中小型发电厂和相应蒸汽参数。

### 表 5-9　中型发电厂厂址选择主要技术数据

| 机组机型 | 装机台数 | 总容量/(MW) | 最大利用小时数 | 煤耗量/(万t/a) | 厂区用地/(公顷) | 电厂最大耗水量 直流供水/(t/s) | 电厂最大耗水量 循环供水/(t/h) | 灰渣量/(万方/年) 多管式除尘器(η=70%) | 灰渣量/(万方/年) 水膜式或电除尘器(η=95%) |
|---|---|---|---|---|---|---|---|---|---|
| 31—6 | 4 | 24 | 4 000 | 7.6 | 5～8 | 1.21～1.62 / 1.75～2.02 | 304～388 / 370～464 | — | — |
| | 6 | 36 | 4 000 | 11.5 | 8～10 | 1.81～2.42 / 2.62～3.02 | 456～562 / 555～681 | 1.78 | 2.2 |
| 31—12 | 4 | 48 | 4500 | 15.7 | 8～10 | 2.13～2.86 / 3.12～3.6 | 420～600 / 640～720 | 2.44 | 3.01 |
| | 6 | 72 | 4 500 | 23.6 | 10～12 | 3.2～4.3 / 4.67～5.4 | 780～900 / 960～1 080 | 3.66 | 4.51 |
| 31—25 | 4 | 100 | 5 000 | 31.3 | 10～13 | 4.2～5.58 / 6.06～7.0 | 968～1 120 / 1 196～1 352 | 5.35 | 6.56 |
| | 6 | 150 | 5 000 | 51.4 | 12～16 | 6.24～8.37 / 9.09～10.5 | 1 452～1 680 / 1 794～2 028 | 7.98 | 9.83 |
| 31—50 | 4 | 200 | 5 500 | 64.6 | 15～20 | 8.5～11.4 / 12.4～14.4 | 1 864～2 180 / 2 340～2 656 | 10.02 | 12.34 |
| 51—25 | 4 | 100 | 6 000 | 36.9 | 10～13 | 3.8～5.02 / 5.4～6.2 | 886～1 016 / 1 084～1 216 | 5.72 | 7.05 |
| | 6 | 150 | 6 000 | 55.4 | 12～16 | 5.7～7.5 / 8.2～9.4 | 1 329～1 524 / 1 628～1 824 | 8.61 | 10.59 |
| 51—50 | 4 | 200 | 6 000 | 70.6 | 15～20 | 6.46～8.7 / 9.44～10.9 | 1 460～1 702 / 1 824～2 064 | 10.95 | 13.51 |

注：1. 耗水量一栏表示 $\dfrac{冬季我国北部地区-南部地区}{夏季我国北部地区-南部地区}$

2. 循环供水量，在缺水地区可按减少 10% 考虑。

3. 灰分按 $A_p=20\%$ 计算。

表 5-10　小型发电厂厂址选择主要技术数据

| 类型 | 容量 /kW | 装机 台数 | 装机总 容量 /kW | 用水量/(t/h) | | 厂区用地 /hm² | 出线走廊 宽度/m | 备注 |
|---|---|---|---|---|---|---|---|---|
| | | | | 一次循 环方式 | 二次循 环方式 | | | |
| 凝汽式发电厂 | 750 | 2 | 1 500 | 720 | 50 | 1～2 | 10～30 | — |
| | | 4 | 3 000 | 144 | 100 | 2～3 | 10～30 | — |
| | 1 500 | 2 | 3 000 | 1 100 | 60 | 3～4 | 20～50 | — |
| | | 4 | 6 000 | 2 200 | 120 | 4～5 | 20～50 | — |
| | 2 500 | 2 | 5 000 | 1 800 | 90 | 4～5 | 20～50 | — |
| | | 4 | 10 000 | 3 600 | 180 | 5～6 | 20～50 | — |
| | | 6 | 15 000 | 5 400 | 270 | 5～7 | 20～50 | — |
| | 6 000 | 2 | 12 000 | 2 600～ 3 100 | 200～220 | 4～6 | 50～100 | — |
| | | 4 | 24 000 | 5 200～ 6 200 | 400～440 | 6～8 | 50～100 | — |
| | | 6 | 36 000 | 7 800～ 9 300 | 600～660 | 8～10 | 50～100 | — |
| 热电厂 | 1 500 | 2 | 3 000 | 37 | 37 | 3～5 | 20～50 | 供热能力 40 t/h |
| | 6 000 | 4 | 24 000 | 1 600 | 200 | 6～8 | 50～100 | 供热能力 100 t/h |

表 5-11　中小型电厂容量和相应蒸汽参数

| 电厂分类 | 气压(大气压) | | 气温/℃ | | 电厂和机组容量 |
|---|---|---|---|---|---|
| | 锅炉 | 汽轮机 | 锅炉 | 汽轮机 | |
| 低温低压电厂 | 14 | 13 | 350 | 340 | 1 万 kW 以下的小型电厂 (1 500～3 000 kW 机组) |
| 中温中压电厂 | 40 | 35 | 450 | 435 | 1 万～20 万 kW 中小型电厂 (6 000～50 000 kW 机组) |

## 3. 小城镇 35～220 kV 电源变电站站规划技术参数

（1）变电站的用地面积与主变压器台数、容量、出线回路数、电气主接线形式,以及平面布置的条件有关。表 5-12 为 35～220 kV 变电站用地与相关技术参数。

表 5-12  35～220 kV 变电站用地与相关技术参数

| 电压/kV | 主变压器台数及容量（MVA） | 出线回路数 | 母线接线 | 用地面积（长×宽）/m² |
|---|---|---|---|---|
| 35 | 1×0.56～5.6 | "T"接或线路变压器组 | | 25×20 |
| | 2×0.56～5.6 | "T"接或线路变压器组 | | 40×32 |
| | 2×0.56～5.6 | 2 | 桥形接线 | 50×42 |
| | | 4 | 单母线分段 | 53×52 |
| 110 | 1×5.6～15 | 110 kV 1  35 kV 2 | "T"接或线路变压器组 | 61×57 |
| | 2×5.6～15（双） | 2 | 桥形接线 | 75×65 |
| | 2×5.6～15 | 110 kV 2  35 kV 4 | 桥形接线 | 103×78 |
| | | 110 kV 4  35 kV 4 | 单母线分段 | 120×97 |
| | 2×20～60 | 110 kV 6  35 kV 6 | 双母线带旁路 | 202×119 |
| 220 | 2×120（单相） | 220 kV 6  110 kV 4～6 | 双母线带旁路 | 253×182 |
| | 2×90 | 220 kV 4  110 kV 5 | 单母线分段带旁路 | 143×93 |
| | 2×120 | 220 kV 4  110 kV 4 | 单母线分段带旁路 | 154×100 |

(2)表 5-13 为变电站、发电厂选址出线走廊宽度要求。

表 5-13  变电站、发电厂选址出线走廊宽度要求

| 线路电压/kV | 35 | 110 | 220 |
|---|---|---|---|
| 杆型 | π型杆 | π型杆 | 铁塔 |
| 杆塔标准高度/m | 15.4 | 15.4 | 23 |
| 水平排列两边线间的距离/m | 6.5 | 8.5 | 11.2 |

| 线路电压/kV | | 35 | 110 | 220 |
|---|---|---|---|---|
| 杆塔中心至走廊边缘 建筑物距离/m | Ⅰ | 17.4 | 18.4 | 26.5 |
| | Ⅱ | 8.3 | 11.3 | 14.6 |
| 两回杆塔中 心线之间 的距离/m | 单回水平排列 | 12 | 15 | 20 |
| | 单回垂直排列 | 8~10 | 10 | 15 |
| | 双回垂直排列 | 10 | 13 | 18 |

注:1. 表示按倒杆要求计算。适用于线路通过规划区,而目前尚无房屋。

　　2. 表示按《电力线路防护规程》要求计算,适用于线路通过时已受建筑限制。

### 三、小城镇供电电源的布置原则

布置小城镇电源主要根据动力系统规划、电力负荷的情况,并结合电源对厂址的要求而定。动力系统规划确定了城市电源的类型和容量之后,如何布置这些电源就应当结合小城镇的具体条件来确定。这是小城镇规划工作者的任务之一。下面介绍大、中型火电厂和变电所的布置问题。

(1)发电厂(或变电所)应靠近负荷中心。这样就可以减少电能损耗和输电线路的投资。因为发电厂(或变电所)距离负荷太远,路线很长,会增加投资资金。而且,距离太长,输电线路中电压损耗大。

(2)需有充分的供水条件。由于大型火电厂用水量很大,能否保证供给它足够的水量,是一个极重要的问题,必须妥善地解决。

发电厂的用水主要是用作凝汽器、发电机的空气冷却器、油冷却器等的冷却水,锅炉补给水,除灰、吸尘、热力用户损失的补给水以及除硫等用水。

河水、湖水、海水以及地下水均可作为发电厂用水的水源。

发电厂排出的循环水的温度一般在 30 ℃左右,如果附近有需要热水的工厂,可将其加以利用。

(3)需保证燃料的供应。发电厂需用的燃料数量很大,这与发电量的多少、汽轮机的型式、燃料的质量等有关。

(4)排灰渣问题。处理灰渣最好从积极方面着手,综合利用,减少灰渣的用地面积。

(5)运输条件。对于大型发电厂,在建厂时期要运进大量建筑材料和很多发电设备,而且在发电厂投入生产以后,还要经常运进燃料和运出灰渣,它们的数量都很可观。大型变电所的设备,如变压器等都很重,需要铁路专用线(或水运)来运送定期更换的主要设备。因此,在选择发电厂厂址时,应考虑是否有建设铁路专用线的条件,并使电厂尽可能靠近编组站或靠近有航运条件的河流,以减少建设费用。

(6)高压线进出的可能性。大中型发电厂以及大型变电所的高压线很多,需要宽阔的地带来敷设应有的出线。高压线的宽度由导线的回数以及电压大小来决定。

(7)卫生防护距离。发电厂运行时有灰渣、硫磺气体和其他有害的挥发物或气体排出,在发电厂与居住区之间需有一定的隔离地带,靠近生活居住区的电厂,应布置在常年主导风向的下风向。

露天变电站到住宅和公共建筑物的最小距离见表 5-14。露天变电站附近,如果有化工厂、冶炼厂或其他工厂排出有害物质,飞到电气装置的瓷瓶上,就会降低瓷瓶的绝缘效能,容易造成短路事故,影响变电所生产。因此,在选择变电所的厂址时,还应考虑到其他工厂对其的影响。

表 5-14　从露天变电站到住宅和公共建筑物的最小距离

| 变压器容量 /kVA | 距离/m | |
|---|---|---|
| | 住宅、托幼、职工卧室、诊所 | 学校、旅馆、宿舍、音乐厅、电影院、图书馆 |
| 40 | 300 | 250 |
| 60 | 700 | 500 |
| 125 | 1 000 | 800 |

(8)对水文、地质、地形的要求。发电厂与变电所的厂址都不应设在可能开采矿藏或因地下开掘而崩溃的地区、塌陷地区、滑坡及冲沟地区,这些地区都是不安全的。发电厂与变电所厂址的标高应高于最高洪水位。如低于洪水位时,必须采取防洪措施。

在 7 级以上的地震地区建厂时,应有防震措施。

(9)有扩建的可能性。由于国民经济的迅猛发展,建厂时要留有扩建的余地。

# 第四节　小城镇供电网络规划

## 一、小城镇电压等级与结线方式

### 1. 小城镇电压等级

(1)小城镇电压等级宜为国家标准电压 220 kV、110 kV、66 kV、35 kV、10 kV、380/220 V 中的 3~4 级,3 个变压层次,并结合所在地区规定的电压标准选定。现有非标准电压,应限制发展,合理利用,根据设备使用寿命与发展需要分期分批进行改造。

(2)小城镇电网中的最高一级电压,应根据其电网远期规划的负荷量和其电网与地区电力系统的连接方式确定。

(3)一个地区同一级电压电网的相位和相序相同。

### 2. 小城镇供电网络结线方式

(1)按对供电可靠性的要求分无备用结线方式(开式电力网)和有备用结线方式(闭式电力网)。

1)无备用结线方式(开式电力网)。无备用结线方式简单明了、运行方便,投资费用少,如图 5-1 所示。

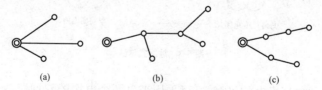

**图 5-1　无备用结线(开式电力网)**
(a)单回路放射式;(b)单回路干线式;(c)单回路链式

2)有备用结线方式(闭式电力网)。有备用结线方式供电可靠性高,适用于对一级负荷供电,如图 5-2 所示。

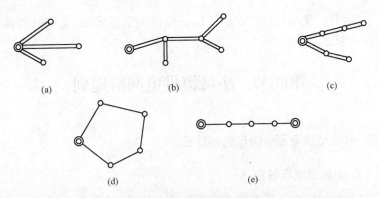

**图 5-2　有备用结线(闭式电力网)**

(a)双回路放射式；(b)双回路干线式；(c)双回路链式；(d)环式；(e)两端共电式

(2)按布置方式分为放射式结线、干线式结线、环式结线、网络式结线、两端供电干线式结线。

1)放射式结线。由地区变电所或企业总降压变电所 6～10 kV 母线直接向用户变电所供电,沿线不接其他负荷,各用户变电所之间也无联系,如图 5-3 所示。放射式结线结构简单、操作维护方便、保护装置简单,便于实现自动化。但是供电可靠性较差,只能用于三级负荷和部分次要的二级负荷。

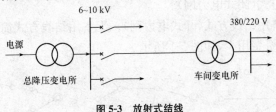

**图 5-3　放射式结线**

为了提高供电的可靠性,可采用来自两个电源的双回路放射式结线,如图 5-4 所示。双回路放射式结线供电可靠性高,任一回路、任一电源发生故障都能保证不间断供电,适用于一类负荷。

2)干线式结线。直接连接干线式,如图 5-5(a)所示。线路敷设简单,变电所出线回路数少,高压配电装置和线路投资较小,比较经济。

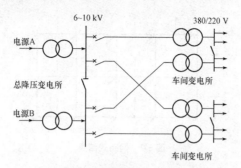

图 5-4 双回路放射式结线

串联型干线式如图 5-5(b)所示。干线的进出侧均安装了隔离开关,当发生故障时,可在找到故障点后,拉开相应的隔离开关继续供电,从而缩小停电范围,使供电可靠性有所提高。

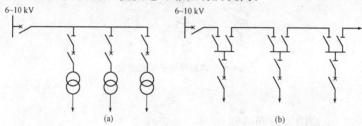

图 5-5 干线式结线
(a)直接连接干线式;(b)串联型干线式

3)环式结线。普通环式如图 5-6 所示,把两路串联型干线式线路连接起来。

4)网络式结线。格网式可靠性最高,适用于负荷密度很大且均匀分布的低压配电地区。这种形式的造价很高,如图 5-7 所示,干线结成网格式,在交叉处固定连接。

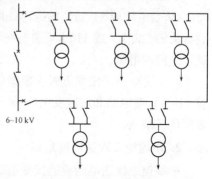

图 5-6 普通环式结线

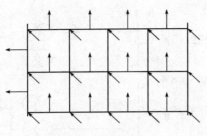

图 5-7　网路式结线

5)两端供电干线式结线。为了提高供电的可靠性,可采用双干线式或两端供电干线式,如图 5-8 所示。

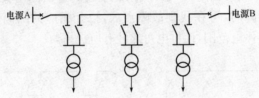

图 5-8　　两端供电干线式结线

## 二、小城镇送电网规划

### 1. 小城镇一次送电网规划

小城镇一次送电网包括与小城镇电网有关的 220 kV 送电线路和 220 kV 变电站或 110 kV 的送电线路和 110 kV 变电站,与小城镇电网有关的 220 kV 或 110 kV 送电网既是电力系统的组成部分,又是小城镇电网的电源。

一次送电网的结线方式应根据电力系统的要求和电源点(220 kV 或 110 kV 变电站和地区发电厂)的地理位置分布情况而确定,一般宜采用环式结线。

### 2. 小城镇二次送电网规划

小城镇二次送电网应能接受电源点的全部容量,并能满足供应二次变电所的全部负荷。当城区负荷密度不断增长时,新建变电所可以缩小面积,降低线损。但须增加变电投资,如扩建现有变电所容量,将增加配电网的投资。

小城镇送电网规划中确定的二次送电网结构,应与当地城建部门共同协商,布置新变电所的地理位置和进出线路走廊,并纳入城区总体规划中预留相应的位置,以确保城区建设发展的需要。

### 三、小城镇高压网规划

高压配电网架应与二次送电网密切配合,可以互通容量。配电网架的规划设计与二次送电网相似,但应有更大的适应性。高压配电网架宜按远期规划一次建成,一般应二十年内保持不变。当符合密度增加到一定程度时,可插入新的变电所,使网架结构基本不变。

小城镇火力发电厂、水电站,由于容量不大,可直接接入相应的高压配电网,并简化电网结构,避免电磁环网,电厂的各段母线宜放射线方式分别接入高压配电网的一个变电所,并设置解列点。

县城镇、中心镇高压配电网结构宜满足下列安全准则:当任何一条 35～110 kV 线路或一台主变压器计划检修停运时或事故停运时能保持向用户连续供电、不过负荷、不限定。

### 四、小城镇中、低压配电网规划

小城镇中、低压配电网包括 10 kV 线路、变配电站、开闭所和 380/220 V 线路。

#### 1. 中压配电网规划

较大规模和用电负荷的小城镇中压配电网应根据高压变电站布点、负荷密度和小城镇总体规划用地布局,划分供电分区,比卖弄交错供电、近电远送。每个分区一般应有二路电源供电,供电分区的划分要考虑便于近期与远期的衔接与调整。

中压配电网的结构应有较大适应性,主干线的导线截面宜按远期规划负荷密度一次选定。当负荷密度增加到一定程度时,可插入新的 35～110 kV 变电站,使主网结构基本不变。

县城镇、中心镇中压配电网应满足下列安全准则:任何一条10 kV线路的出口断路器因计划停运时,保持向用户继续供电,事故停运时通过操作能保持向用户继续供电、不过负荷、不限电。

### 2. 小城镇低压配电网规划

小城镇低压配电线路停运只造成少量负荷的停电,小城镇低压配电网规划宜力求结线简单,安全可靠,一般采用以 10 kV 变配电站为中心的放射式结线。低压配电网规划一般在小城镇市政工程规划设计和建筑单体设计中考虑。低压配电网也应有其明确的供电范围,一般不跨越街区供电。

# 第五节　小城镇供电线路的布置

## 一、小城镇高压电力线路布置原则

电力线路按结构可分为架空线路和电缆线路两大类。架空线路是将导线和避雷线等架设在露天的线路杆塔上;电缆线路一般直接埋设在地下或敷设在地沟中。小城镇电力网多采用架空线路,其建设费用比电缆线路要低得多,且施工简单,工期短,维护及检修方便。

电力线路的布置,应满足用户的用电量及各级负荷用户对供电可靠性的要求,同时应考虑在未来负荷增加时留有发展余地。在布置电力线路时,一般应遵循下列原则。

(1)线路走向应尽量短捷。线路短,则可节约建设费用,同时减少电压和电能损耗。一般要求从变电所到末端用户的累积电压降幅不得超过 10%。

(2)要保证居民及建筑物的安全,避免跨越房屋建筑。

(3)线路应兼顾运输便利,尽可能地接近现有道路或可行船的河流。

(4)线路通过林区或需要重点维护的地区和单位,要按有关规定与有关部门协商解决。

(5)线路要避开不良地形、地质环境,以避开地面塌陷、泥石流、落石等对线路的破坏,还要避开长期积水和经常进行爆破的场所,在山区线路应尽量沿平缓且地形较低的地段通过。

(6)线路应尽量不占耕地、不占良田。

电力线路的选择,一般分为图上选线和野外选线。首先在图上拟定出若干个线路方案;然后收集资料,进行技术经济分析比较,并取得有关单位的同意并签订协议书,确定出 2~3 个较优方案之后再进行野外踏勘,确定出一个线路的推荐方案,报上级审批;最后进行野外选线,以确定最终路线。

## 二、小城镇高压线走廊在小城镇中的位置

在小城镇总体规划中,除了确定电厂、变电所位置,还应留出高压输电线走廊的走向及宽度。

(1)高压走廊宽度的确定。高压架空线进入村庄后,带来很多问题,比较突出的是安全问题。因此,高压架空线行经的通道,即高压线走廊(图 5-9)。高压线要有一定的宽度,并与其他物体之间保持一定的距离。

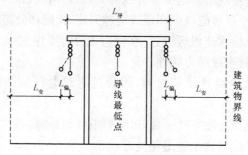

**图 5-9　高压线走廊**

高压线走廊宽度一般按下列公式计算:

$$L = 2L_安 + 2L_偏 + L_导 \tag{5-9}$$

式中　$L$——高压线走廊宽度;$L_安$ 为高压线对房屋建筑物的安全距离;

$L_偏$——导线最大偏移,与风力及导线材料有关;

$L_导$——电杆上面外侧导线间距离,与悬垂绝缘子串的长度、导线的最大弧垂、电压大小有关,见表 5-15。

如考虑高压线倒杆的危险,则高压线走廊宽度应不大于杆高的 2 倍。

**表 5-15    高压架空线中对房屋建筑的安全距离**

| 线路额定电压/kV<br>项目 | 35 | 110 | 220 | 330 |
|---|---|---|---|---|
| 最大弧垂时垂直距离/m | 4 | 5 | 6 | 7 |
| 最大偏斜时的距离/m | 3 | 4 | 5 | 6 |

(2)确定高压线路走向的一般原则。主要有以下内容:

1)线路应短捷,既可减少投资又可节约贵重的有色金属。

2)要保证居民及建筑物的安全,有足够的走廊宽度。

3)高压线不宜穿过小城镇中心地区和人口密集地区,并且要注意小城镇面貌的美观,必要时采用地下电缆。

4)考虑高压线与其他工程管线的关系,跨河流、铁路、公路时要加强结构强度,要尽可能减少高压线跨越河流、铁路和公路的次数。

5)避免从洪水淹没区经过,在河边架设时要注意河流对基础的冲刷,或发生倒杆事故的可能性。

6)尽量减少线路转弯次数,因为转弯时电杆的结构强度大,造价高。

7)注意远离污浊空气区域,以免影响线路绝缘,造成短路事故,对有爆炸危险的建筑物也应避免接近。

### 三、小城镇电力线路的各种距离标准

小城镇电力线路的各种距离标准按表 5-16 确定。

表 5-16　电力线路的各种距离标准

| 项目 | 电力线路类别<br>距离标准/m | 配电线路 | | 送电线路 | | | 附加条件 |
|---|---|---|---|---|---|---|---|
| | | 1 kV 以下 | 1～10 kV | 35～110 kV | 154～220 kV | 330 kV | |
| 与地面最小距离 | 居民区 | 6 | 6.5 | 7 | 7.5 | 8.5 | |
| | 非居民区 | 5 | 5.5 | 6 | 6.5 | 7.5 | |
| | 交通困难区 | 4 | 4.5 | 5 | 5.5 | 6.5 | |
| 与山坡峭壁最小距离 | 步行可到达的山坡 | 3 | 4.5 | 5 | 5.5 | 6.5 | |
| | 步行不能到达的山坡 | 1 | 1.5 | 5 | 4 | 5 | |
| 与建筑物 | 最小垂直距离 | 2.5 | 3 | 4～5 | 6 | 7 | |
| | 最小距离 | 1 | 1.5 | 3～4 | 5 | 6 | |
| | 与甲类易燃厂房、仓库距离 | | | 不小于杆高的 1.5 倍，且需大于 30 m | | | |
| 与行道树 | 最小垂直距离 | 1 | 1.5 | 3 | 3.5 | 4.5 | 送电线路应架在上方 |
| | 最小水平距离 | 1 | 2 | 3.5 | 4 | 5 | |
| 与铁路 | 至轨顶最小垂直距离 | 7.5(窄轨 6.0) | | 7.5(7.5) | 8.5(7.5) | 9.5(8.5) | |
| | 杆塔外沿至轨道中心最小水平距离 | 交叉 5.0 m<br>平行杆高加 3 m | | 交叉时 5.0 m<br>平行时杆高加 3 m | | | |
| 与道路 | 至路面最小垂直距离 | 6 | 7 | 7 | 8 | 9 | |
| | 杆柱距路基边缘最小水平距离 | 0.5 | | 与公路交叉时 8.0 m，<br>与公路平行时用最高杆高 | | | |
| 与通航河道 | 至 50 年一遇洪水位最小垂直距离 | 6 | 6 | 6 | 7 | 8 | |
| | 边导线至斜坡上缘最小水平距离 | 最高杆高 | | 最高杆高 | | | |
| 与弱电线路 | 一级弱电线路 | 大于 45 | | 大于 45 | | | 电压高的线路一般在上方 |
| | 二级弱电线路 | 大于 30 | | 大于 30 | | | |
| | 三级弱电线路 | 不限 | | 不限 | | | |
| | 至被跨越级最小垂直距离 | 1 | 2 | 3 | 4 | 5 | |
| | 与边导线间最小垂直距离 | 1 | 2 | 最高杆高路径受限制时按 6 | | | |
| 电力线路之间 | 1 kV 以下 | 1 | 2 | 3 | 4 | 5 | |
| | 1～10 kV | 2 | 2 | 3 | 4 | 5 | |
| | 平行时最小水平距离 | 2.5 | 2.5 | — | — | — | |

#### 四、小城镇电力线路导线截面选择

（1）小城镇各级电压送电线路选用导线截面。小城镇各级电压送线路选用导线截面，见表5-17。

表5-17　小城镇各级电压送电线路选用导线截面

| 电压/kV | 导线截面面积（按钢芯铝绞线考虑）/mm² | | | |
|---|---|---|---|---|
| 35 | 185 | 150 | 120 | 95 |
| 66 | 300 | 240 | 185 | 150 |
| 110 | 300 | 240 | 185 | 150 |
| 220 | 400 | 300 | 240 | — |

注：必要时采用2 mm×400 mm，2 mm×300 mm及分裂导线布置。

（2）小城镇高、低压配电线路导线截面。小城镇高、低压配电线路导线截面，见表5-18。

表5-18　小城镇高、低压配电线路导线截面

| 电压等级 | | 导线截面（按铝绞线考虑）/mm² | | |
|---|---|---|---|---|
| 380/220 V（主干线） | | 150 | 120 | 95 |
| 10 kV | 主干线 | 240 | 185 | 150 |
| | 次干线 | 150 | 120 | 95 |
| | 分支线 | 不小于50 | — | — |

（3）小城镇各种电压选用电缆截面。小城镇各种电压选用电缆截面，见表5-19。

表5-19　小城镇各种电压选用电缆截面

| 电压 | 电缆铝芯截面/mm² | | | |
|---|---|---|---|---|
| 380/220 V | 240 | 185 | 150 | 120 |
| 10 kV | 300 | 240 | 185 | 150 |
| 35 kV | 300 | 240 | 185 | 150 |

# 第六章　小城镇通信工程规划

## 第一节　概　　述

### 一、小城镇通信工程的发展

通信工程作为城镇重要基础设施,正在向数字化、智能化、综合化、宽带化和个人化迅猛发展,具体的有以下几个方向。

**1. 电信网络的发展**

一般将电信网络的长途网(长途端局以上部分、长途端局与市话局之间以及市话局之间的部分)称为核心网或转接网,余下的市话端局与用户之间的部分称为接入网;国内将市话端局以上部分称为核心网或转接网,而将市话端局或远端模块以下部分称为接入网。

**2. 移动通信的发展**

未来移动通信技术发展的主要趋势是宽带化、分组化、综合化和个人化。移动通信技术随着有限网络的宽带化,也正向无线接入宽带化方向发展,传输速率从 9.6 kbit/s 向第三代移动通信系统的最高速率 2 Mbit/s 发展。

随着数据业务量主导地位的形成,如同前述,电路交换逐步过渡到以 IP 为基础的分组化网络,移动通信通用分组无线业务的引入,用户将在端到端分组传输模式下发送和接收数据。

未来网络可通过固定接入、移动蜂窝接入、无线本地环路接入等不同的设备接入核心网,实现用户所需的各种业务,在技术上实现固定通信和移动通信等不同业务的相互融合。

同时,移动 IP 是实现未来信息个人化的重要手段,移动智能网技术与 IP 技术的组合,将进一步推动城市和全球个人通信的发展。

### 3. 多媒体通信的发展

多媒体通信是向用户广泛提供声、像、图、文并茂的交互式通信与信息服务。目前,电信业是以单一媒体形式提供服务,不同时具备集成性、同步性和交互性,但多媒体发展必将成为城市及其小区信息基础设施的重要组成部分。也是三网融合的目标,多媒体业务有远程教育、远程医疗、家庭购物、家庭办公、视像自选,这些服务对现代化城镇来说,需求将会不断增加。

### 4. 其他通信的发展

(1)卫星移动通信。卫星移动通信对提供电信接入水平将起到进一步推动作用。正在研制新一代非同步轨道卫星系统可提供通信的全球覆盖,用手机可在全球任何地方通话。

(2)有线电视电话。有线电视电话需要一个统一的网络结构,提供有线电视和语音电话,并增加电信网络的供给能力。

(3)IP电话。IP电话以其低廉的资费吸引着越来越多的用户,目前的 Voice Over IP 都是建立在 IP 专网上的纯语音网络,能通过对全网的宽带情况和路由策略,做到及时调整,提供接近电信级别的语音服务。

## 二、小城镇通信工程规划要求

### 1. 县(市)域城镇体系规划的通信工程规划要求

(1)分析县(市)域通信发展现状,评价与社会经济发展的适应程度。

(2)根据城镇体系布局和社会经济发展战略及通信事业发展趋势,以上一级通信网络规划为指导,编制、完善县(市)域本地网、传输网发展规划,以及主要邮政、广播、电视网络规划。

(3)布局县(市)域主要通信、广播电视设施。

### 2. 小城镇总体规划的通信工程规划要求

(1)依据小城镇总体规划,确定近、远期小城镇通信发展总目标,并通过电信需求的宏观预测,确定小城镇近、中、远期电话普及率和局所装机容量;确定移动通信、通信新业务、邮政、广播、电视发展目标和规模。

（2）依据县（市）域城镇体系布局和小城镇总体布局，提出小城镇通信规划的原则及其主要技术措施。

（3）通过小城镇信息通信网规划方案的优化选择和局所、管道规划优化，确保主要通信设施布局和网络结构的先进性、合理性、经济性。

（4）确定电信与邮政局所选址和预留的规划用地。

（5）确定小城镇广播站及县城镇、中心镇电视台、站的配置与选址，拟定有线广播、有线电视网传输主干线路规划和管道规划。

（6）小城镇通信总体规划含远期和近期规划两部分，规划期限与小城镇总体规划期限一致，即远期为 20 年，近期为 5 年。近期规划主要是对小城镇近期通信需求做出预测，近期通信设施做出布局和发展规划，明确近期通信建设项目。

**3. 小城镇详细规划的通信工程规划要求**

（1）以小区和微观预测方法为主，预测规划小区或规划范围内的通信用户需求。

（2）提出并优化相关用户接入网规划。

（3）落实总体规划在本规划范围内的相关局所位置、规模与用地。

（4）确定接入网规划中光线路终端 OLT（Optical Line Terminal）和光网络单元 ONU（Optical Network Unit）的数量和分布。

（5）确定通信线路路由、敷设方式、管道的位置、管径数和埋深的基本要求。

（6）落实相关邮政局所等主要营业点，移动通信、广播、电视规划中的相关设施。

# 第二节　小城镇电信用户预测

## 一、小城镇电话及电信预制分类

### 1. 电话分类

电话是同时满足公众经济方面需要的专业性设备和满足私人要求的家用（或住宅的）设备。其用户可分为住宅用户和专业用户两大类,其中对于工作需要的住宅用户,可以进行更细的分类区别,以使预测得到更高的准确性。

### 2. 电信预测分类

电信预测按网络和业务可分为以下几类。

(1)市话网的业务预测。

(2)长途业务预测。

(3)非电话业务量预测。

(4)公用电话业务预测。

## 二、小城镇电话需求量预测

小城镇电话规划用户预测,在总体规划阶段以宏观预测为主,宜采用时间序列法、相关分析法、增长率法、普及率法、分类普及率法等方法进行预测;在详细规划阶段以小区预测、微观预测为主,宜采用分类建筑面积用户指标,分类单位用户指标预测,也可采用计算机辅助预测。

### 1. 普及率法

电话普及率一般用得最多的是综合普及率,可分为话机普及率和局号普及率两种。

话机普及率按每百人拥有电话机数计算,用"部/百人"表示。

局号普及率按每百户拥有的局线数计算,用"局部/百户"表示。

另外,在预测中也常采用分类普及率。主要分住宅用户(或住宅电话)普及率和专业用户(或业务电话)普及率。

住宅用户(或住宅电话)普及率,通常用每 100 个家庭的线对数来表示,也有用"部/百户"表示。

专业用户(或业务电话)普及率,通常用每 100 个职员的线对数来表示,也有用"部/百人"或"部/公顷"表示。

### 2. 分类普及率法

分类普及率预测法是按分类的普及率进行预测的方法,在绝大多数场合较普及率法预测更切合实际。

分类普及率法先预测规划期内的家庭数(户数)和职员数,再按大量统计、分析和比较得到的线数、家庭和线数、职员的普及率指标,分别测算住宅用户和专业用户,上述两项之和即为预测的电话需求总数。

### 3. 公用电话普及率法

公用电话一般是设在城镇道路旁,居民(小)区及各营业点、代办点的公用通话设备,包括投币电话和磁卡电话。公用电话占的用户比例很小,但它体现一个城镇电话的服务水平及其方便程度,公用电话普及率的确定基于相关服务水平的预测,也采用类比法确定。

### 4. 微观预测法

微观预测是根据用户调查数据、城市用地现状和用地规划等相关资料进行的较小范围、较细的一种预测方法。

微观预测测算的主要方法是分类用户增长率法。其计算公式为

$$Y = A_1(1+p)^t + A_2 \tag{6-1}$$

式中   $Y$——该类用户预测电话数;

$A_1$——该类用户基年电话数;

$p$——该类用户预测期的平均增长率;

$t$——预测期年数;

$A_2$——该类用户预测期的待装用户数。

### 5. 小区预测法

小区预测是一种结合现场情况,预测具体点和小区电话需求的微观预测,也称现场预测。目前,我国小区预测主要采用以下方法。

(1)发函调查和实地调查。每隔3~4年,由电信部门向预测范围内的一些较大用户单位发出业务预测通知,要求用户的负责部门按规定的表格填写近期或若干年内需要的直通电话、中继线及非话业务线数量。一般发函调查取得的资料经过预测人员分析和纠正,可作为小区预测的依据;对重点用户或发函调查未取得满意结果的用户,可通过实地调查,取得较准确的小区预测依据。

(2)对于现有用户、在建或即将建设的用户,按照分类的用户电话

发展指标,估算各规划期的用户需求量。

(3)对于难以了解掌握的,但为数不少的各类零散用户,一般靠预测人员凭眼力撒点预测。

(4)对于中、远期的小区预测,一般按城市规划的用地性质和用地功能,自上而下逐级分类分配预测。

(5)现场预测总数与统计预测结果不符时,对照统计预测作自上而下和自下而上的比较修正。

### 6. 单位建筑面积分类用户指标法

当采用单位建筑面积分类用户指标进行用户预测时,其指标选取可结合小城镇的规模、性质、地位作用、经济社会发展水平、居民平均生活水平及其收入增长规律、公共设施建设水平和第三产业发展水平等因素,进行综合分析,并按表 6-1 给定的指标范围选取。

表 6-1　按单位建筑面积测算小城镇电话需求用户指标　　　（单位:线/m²）

| 建筑用户<br>地区分类 | 写字楼<br>办公楼 | 商店 | 商场 | 旅馆 | 宾馆 | 医院 | 工业厂房 | 住宅楼房 | 别墅、高级住宅 | 中学 | 小学 |
|---|---|---|---|---|---|---|---|---|---|---|---|
| 经济发达地区 | 1/(25~35) | 1/(25~50) | 1/(70~120) | 1/(30~35) | 1/(20~25) | 1/(100~140) | 1/(100~180) | 1线/户面积 | (1.2~2)/(200~300)线/校 | (4~8)线/校 | (3~4)线/校 |
| 经济一般地区 | 1/(30~40) | (0.7~0.9)/(25~50) | (0.8~0.9)/(70~120) | (0.7~0.9)/(30~35) | 1/(25~35) | (0.8~0.9)/(100~140) | 1/(120~200) | (0.8~0.9)线/户面积 | — | (3~5)线/校 | (2~5)线/校 |
| 经济欠发达地区 | 1/(35~45) | (0.5~0.7)/(25~50) | (0.5~0.7)/(70~120) | (0.5~0.7)/(30~35) | 1/(30~40) | (0.7~0.8)/(100~140) | 1/(150~250) | (0.5~0.7)线/户面积 | — | (2~3)线/校 | (1~2)线/校 |

### 7. 计算机辅助预测法

计算机辅助预测不仅可以采用数学模型进行宏观辅助预测,而且也同样可以进行微观辅助预测和小区辅助预测。

(1)微观预测计算机辅助预测。市话用户微观预测,一般统计计算工作量都很大,采用计算机辅助预测,首先根据预测流程,设计编制计算机程序,可以帮助整理基础数据,得出用不同色彩表示的密度图,将其调整和预测,并将预测结果汇总、打印和显示,同时,也为密度图的滚动修改创造便利条件。

(2)小区预测计算机辅助预测。小区预测计算机辅助设计,采用等面积的方格密度图,一般近期预测方格边长代表实际距离 200 m,远期 300 m。

同时,采用用地性质分区矩阵。一般是在用不同颜色表示的用地分类的县城镇、中心镇用地规划图上,画上密度图标准方格,并根据小城镇用地分类和方格覆盖的地块,在方格中填入相应的地块用地性质代号,即可得用地性质矩阵。

# 第三节 小城镇电信局所与移动通信规划

## 一、小城镇局所规划内容与资料收集

### 1. 局所规划的主要内容

(1)研究小城镇规划分期内,局所的数量、位置及分区范围。

(2)根据用户预测与用户预测密度图,研究线路网中心,勘定新建局所位置,确定终局容量规模(终局容量考虑期限至少 30 年)和远端模块设置,以及局所分期扩建方案。

### 2. 局所规划的资料收集

(1)小城镇总体规划资料的依据:小城镇性质、特点、用地布局、规划范围、人口规模、经济和社会发展目标、分期建设;镇区道路规划;工程管线现状与规划;地形图。

(2)镇区 110 kV 以上变电站及其线路资料。

(3)原有局所分布,局房可供发展的最大容量、交换区界、线路及设备资料。

## 二、小城镇电信局所规划

### 1. 电信局所设置及容量分配

(1)长途电信枢纽局的设置应符合以下规定。

1)区域通信中心城镇的国际和国内长途电信局应单独设置。

2)其他本地网大中城镇国内长途电信局可与市话局合设。

　　3)镇内有多个长途局时,不同长途局之间应有一定距离并应分布于城市的不同方向。

　　(2)电信局所规划建设除应结合通信技术发展,遵循大容量少局所的原则外,同时应符合以下基本要求。

　　1)在多业务节点基础上,综合考虑现有局所的机房,传输位置,电话网、数据网和移动网的统一,以及三网融合与信息通信综合规划。

　　2)有利新网结构的演变和网络技术进步及通信设备与技术发展。

　　3)符合国家有关技术体制和本地网规划若干意见的规定。

　　4)考虑接入网技术发展对交换局所布局的影响。

　　5)确保全网网络安全可靠。

　　(3)本地网中心城镇远期电信交换局设置应依据城镇电信网发展规划,并应符合表6-2局所规划容量分配的规定。

表6-2　本地网中心城镇远期规划交换局设置要求

| 远期交换局总容量/万门 | 每个交换系统容量/万门 | 1个交换局含交换系统数/个 | 允许最大单局容量/万门 | 最大单局容量占远期交换局总容量的比例/(%) |
|---|---|---|---|---|
| >100 | 10 | 2~3 | ≥20 | ≤15 |
| 50~100 | 10 | 2 | 20 | ≤20 |
| ≤50 | 5-10 | — | 15 | ≤35 |

　　(4)本地网中小城镇远期电信交换局设置应依据电信网发展规划,并应符合表6-3局所规划容量分配的规定。

表6-3　本地网中小城镇电信交换局设置要求

| 远期交换机总容量/万门 | 规划交换局容量/万门 | 全市设置交换局数/个 | 最大单局容量占远期交换局总容量的比例/(%) |
|---|---|---|---|
| >40 | 10 | 4~5 | ≤30 |
| 20~40 | 10 | 3~4 | ≤35 |
| ≤20 | 5~10 | 2 | ≤60 |

## 2. 局所选址与用地

（1）城镇电信局所规划选址应符合以下要求。

1）环境安全、服务方便、技术合理和经济实用。

2）接近计算的线路网中心。

3）选择地形平坦、地质良好适宜建设用地的地段，避开因地质、防灾、环保及地下矿藏或古迹遗址保护等因素，不可建设用地的地段。

4）距离通信干扰源（包括高压电站、高压输电线铁塔、交流电汽化铁道、广播电视雷达、无线电发射台及磁悬浮列车输变电系统等）的安全距离应符合国家相关规范要求。

（2）城镇电信局所远期规划预留用地应依据局所的不同分类与规模按表6-4规定，结合当地实际情况比较分析选择确定。

表6-4　城镇电信局所预留用地

| 局所规模/门 | ≤2 000 | 3 000 6 000 | 10 000 | 30 000 | 50 000 60 000 | 80 000 100 000 | 150 000~ 200 000 |
|---|---|---|---|---|---|---|---|
| 预留用地面积/m² | 1 000 以下 | 1 000~ 2 000 | 2 500~ 3 000 | 3 000~ 4 500 | 4 500~ 6 000 | 6 500~ 8 000 | 8 000~ 10 000 |

注：1. 表中局所用地面积同时考虑其兼营业点的用地。

2. 表中所列规模之间的局所预留用地，可综合比较酌情预留。

3. 表中6 000门以下的局所通常指模块局。

4. 现有交换网到远期交换网过渡期的非统筹规划局所宜在公共建筑中统筹安排。

## 三、小城镇移动通信规划

小城镇移动通信规划应主要预测移动通信用户需求，并具体规划落实移动通信网涉及的移动交换局（端局）、基站等设施；有关的移动通信网规划一般宜在省、市区域范围内统一规划。

小城镇中远期应考虑电信新技术、新业务的大发展，电信网规划应考虑向综合业务数字网ISDN的逐步过渡和信息网的统筹规划。

小城镇移动通信基站选址和建设应纳入城镇总体规划，并应符合《城乡规划法》及以下要求。

（1）移动通信基站选址应符合城市历史街区保护和城市景观及市

容、市貌有关要求,并应与周边环境相协调。

(2)移动通信基站选址建设应符合电磁辐射安全防护、卫生及环境保护相关的现行国家标准规范要求。

(3)移动通信基站选址和建设应尽可能避开居住小区、学校等人员集中场所,特别是幼儿园、小学、医院等较弱人群聚集场所。必须在上述场所附近设置基站,应严格按照有关规定进行电磁辐射环境影响综合评价,特别是对可能有多个辐射源的叠加辐射强度进行综合测评;一般情况,基站距离住宅应按大于 40 m 控制。

# 第四节　小城镇通信线路与管道规划

## 一、小城镇通信线路规划

城镇通信线路应以本地网通信传输线路和长途通信网传输线路为主,同时,也包括广播有线电视网线路和其他各种信息网线路。

**1. 通信线路种类**

(1)城镇有线通信线路的使用功能分类。当前城镇有线通信线路使用功能系统有长途电话、市内电话、郊区(农村)电话、有线电视(含闭路电视)、有线广播、计算机信息网络(Internet)、社区治安保卫监控系统,以及特殊用途通信等有线通信线路。

(2)城镇有线通信的线路材料分类。城镇有线通信线路材料目前主要有光线光缆、电缆和金属明线等。

光线光缆通信是以光纤为传输介质,以高频率的光波作载波,具有传输频带宽,通信容量大,中继距离长,不怕电磁干扰,保密性好,无串话干扰,线径细,质量轻,抗化学腐蚀,柔软可绕,节约有色金属材料等优点;其缺点是强度低于金属线,连接比较困难,分路与耦合较不方便,弯曲半径太小等。

通信电缆是以有色金属为传输介质,电流信号作载波。具有传输频带较宽,通信容量较大、多层多线、中继距离较长,抗电磁、抗化学腐蚀、保密性等方面较金属导线强。

有线通信线路材料发展趋势正逐步由通信光缆、电缆取代传统的金属导线线路。

（3）城镇有线通信线路敷设方式分类。城镇有线通信线路敷设方式有管道、直埋、架空、水底敷设等方式。

**2. 通信线路选择**

城镇通信线路选择应符合以下规定。

（1）近期建设与远期规划相一致。

（2）线路路由尽量短捷、平直。

（3）主干线路路由走向尽量和配线线路的走向一致；并选择用户密度大的地区通过，多局制的用户主干线路应与局间中继线路的路由一并考虑。

（4）重要主干线路和中继线路，宜采用迂回路由，构成环形网络。

（5）线路路由应符合和其他地上或地下管线以及建筑物间最小间隔距离的要求。

（6）除因地形或敷设条件限制，必须合沟或合杆外，通信线路应与电力线路分开敷设，各走一侧。

**3. 通信线路布置**

（1）应避开易受洪水淹没、河岸塌陷、土坡塌方、流沙、翻浆以及有杂散电流（电蚀）或化学腐蚀或严重污染的地区，不应敷设在预留用地或规划未定的场所或穿过建筑物，也尽量不要占用良田耕地。

（2）应便于线路及设施的敷设、巡察和检修，尽量减少与其他管线等障碍物的交叉跨越。

（3）宜敷设在电力线走向的道路的另一侧，且尽可能布置在人行道上（下）；如受条件限制，可规划在慢车道下。

（4）通信管道的中心线原则上应平行于道路中心线或建筑红线，应尽量短直。

（5）架空通信线路的隔距标准按表 6-5 确定。

（6）架空通信线路与其他电气设备距离按表 6-6 确定。

表 6-5　小城镇架空通信线路的隔距标准

| 隔距标准 | | 最小距离/m | 隔距标准 | | 最小隔距/m |
|---|---|---|---|---|---|
| 线路离地面最小距离 | 一般地区 | 3 | 跨越公路、乡村大路、村镇道路时导线与路面距离 | | 5.5 |
| | 村镇(人行道上) | 4.5 | 跨越村镇胡同(小巷道)、土路 | | 5 |
| | 在高产作物地区 | 3.5 | 两个电信线路交越,上面与下面导线最小隔距 | | 0.6 |
| 线路经过树林时导线离树距离 | 在村镇水平距离 | 1.25 | 电信线穿越电力线路时应在电力线下方通过,两线间最小距离(其中电力线压为后面表格中数据) | 1~10 kV | 2(4) |
| | 在村镇垂直距离 | 1.5 | | 20~110 kV | 3(5) |
| | 在野外 | 2 | | 154~200 kV | 4(6) |
| 导线跨越房屋时,导线距离房顶的高度 | | 1.5 | 电杆位于铁路旁与轨道隔距 | | 13 杆高 |
| 跨越铁路时导线与轨面距离 | | 7.5 | — | | |

注:表内带括号数字系在电力线路无防设保护装置时的最小距离。

表 6-6　小城镇架空通信线路与其他电气设备距离

| 电气设备名称 | 垂直距离或最小间距/m | 备注 |
|---|---|---|
| 供电线路接户线 | 0.6 | — |
| 霓虹灯及其铁架 | 1.6 | — |
| 有轨电车及无轨电车滑接线及其吊线 | 1.25 | 通信线到滑接线 |
| 电气铁道馈电线 | 2.0 | 成吊线之间距 |

## 二、小城镇通信管道规划

### 1. 管道路由选择

城镇通信管道路由的选择应符合以下规定。

(1)用户集中和有重要通信线路应路径短捷。

(2)灵活、安全,有利用户发展。

(3)考虑用地、路网及工程管线综合等因素。

(4)尽量结合和利用原有管道。

(5)尽量不沿交换区界限、铁路与河流。

(6)避开以下道路或地段。

1)规划未定道路。

2)有严重土壤腐蚀的地段。

3)有滑坡、地下水位甚高等地质条件不利的地段。

4)重型车辆通行和交通频繁的地段。

5)须穿越河流、桥梁、主要铁路和公路以及重要设施的地段。

**2. 管道规划原则**

(1)城镇通信管道网规划应以本地通信线路网结构为主要依据，对管道路由和管孔容量提出要求。

(2)城镇通信管道容量应为用户馈线、局间中继线、各种其他线路及备用线路对管孔需要量的总和。

(3)局前管道规划可依据规划局所终局规模，相关局所布局、用户分布及路网结构，按表 6-7 要求，选择确定出局管道方向与路由数。

表 6-7　出局管道方向与路由数选择

| 规划局所终局规模/门 | 局前管道 |
|---|---|
| 1～2 | 两方向单路由 |
| 5～6 | 两方向双路由 |
| ≥8 | 3 个以上方向、多路由 |

注:大容量局所可考虑隧道出局。

(4)近局管道远期规划管孔数应依据规划局所终局规模、出局分支路由数量、出局路由方向用户密度、相关局间联系及远期采用光缆比例，参照表 6-8 分析与计算确定。

表 6-8　近局管道远期规划管孔数

| 规划局所终局规模/门 | 距局 500 m 分支路由管孔数 | 距局 500～1 200 m 的分支路由管孔数 |
|---|---|---|
| 1～2 | 10～15 | 6～10 |
| 5～6 | 15～22 | 12～15 |
| ≥8 | 20～30 | 18～24 |

（5）通过桥梁的通信管道应与桥梁规划建设同步，管道敷设方式可选择管道、槽道、箱体、附架等方式，在桥上敷设管道时不应过多占用桥下净空，同时，应符合桥梁建设的有关规范要求和管道建设其他技术要求。

### 3. 城镇管道埋设深度

（1）城镇通信直埋电缆最小允许埋深应符合表 6-9 的规定。

表 6-9　城镇通信直埋电缆的最小允许埋深　　　　　（单位：m）

| 敷设位置与场合 | 最小允许埋深 | 备注 |
|---|---|---|
| 城区 | 0.7 | 一般土壤情况 |
| 城郊 | 0.7 | |
| 有岩石时 | 0.5 | — |
| 有冰冻层时 | 应在冰冻层下敷设 | |

（2）城镇通信管道的最小允许埋深应符合表 6-10 的要求。

表 6-10　城镇通信管道的最小允许埋深　　　　　（单位：m）

| 管道类型 | 管顶至路面的最小间距 | | |
|---|---|---|---|
| | 人行道和绿化地带 | 车行道 | 铁路 |
| 混凝土管 | 0.5 | 0.7 | 1.5 |
| 塑料管 | 0.5 | 0.7 | 1.5 |
| 钢管 | 0.2 | 0.4 | 1.2 |

（3）城镇通信管道敷设应有一定的倾斜度，以利于渗入管内的地下水流向人孔，管道坡度可为 3‰～4‰，不得小于 2.5‰。

### 4. 通信管道的人孔与手孔

（1）人（手）孔井的构造。人（手）孔井是管道的中转或终端建筑。地下光、电缆的接续、分支、引上、加感点，以及再生中继器等都设置在人（手）孔井中或从人（手）孔井中接出去。它除了要适应布放光、电缆时的施工操作和日常维护以及对光、电缆检测的要求外，人（手）孔井在结构上还必须承载顶部覆土和可能出现的堆积物的压力，以及承受地面机动车辆高速行驶时产生的冲击力。

人孔井由上覆、四壁、基础以及有关的附属配件，如人孔口圈、铁盖、铁架、托板拉环及积水罐等组成。人孔井外形的立体构造如图 6-1 所示。

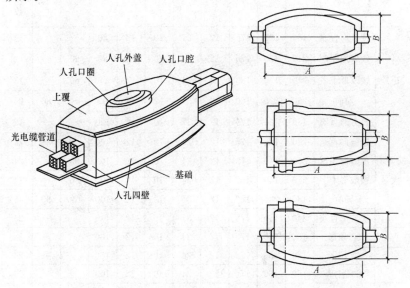

图 6-1　人孔井外形的立体构造及部面图

常用的人孔有砖砌人孔、混凝土人孔、装配式人孔三种构造。

砖砌人孔一般用于无地下水，或地下水位很低，而且在冻土层以下。在地下水位很高，冻土层又很深的地区，或土质和地理环境较差的地点，多使用混凝土或钢筋混凝土的人孔。

装配式人孔能在较短的时间内完成现场装配工作，减少施工对道路交通的影响。随着施工机械的改进，结构紧密、质量较轻的树脂混凝土装配式人孔目前已得到广泛应用。

（2）人（手）孔井的结构尺寸。各种型号人（手）孔结构尺寸见表 6-11。

表 6-11　各种型号通用设计人(手)孔结构尺寸　　　（单位：mm）

| 人(手)孔型号 | | 内部净空 | | | 上覆厚 | 墙壁厚 | | 基础厚 | 端壁宽 | | | 容纳管道最大孔数 |
| --- | --- | --- | --- | --- | --- | --- | --- | --- | --- | --- | --- | --- |
| | | 长 A | 宽 B | 高 | | 砖砌 | 钢筋混凝土 | | 直通端 | 拐弯端 | 进局端 | |
| 小号 | 腰鼓形直通 | 180 | 120 | 175 | 12 | 24 | 10 | 12 | 80 | — | — | 12 |
| | 腰鼓形拐弯 | 210 | 120 | 175 | 12 | 24 | 10 | 12 | 80 | 60 | — | 12 |
| | 腰鼓形十字 | 210 | 120 | 180 | 12 | 24 | 10 | 12 | 80 | 60 | — | 12 |
| | 局前 | 250 | 220 | 180 | 12 | 37 | 10 | 12 | 90 | — | 80 | 24 |
| | 长方形直通 | 180 | 120 | 175 | 12 | 37 | 10 | 12 | 120 | — | — | 12 |
| 大号 | 腰鼓形直通 | 240 | 140 | 175 | 12 | 24 | 10 | 12 | 100 | — | — | 24 |
| | 腰鼓形拐弯 | 250 | 140 | 175 | 12 | 24 | 10 | 12 | 100 | 80 | — | 24 |
| | 腰鼓形十字 | 250 | 140 | 180 | 12 | 24 | 10 | 12 | 100 | 80 | — | 24 |
| | 局前 | 437 | 220 | 180 | 12 | 37 | 12 | 12 | 100 | 100 | 80 | 48 |
| | 长方形直通 | 240 | 140 | 175 | 12 | 37 | 10 | 12 | 140 | — | — | 24 |
| 扇形 | 30°扇形 | 180 | 140 | 175 | 12 | 24 | 10 | 12 | 100 | — | — | 24 |
| | 45°扇形 | 180 | 150 | 175 | 12 | 24 | 10 | 12 | 100 | — | — | 24 |
| | 60°扇形 | 180 | 160 | 175 | 12 | 24 | 10 | 12 | 100 | — | — | 24 |
| 36孔大型 | 直通形 | 250 | 160 | 180 | 20 | 24 | 10 | 15 | 120 | — | — | 36 |
| | 分歧形 | 360 | 194 | 180 | 20 | 24 | 10 | 15 | 120 | 100 | — | 36 |
| | 十字形 | 360 | 194 | 180 | 20 | 24 | 10 | 15 | 120 | 100 | — | 36 |
| | 丁字形 | 310 | 194 | 180 | 20 | 24 | 10 | 15 | 120 | 100 | — | 36 |
| 48孔特大型 | 直通形 | 300 | 180 | 200 | 20 | 24 | 10 | 15 | 140 | — | — | 48 |
| | 分歧形 | 390 | 210 | 200 | 20 | 24 | 10 | 15 | 140 | 110 | — | 48 |
| | 十字形 | 390 | 210 | 200 | 20 | 24 | 10 | 15 | 140 | 110 | — | 48 |
| | 丁字形 | 350 | 210 | 200 | 20 | 24 | 10 | 15 | 140 | 110 | — | 48 |
| 特殊形(长方形缺一角) | | 220 | 200 | 180 | 12 | 37 | 12 | 12 | 100 | 80 | — | 24 |
| 手孔 | | 120 | 90 | 110 | 12 | 24 | — | 12 | 90 | — | — | 4 |

注：1. 腰鼓形人孔内宽是指人孔中间最宽处的尺寸；

　　2. 扇形人孔的长度是指弯曲边的弦长。

## 4. 通信管道常用管群组合

通信管道常用管群组合见表 6-12。

表 6-12　通信管道常用管群组合

| 管孔数 | 管孔排列 | 管群组合尺寸/mm | | 管群排列示意图 |
|---|---|---|---|---|
| | | 高度 | 宽度 | |
| 2 | 2 孔卧铺 | 140 | 250 | |
| 3 | 3 孔卧铺 | 140 | 360 | |
| 4 | 4 孔平铺 | 250 | 250 | |
| 6 | 6 孔立铺 | 360 | 250 | |
| 6 | 6 孔卧铺 | 250 | 250 | |
| 8 | 8 孔立铺 | 515 | 250 | |
| 8 | 8 孔并铺 | 250 | 515 | |
| 9 | 9 孔立铺 | 405 | 360 | |
| 10 | 10 孔立铺 | 625 | 250 | |

续一

| 管孔数 | 管孔排列 | 管群组合尺寸/mm | | 管群排列示意图 |
|---|---|---|---|---|
| | | 高度 | 宽度 | |
| 12 | 12孔立铺 | 735 | 250 | |
| 12 | 12孔卧铺 | 515 | 360 | |
| 12 | 12孔并铺 | 360 | 515 | |
| 16 | 16孔叠铺 | 515 | 515 | |
| 18 | 18孔叠铺 | 780 | 360 | |
| 18 | 18孔并铺 | 360 | 780 | |
| 20 | 20孔立铺(甲式) | 625 | 515 | |
| 20 | 20孔卧铺(乙式) | 515 | 625 | |
| 24 | 24孔立铺(甲式) | 735 | 515 | |

续二

| 管孔数 | 管孔排列 | 管群组合尺寸/mm | | 管群排列示意图 |
|---|---|---|---|---|
| | | 高度 | 宽度 | |
| 24 | 24孔卧铺（乙式） | 515 | 735 | |
| 30 | 30孔（乙式） | 780 | 625 | |
| 30 | 30孔（丁式） | 670 | 735 | |
| 36 | 36孔（乙式） | 780 | 735 | |

注：表中所列为混凝土组装管孔，目前我国城市规划及建设通信管道中，由于PVC、PE
波纹管和梅花管等新型管材具有运输、安装方便，不渗漏、不堵塞、不易损坏等优点，
已取代混凝土组装管孔。但上表所列安装尺寸对PVC、PE波纹管和梅花管仍具有
指导意义。

# 第五节 小城镇邮政、广播、电视规划

## 一、小城镇邮政规划

### 1. 邮件处理中心规划

邮件处理中心应符合有关技术要求，其选址应满足以下要求。

（1）应选在若干交通运输方式比较方便的地方，并应靠近邮件的
主要交通运输中心。

（2）有方便大吨位汽车进出接收、发运邮件的邮运通道。

(3)符合城市建设规划要求。

(4)城市邮件处理中心规划预留用地面积应符合的相关要求。

## 2. 邮政局所规划

邮政局是县邮政部门的行政机关,邮政局一般共建邮政营业大楼,较多在县城中心区设置。

小城镇邮政局所的局址选择应以其邮电服务网点规划要求为主。既要着眼于方便群众,又要讲求经济效益;既要照顾到布局的均衡,又要利用投递工作的组织管理。

城镇邮政局所宜按服务半径或服务人口,按表 6-13 规定设置。同时,在学校、厂矿、住宅小区等人口密集的地方,可增加邮政局所的设置数量。城镇邮政支局规划用地面积应结合当地实际情况,按表 6-14规定分析比较选定。

表 6-13　邮政局所服务半径或服务人口

| 类别 | 每邮政局所服务半径/km | 每邮政局所服务人口/人 |
| --- | --- | --- |
| 大城市市区 | 1~1.5 | 30 000~50 000 |
| 中等城市市区 | 1.5~2 | 15 000~30 000 |
| 小城市市区 | 2 以上 | 20 000 左右 |

表 6-14　邮政支局规划用地面积

| 支局类别 | 用地面积/m² |
| --- | --- |
| 邮政支局 | 2 000~4 500 |
| 邮政营业支局 | 1 700~3 300 |

## 二、小城镇广播、电视规划

广播电视网是小城镇现代通信网组成之一,远期广播电视网应与小城镇电信网、计算机网按三合一统筹规划。

小城镇的广播、电视线路路由宜与电信线路路由统筹规划,并可同杆、同管道敷设,但电视电缆、广播电缆不宜与通信电缆共管孔敷设。有线电视台和有线广播站址应满足以下要求。

（1）广播、电视台（站）应有安全的环境。应选择地势平坦，土质坚实的地段，应远离易燃、易爆的建筑物或堆积场附近。不应选择在易受洪水淹灌的地区。

（2）广播、电视台（站）应有较好的卫生环境，应远离散发有害气体、较多烟雾、粉尘、有害物质的工业企业。

（3）广播、电视台（站）址距重要军事设施、机场、大型桥梁等的距离不小于 5 km；无线电场地边缘距主干铁路不小于 1 km；距电力设施防护间距见表 6-15。

表 6-15 架空电力线路、变电所对电视差转台转播台无线电干扰的防护间距

（单位：m）

| 频段 | 架空电力线 | | | 变电所、站 | | |
|---|---|---|---|---|---|---|
| | 110 kV | 220～330 kV | 500 kV | 110 kV | 220～330 kV | 500 kV |
| VHF（Ⅰ） | 300 | 400 | 500 | 1000 | 1300 | 1800 |
| VHF（Ⅱ） | 150 | 250 | 350 | 1 000 | 1 300 | 1 800 |

县（城）总体规划的通信规划应在县驻地镇设电视发射台（转播台）和广播、电视微波站，其选址应符合相关技术要求。无线电台台址中心距离重要军事设施、机场、大型桥梁不小于 5 km；大线场地边缘距主干线铁路不小于 1 km；短波发射台、天线设备与有关设施的最小距离详见表 6-16、表 6-17。

表 6-16 小城镇短波发信台居民集中区边缘的最小距离

| 发射电力/kW | 最小距离/km |
|---|---|
| 0.1～5 | 2 |
| 10 | 4 |
| 25 | 7 |
| 120 | 10 |
| >120 | >10 |

表 6-17 小城镇短波发信台技术区边缘距离收信台技术区边缘的最小距离

| 发射电力/kW | 最小距离/km |
|---|---|
| 0.2～5 | 4 |
| 10 | 8 |
| 25 | 14 |
| 120 | 20 |
| >120 | >20 |

# 第七章　小城镇燃气工程规划

## 第一节　概　述

### 一、小城镇燃气的分类及特性

燃气的种类很多,根据来源的不同可分为天然气、人工燃气和液化石油气三种。

#### 1. 天然气

天然气是指从钻井中开采出来的可燃气体。有气井气(纯天然气)、石油伴生气和凝析气田气。天然气的主要成分是甲烷,低发热量为 $33\ 494\sim41\ 672\ kJ/m^3$。天然气通常没有气味,故在使用时需混入某种无害而有臭味的气体(如乙硫醇 $C_2H_5SH$),以便于发现漏气,避免发生中毒或爆炸事故。

#### 2. 人工燃气

人工燃气是从固体燃料或液体燃料加工中获取的可燃气体。根据制气原料的不同,人工燃气可分为煤制气、油制气和生物质制气等。根据制气方法的不同,人工燃气可分为固体燃料干馏煤气、固体燃料的汽化煤气和重油蓄热裂解制气等。

人工燃气具有强烈的气味及毒性,含有硫化氢、萘、苯、氨、焦油等杂质,容易腐蚀及堵塞管道。因此,人工燃气需加以净化后才能使用。

供应城市的工业燃气要求低发热量在 $14\ 654\ kJ/m^3$ 以上,一般焦炉煤气的低发热量为 $17\ 916\ kJ/m^3$ 左右,重油裂解气的低发热量为 $16\ 747\sim20\ 815\ kJ/m^3$。

#### 3. 液化石油气

液化石油气是在对石油进行加工处理过程中(如减压蒸馏、催化裂化、铂重整等)所获得的一种可燃气体。它的主要成分是丙烷、丙烯、正(异)丁烷、正(异)丁烯、反(顺)丁烯等。这种可燃气体在标准状态下呈气态,而当温度低于临界值时或压力升高到某一数值时呈液态。它的低发热量通常为 83 736～113 044 kJ/m³。

城镇燃气的类别及特性指标应符合表 7-1 的规定。

表 7-1　城镇燃气的类别及特性指标(15 ℃,101.325 kPa,干)

| 类别 | | 高华白数 $W_S/(MJ/m^3)$ | | 燃烧势 $CP$ | |
|---|---|---|---|---|---|
| | | 标准 | 范围 | 标准 | 范围 |
| 人工煤气 | 3R | 13.71 | 12.62～14.66 | 77.7 | 46.5～85.5 |
| | 4R | 17.78 | 16.38～19.03 | 107.9 | 64.7～118.7 |
| | 5R | 21.57 | 19.81～23.17 | 93.9 | 54.4～95.6 |
| | 6R | 25.69 | 23.85～27.95 | 108.3 | 63.1～111.4 |
| | 7R | 31.00 | 28.57～33.12 | 120.9 | 71.5～129.0 |
| 天然气 | 3T | 13.28 | 12.22～14.35 | 22.0 | 21.0～50.6 |
| | 4T | 17.13 | 15.75～18.54 | 24.9 | 24.0～57.3 |
| | 6T | 23.35 | 21.76～25.01 | 18.5 | 17.3～42.7 |
| | 10T | 41.52 | 39.06～44.84 | 33.0 | 31.0～34.3 |
| | 12T | 50.73 | 45.67～54.78 | 40.3 | 36.3～69.3 |
| 液化石油气 | 19Y | 76.84 | 72.86～75.84 | 48.2 | 48.2～49.4 |
| | 22Y | 87.53 | 81.83～87.53 | 41.6 | 41.6～44.9 |
| | 20Y | 79.64 | 72.86～87.53 | 46.3 | 41.6～49.4 |

注:1.3T、4T 为矿井气,6T 为沼气,其燃烧特性接近天然气。
　　2.22Y 高华白数 $W_S$ 的下限值 81.83 MJ/m³ 和 $CP$ 的上限值 44.9,为体积分数(%)$C_3H_8$=55,$C_4H_{10}$=45 时的计算值。

## 二、小城镇燃气质量要求

小城镇燃气是在压力状态下输送和使用的、具有一定毒性的爆炸气体。由于材质和施工方法存在的问题或使用不当,往往会造成漏气,有时会引起爆炸、失火和人身中毒事故。因此,在小城镇燃气规划中,必须充分考虑燃气质量问题。

(1)城镇燃气(应按基准气分类)的发热量和组分的波动应符合城镇燃气互换的要求。

(2)城镇燃气偏离基准气的波动范围宜按《城镇供热管网设计规范》(CJJ 34—2010)的规定采用,并应适当留有余地。

(3)采用不同种类的燃气除应符合上述标准外,还应分别符合下列第 1)～4)款的规定:

1)天然气的质量指标应符合下列规定。

①天然气发热量、总硫和硫化氢含量、水露点指标应符合现行国家标准《天然气》(GB 17820—2012)的一类气或二类气的规定;

②在天然气交接点的压力和温度条件下;天然气的烃露点应比最低环境温度低 5 ℃;天然气中不应有固态、液态或胶状物质。

2)液化石油气质量指标应符合现行国家标准《液化石油气》(GB 11174—2011)的规定。

3)人工煤气质量指标应符合现行国家标准《人工煤气》(GB/T 13612—2006)的规定。

4)液化石油气与空气的混合气作为主气源时,液化石油气的体积分数应高于其爆炸上限的 2 倍,且混合气的露点温度应低于管道外壁温度 5 ℃。硫化氢含量不应大于 20 $mg/m^3$。

(4)城镇燃气应具有可以察觉的臭味,燃气中加臭剂的最小量符合下列规定。

1)无毒燃气泄漏到空气中,达到爆炸下限的 20％时,应能察觉。

2)有毒燃气泄漏到空气中,达到对人体允许的有害浓度时,应能察觉;对于以一氧化碳为有毒成分的燃气,空气中一氧化碳含量达到 0.02％(体积分数)时,应能察觉。

(5)城镇燃气加臭剂应符合下列要求:

1)加臭剂和燃气混合在一起后应具有特殊的臭味。

2)加臭剂不应对人体、管道或与其接触的材料有害。

3)加臭剂的燃烧产物不应对人体呼吸有害,并不应腐蚀或伤害与此燃烧产物经常接触的材料。

4)加臭剂溶解于水的程度不应大于 2.5％(质量分数)。

5)加臭剂应有在空气中能察觉的加臭剂含量指标。

### 三、小城镇燃气规划的任务

(1)根据能源资源情况,选择和确定城市燃气的气源。

(2)通过调查研究,按照需要和可能,确定城市燃气供应的规模和主要供气对象。

(3)在计算各类燃气用户的气量消耗及总用气量的基础上,选择经济合理的输配系统和调峰方式。

(4)提出分期实现城市燃气规划的步骤。

(5)估算规划期内建设投资。

编写小城镇燃气规划说明书,对规划的指导思想、原则、方案选择等重要问题进行阐述,并绘制出城市燃气规划总图,在图中应标出气源、管网分布、供气区域和主要的储配站、调压室及液化气灌瓶站的位置。

### 四、小城镇燃气供应系统的组成

燃气供应系统由气源、输配和应用等部分组成,如图 7-1 所示。

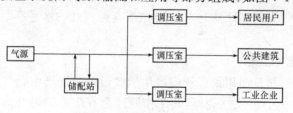

**图 7-1　气源和输配系统布局**

在燃气供应系统中,输配系统是由气源到用户之间的一系列煤气输送和分配设施组成,包括煤气管网、储气库、储配站和调压室。在小城镇燃气规划中,主要是研究有关气源和输配系统的方案选择和合理布局等一系列原则性的问题。

### 五、常用燃气设备

常用的燃气设备有燃气表、燃气灶具、燃气热水器。

## 1. 燃气表

燃气表是计量燃气用量的仪表。常用的燃气表是皮膜式燃气流量表。燃气进入燃气表时,表中两个皮膜袋轮换接纳燃气气流,皮膜的进气带动机械传动机构计数。

居民住宅燃气表一般安装在厨房内。近年来,为了便于管理,不少地区已采用在表内增加 IC 卡辅助装置的气表,使燃气表读卡交费供气,成为智能化仪表。

厨房内燃气表的安装位置应符合如下要求。

(1)燃气表宜安装在非燃烧结构及通风良好的房间内。

(2)严禁安装在浴室、卧室、危险品和易燃品堆放处,以及与上述情况类似的场所。

(3)公共建筑和工业企业生产用气的燃气表,宜设置在单独房间内。

(4)安装隔膜表的环境温度,当使用人工煤气及天然气时应高于0 ℃。

(5)燃气表的安装应满足方便抄表、检修、保养和安全使用的要求。当燃气表装在灶具上方时,燃气表与燃气灶的水平净距不得小于300 mm。

## 2. 燃气灶具

燃气灶具是使用最广泛的民用燃气设备。灶具中燃气燃烧器一般采用的是引射式燃烧器,其工作原理是有压力的燃气流从喷嘴喷出,在燃烧器引射管入口形成负压,引入一次空气,燃气与空气混合,在燃烧器头部已混合的燃气空气流出火孔燃烧,在二次空气加入的情况下完全燃烧放热。

燃气灶具的设置应符合下列要求。

(1)燃气灶具应安装在有自然通风和自然采光的厨房内,不得设在地下室或卧室内。利用卧室的套间或用户单独使用的走廊作厨房时,应设门与卧室隔开。

(2)安装燃气灶具的房间净高不得低于 2.2 m。

(3)燃气灶具与墙面的净距不得低于 10 cm。当墙面有易燃材料时,应加防火隔热板。燃气灶具的灶面边缘的烤箱的侧壁距离木质家具的净距不得小于 20 cm。

(4)放置燃气灶具的灶台应采用难燃材料。

(5)厨房为地上暗厨房(无直通室外的门和窗)时,除应选用带有自动熄火保护装置的燃气灶具外,还应设置燃气浓度报警器和机械通风设施。

### 3. 燃气热水器

燃气热水器是另一类常见的民用燃气设备。热水器的燃气额定工作压力和使用同种燃气灶具相同。燃气热水器分为直流式和容积式两类。如图 7-2 所示为一种直流式燃气自动热水器,其外壳为白色搪瓷铁皮,内部装有安全自动装置、燃烧器、盘管、传热片等。目前国产家用燃气热水器一般为快速直流式。

容积式燃气热水器是一种能贮存一定容积热水的自动加热器,其工作原理是借调温器、电磁阀和热电偶联合工作,使燃气点燃和熄灭。

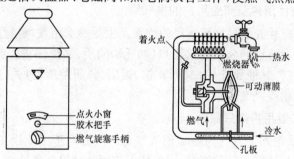

图 7-2　直流式燃气自动热水器

燃气热水器的设置应符合下列要求。

(1)燃气热水器应安装在通风良好的非居住房间、过道或阳台内。

(2)平衡式热水器可安装在有外墙的浴室或卫生间内,其他类型热水器严禁安装。

(3)装有烟道式热水器的房间,房间门或墙的下部应设有效截面面积不小于 0.02 m² 的格栅,或在门与地面之间留有不小于 30 mm 的间隙。

　　(4)房间净高应大于 2.4 m。

　　(5)可燃或难燃烧的墙壁和地板上安装热水器时,应采取有效的防火隔热措施。

　　(6)热水器的给排气筒宜采用金属管道连接。

# 第二节　小城镇燃气用量计算

## 一、小城镇燃气供气原则

　　城镇居民及商业用户是城镇燃气供应的基本用户。在气源不够充足的情况下,一般应考虑优先供应这两类用户用气。解决了这两类用户的用气问题,不但可以提高居民生活水平、减少环境污染、提高能源利用率,还可以减少城市交通运输量,取得良好的社会效益。

### 1. 居民用户及商业用户的供气原则

　　一般应优先满足城镇居民的炊事及生活热水用气,尽量满足与城镇居民配套建设的公共建筑用户(如托幼园所、学校、医院、食堂、旅馆等)的用气。其他商业用户(如宾馆、饭店、科研院所、机关办公楼等)也应优先供应燃气。

### 2. 工业用户供气原则

　　(1)采用人工燃气为城镇燃气气源。气源对于工业用户,当采用人工燃气为城镇燃气气源时,一般按以下两种情况分别处理。

　　1)靠近城镇燃气管网,用气量不是很大,但使用燃气后产品的产量及质量都会有很大提高的工业企业,可考虑由城镇管网供应燃气。合理发展高精度工业和生产工艺必须使用燃气,且节能显著的中小型工业企业等。

　　2)用气量很大的工业用户(如钢铁企业等)可考虑自行产气。

　　(2)采用天然气为城镇燃气气源。当采用天然气为城镇燃气气源且气源充足时,应大力发展工业用户。

　　由于工业用户用气较稳定,且燃烧过程易于实现自动控制,是理想的燃气用户。当配用合适的多燃料燃烧器时,工业用户还可以作为燃气供应系统的调峰用户。因此,在可能的情况下,城镇燃气用户中应尽量包含一定量的工业用户,以提高燃气供应系统的设备利用率,降低燃气输配成本,缓解供、用气矛盾,取得较好的经济效益。

工业与民用燃气的用气量,如果具有适当的比例,将有利于平衡城镇燃气的供需矛盾,减少储气设施的设置。

### 3. 燃气采暖与空调供气原则

我国有几十万台中小型燃煤锅炉分布在各大城镇,担负采暖或供应蒸汽的任务。这些锅炉热效率一般小于 $55\%$,是规模较大的城镇污染源。在制定城镇燃气供应规划时,如果气源为人工燃气,一般不考虑发展采暖与空调用气;当气源为天然气且气源充足时,可发展燃气采暖与空调、制冷用户,但应采取有效的调节季节性不均匀用气的措施。天然气采暖主要有集中采暖和单户独立采暖两种形式。

燃气空调和以燃气为能源的热、电、冷三联供的分布式能源系统已经引起广泛关注。这对缓解夏季用电高峰、减少环境污染、提高天然气管网利用率、保持用气的季节平衡、降低天然气输送成本都有很大帮助,是今后燃气空调发展的方向。

### 4. 燃气汽车及其他用户供气原则

汽车尾气污染是城市大气污染的主要原因之一。为了降低大气污染、缓解石油紧张等原因,我国许多城市已经开始或即将发展燃气汽车用户。燃气汽车的气体燃料可采用压缩天然气、液化天然气和液化石油气等。从天然气的合理利用、环境保护和经济发展等方面来看,应努力发展天然气汽车、天然气发电等用气大户。

## 二、小城镇燃气用气量指标

用气量指标又称为用气定额(或耗气定额),是进行城镇燃气规划、设计、估算燃气用气量的主要依据,其准确性和可靠性决定了用气量计算的准确性和可靠性。因为各类燃气的热值不同,所以常用热量指标来表示用气量指标。

## 1. 居民生活用气量指标

居民生活用气量指标是城镇居民每人每年平均燃气用量。通常,住宅内用气设备齐全,地区的平均气温低,则居民生活用气量指标越高,随着公共生活服务网的发展以及燃具的改进,居民生活用气量又会下降。

我国一些地区和城市的居民生活用气量指标见表7-2。对于新建燃气供应系统的城市,其居民生活用气量指标可以根据当地的燃料消耗、生活习惯、气候条件等具体情况,并参照相似城市的用气量指标确定。

表 7-2　居民生活用气量标准　　[单位:MJ/(人·年)]

| 城镇地区 | 有集中采暖的用户 | 无集中采暖的用户 |
| --- | --- | --- |
| 东北地区 | 2 303～2 721 | 1 884～2 303 |
| 华东、中南地区 | — | 2 093～2 303 |
| 北京 | 2 721～3 140 | 2 512～2 913 |
| 成都 | — | 2 512～2 913 |

## 2. 商业用气量指标

商业用气量指标是指单位成品或单位设施或每人每年消耗的燃气量(折算为热量)。影响商业用气量指标与用气设备的性能、热效率、商业单位的经营状况和地区的气候条件等因素有关。商业用气量的指标,应该根据商业用气量的统计分析确定。表7-3为商业用气量指标参考值。

表 7-3　商业用户的用气量指标参考值

| 类别 | | 单位 | 用气量指标 | 备　注 |
| --- | --- | --- | --- | --- |
| 商业建筑 | 有餐饮 | kJ/(m² · d) | 502 | 商业性购物中心、娱乐城、写字楼、图书馆、医院等,有餐饮指有小型办公餐厅或食堂 |
| | 无餐饮 | | 335 | |
| 宾馆 | 高级宾馆(有餐厅) | MJ/(床位 · a) | 29 302 | 该指标耗热包括卫生用热、洗衣消毒用热、洗浴中心用热等,中级宾馆不考虑洗浴中心用热 |
| | 中级宾馆(有餐厅) | | 16 744 | |

续表

| 类别 | | 单位 | 用气量指标 | 备 注 |
|---|---|---|---|---|
| 旅馆 | 有餐厅 | MJ/（床位·a） | 8 372 | 指仅提供普通设施,条件一般的旅馆及招待所 |
| | 无餐厅 | | 3 350 | |
| 餐饮业 | | MJ/（座·a） | 7 955~9 211 | 主要指中级以下的营业餐馆和小吃店 |
| 燃气直燃机 | | MJ/（m²·a） | 991 | 供生活热水、制冷、采暖综合指标 |
| 燃气锅炉 | | MJ/（t·a） | 25.1 | 按蒸发量、供热量及锅炉燃烧效率计算 |
| 职工食堂 | | MJ/（人·a） | 1 884 | 指机关、企业、医院事业单位的职工内部食堂 |
| 医院 | | MJ/（床·a） | 1 931 | 按医院病床折算 |
| 幼儿园 | 全托 | MJ/（人·a） | 2 300 | 用气天数 275 d |
| | 半托 | MJ/（人·a） | 1 260 | |
| 大中专院校 | | MJ/（人·a） | 2 512 | 用气天数 275 d |

### 3. 工业企业用气量指标

工业企业用气量指标可由产品的耗气定额或其他燃料的实际消耗量进行折算,也可按同行业的用气量指标分析确定。部分工业产品的用气量指标见表 7-4。

表 7-4 部分工业产品的用气量指标

| 序号 | 产品名称 | 加热设备 | 单位 | 用气量指标/MJ |
|---|---|---|---|---|
| 1 | 炼铁(生铁) | 高炉 | t | 2 900~4 600 |
| 2 | 炼钢 | 平炉 | t | 6 300~7 500 |
| 3 | 中型方坯 | 连续加热炉 | t | 2 300~2 900 |
| 4 | 薄板钢坯 | 连续加热炉 | t | 1 900 |
| 5 | 中厚钢板 | 连续加热炉 | t | 3 000~3 200 |
| 6 | 无缝钢管 | 连续加热炉 | t | 4 000~4 200 |

续表

| 序号 | 产品名称 | 加热设备 | 单位 | 用气量指标/MJ |
|---|---|---|---|---|
| 7 | 钢零部件 | 室式退火炉 | t | 3 600 |
| 8 | 熔铝 | 熔铝炉 | t | 3 100～3 600 |
| 9 | 黏土耐火砖 | 熔烧窑 | t | 4 800～5 900 |
| 10 | 石灰 | 熔烧窑 | t | 5 300 |
| 11 | 玻璃制品 | 熔化、退火等 | t | 12 600～16 700 |
| 12 | 动力 | 燃气轮机 | kW·h | 17.0～19.4 |
| 13 | 电力 | 发电 | kW·h | 11.7～16.7 |
| 14 | 白炽灯 | 熔化、退火等 | 万只 | 15 100～20 900 |
| 15 | 日光灯 | 熔化退火 | 万只 | 16 700～25 100 |
| 16 | 洗衣粉 | 干燥器 | t | 12 600～15 100 |
| 17 | 织物烧毛 | 烧毛机 | $10^4$ m | 800～840 |
| 18 | 面包 | 烘烤 | t | 3 300～3 500 |

**4. 采暖和空调用气量指标**

采暖和空调用气量可按《城镇供热网设计规范》(CJJ 34—2010)或当地建筑物耗热量指标确定。

**5. 汽车用气量指标**

汽车用气量与汽车种类、车型和单位时间运营里程有关。应当根据当地燃气汽车种类、车型和使用量的统计数据分析确定。当缺乏用气量的实际统计资料时,可按已有燃气汽车城镇的用气指标分析确定。表 7-5 列出了天然气汽车用气量指标。

表 7-5　天然气汽车用气量指标

| 车辆种类 | 用气量指标/(m³·km) | 日行驶里程/(km·d) |
|---|---|---|
| 公交汽车 | 0.17 | 150～200 |
| 出租车 | 0.10 | 150～300 |
| 环卫车 | 0.12 | 150～200 |

### 三、小城镇燃气年用量的计算

#### 1. 居民生活年用气量

$$Q_{yd} = \frac{N_p K_g q_d}{H_l} \tag{7-1}$$

式中　$Q_{yd}$——居民生活用户年用气量$(m^3/a)$；

　　　$N_p$——城镇居民总人口数(人)；

　　　$K_g$——汽化百分率；

　　　$q_d$——居民生活用户用气量指标$[MJ/(人·a)]$；

　　　$H_l$——燃气低热值$(MJ/m^3)$。

#### 2. 商业用户用气量

$$Q_{ye} = \frac{\sum\limits_{i=1}^{n} N_p M_i q_{ci}}{H_l} \tag{7-2}$$

式中　$Q_{ye}$——商业用户年用气量$(m^3/a)$；

　　　$N_p$——城镇居民总人口数(千人)；

　　　$M_i$——商业设施标准[人(或床位、座等)/千人]；

　　　$q_{ci}$——某一类商业用途的用气量指标$\{MJ/[人(或床位、座等)]\}$；

　　　$H_l$——燃气低热值$(MJ/m^3)$。

#### 3. 工业企业年用气量

在缺乏产品用气量指标资料的情况下,通常是将工业企业其他燃料的年用量,折算成燃气用气量,其折算公式为

$$Q_y = \frac{1\,000 G_y H^t \eta'}{H_l \eta} \tag{7-3}$$

式中　$Q_y$——工业年用气量$(m^3/a)$；

　　　$G_y$——其他燃料年用量$(t/a)$；

　　　$H^t$——其他燃料的低发热值$(MJ/kg)$；

　　　$H_l$——燃气的低热值$(MJ/m^3)$；

　　　$\eta'$——其他燃料燃烧设备的热效率(%)；

　　　$\eta$——燃气燃烧设备的热效率(%)。

各种燃料的热效率参见表 7-6。

表 7-6　各种燃气的热效率

| 燃料种类 | 天然气 | 液化石油气 | 人工煤气 | 液化气空混气 | 煤炭 | 汽油 | 柴油 | 重油 | 电 |
|---|---|---|---|---|---|---|---|---|---|
| 热效率/(%) | 60 | 60 | 60 | 60 | 18 | 30 | 30 | 28 | 80 |

### 4. 燃气采暖年用气量

房屋采暖年用气量与使用燃气采暖的建筑面积、采暖耗热指标和年采暖期长短等因素有关，一般可按下式计算。

$$Q_c = \frac{Fq_H n}{H_l \eta} \tag{7-4}$$

式中　$Q_c$——年采暖用气量($m^3/a$)；

$\quad\quad F$——使用燃气采暖的建筑面积($m^2$)；

$\quad\quad q_H$——建筑物的耗热指标[$MJ/(m^2 \cdot h)$]；

$\quad\quad n$——采暖符合最大利用小时($h/a$)；

$\quad\quad H_l$——燃气的低热值($MJ/m^3$)；

$\quad\quad \eta$——燃气采暖系统的热效率(%)。

其中，采暖符合最大利用小时数 $n$ 可用下式计算。

$$n = n_1 \frac{t_1 - t_2}{t_1 - t_3} \tag{7-5}$$

式中　$n$——采暖符合最大利用小时($h/a$)；

$\quad\quad n_1$——采暖期($h$)；

$\quad\quad t_1$——采暖期室内设计温度(℃)；

$\quad\quad t_2$——采暖期室外空气平均温度(℃)；

$\quad\quad t_3$——采暖期室外计算温度(℃)。

### 5. 末预见量

考虑管网燃气的漏损及发展过程中的未预见供气量，一般为总量的 3%～5%。

### 6. 年用气总量

城镇的年用气总量为以上各类用户的年用气量之和。

#### 四、小城镇燃气的需用工况

城镇各类用户对燃气的使用情况是不均匀的,用户的用气不均匀性分为三种:月不均匀性、日不均匀性、时不均匀性。

#### 1. 月用气工况

对于居民和公建用户,月用气工况基本相同,影响因素主要是气候条件,与温度有关。商业用户用气的月不均匀性与该类用户的性质有关,一般与居民生活月用气的不均匀性情况相似。工业企业的月不均匀性不突出,可以近似认为是均匀的,影响因素主要是生产工艺性质、产品的市场特性以及气候条件等。

一年中各月的用气不均匀情况可用月不均匀系数表示,$K_m$ 是各月的用气量与全年平均月用气量的比值,但这不确切,因为每个月的天数在 28~31 d 的范围内变化。因此,月不均值可按下式确定。

$$K_m = \frac{该月平均日用气量}{全年平均日用气量} \tag{7-6}$$

12 个月中平均日用气量最大的月,也即月不均匀系数值最大的月,称为计算月。并将月最大不均匀系数 $K_{mmax}$ 称为月高峰系数,一般取 1.1~1.3。

#### 2. 日用气工况

居民生活的炊事和热水日用气量具有很大的随机性,用气工况主要取决于居民生活习惯,平日和节假日用气规律各不相同。即使居民的日常生活有严格的规律,日用气量仍然会随室外温度等因素发生变化。工业企业的工作和休息制度,也比较有规律。而室外气温在一周中的变化却没有一定的规律性,气温低的季节里,用气量大。采暖用气的日用气量在采暖期内随室外温度变化有一些波动,但相对来讲是比较稳定的。

日不均匀系数表示一个月(或一周)中日用气量的变化情况,日不均匀系数可按下式计算。

$$K_d = \frac{该月中某日用气量}{该月平均日用气量} \tag{7-7}$$

### 3. 时用气工况

城镇中各类用户在一昼夜中各小时的用气量有很大变化,特别是居民和商业用户。居民用户的小时不均匀性与居民的生活习惯、供气规模和所用燃具等因素有关。一般会有早、中、晚三个高峰。商业用户的用气与其用气目的、用气方式、用气规模等有关。工业、企业用气主要取决于工作班制、工作时数等。一般三班制工作的工业用户,用气工况基本是均匀的。其他班制的工业用户在其工作时间内,用气也是相对稳定的。在采暖期,大型采暖设备的日用气工况相对稳定,单户独立采暖的小型采暖炉多为间歇式工作。

城镇燃气管网系统的管径及设备,均按计算月小时最大流量计算。通常用小时不均匀系数表示一日中小时用气量的变化情况,小时用气工况变化对燃气管网的运行以及计算平衡时不均匀性所需储气容积都很重要。小时不均匀系数可按下式计算。

$$K_h = \frac{该日某小时用气量}{该日平均小时用气量} \tag{7-8}$$

计算日的小时不均匀系数的最大值 $K_{hmax}$ 称为计算日的小时高峰系数。

# 第三节　小城镇燃气热源规划

## 一、小城镇燃气气源设施

### 1. 天然气气源设施

(1)天然气的分类。

1)根据矿藏特点分类。天然气可分为伴生气和非伴生气。伴生气是伴随原油共生,与原油同时被开采;非伴生气包括纯天然气和凝析气田天然气,两者在地层中为均一的气相。

2)根据天然气组成分类。天然气可分为干气、湿气、贫气和富气,也可分为酸性天然气等。

①干气。每 1 m³(压力为 0.1 MPa,温度为 20 ℃的状态)井口流

出物中,$C_3$ 以上重短液体含量低于 13.5 $cm^3$ 的天然气。

②湿气。每 1 $m^3$ 井口气流出物中,$C_3$ 以上重短液含量超过 13.5 $cm^3$ 的天然气,一般湿气需进行分离出液态烃产品和水分后才能进一步加工利用。

③富气。每 1 $m^3$ 井口流出物中,$C_3$ 以上短类液体含量过 94 $cm^3$ 的天然气。

④贫气。每 1 $m^3$ 井口流出物中,$C_3$ 以上短类液体含量低于 94 $cm^3$ 的天然气。

⑤酸性天然气。含有显著的 $H_2S$ 和 $CO_2$ 等酸性气体,需进行净化处理后才能达到管道输送标准的天然气。

(2)天然气的集输。天然气的集输系统是把气田上各个气井开采出来的天然气汇集起来,并经过加工处理送入输气干线。天然气集输系统主要由井场装置、集气站、矿场压气站、天然气处理厂和干线首站、干线加压站、门站等部分组成。

**2. 液化石油气气源设施**

液化石油气气源包括液化石油气储存站、罐瓶站、储配站、汽化站和混气站等。其中液化石油气储存站、灌瓶站和储配站又可统称为液化石油气供应基地。

(1)液化石油气储存站。液化石油气储存站是液化石油气储存基地,其主要功能是储存液化石油气,并将其输给灌瓶站、汽化站和混气站。

(2)液化石油气灌瓶站。液化石油气灌瓶站是液化石油气灌瓶基地,主要功能是进行液化石油气灌瓶作业,并将其送至瓶装供应站或用户,同时也灌装汽车槽车,并将其送至汽化站和混气站。

(3)液化石油气储配站。液化石油气储配站是兼具储存站和灌瓶站功能的设施。

(4)液化石油气汽化站。液化石油气汽化站是指采用自然或强制汽化方法,使液化石油气转变为气态供出的基地。

(5)液化石油气混气站。液化石油气混气站是指生产液化石油气混合气的基地。

除上述设施外,液化石油气瓶装供应站乃至单个气瓶或瓶组,也能形成相对独立的供应系统,但一般不视为城市气源。

**3. 人工煤气气源设施**

人工煤气是从固体(主要是煤炭等)或液体燃料(重油等)加工中获取的可燃气体。其种类很多,有以固体燃料为原料的煤制煤气,如干馏煤气和汽化煤气;也有以液体燃料为原料的油制煤气,如重油热裂解气、重油催化裂解气等。

### 二、小城镇燃气气源选择原则

(1)遵照国家的能源政策和本地燃料的资源状况,按照技术上可靠、经济上合理的原则,慎重地选择小城镇燃气的气源。

(2)合理利用本地现有气源,做到物尽其用,如充分利用附近钢铁厂、炼油厂、化工厂等的可燃气体副产品。目前,发展液化石油气一般比发展油制气或煤制气经济。

(3)小城镇自建气源要有足够的制气原料供应和化工产品的销路。

(4)在确定基本气源时,应考虑机动气源和供高峰时调节用的调峰气源。

### 三、小城镇燃气厂址选择

燃气厂和储配站地址的选择要从小城镇的总体规划和起源与合理布局出发,并且要有利于生产、方便运输。选址的一般要求如下。

(1)厂址必须和城镇总体规划相协调。

(2)厂址应尽量占用贫瘠地、荒地和低产田,不占或少占良田、菜园和果园。

(3)厂址要有良好的工程地质条件和较低的地下水位,土壤的承载力一般不宜低于 $10 \text{ t/m}^2$,地下水位宜在建筑物基础底面以下。

(4)厂址应有方便、经济的运输条件,具备水运条件时,应靠江河附近、铁路、公路应有便捷的接线条件。

(5)厂址应具备较好的供电、供水和煤气管道出线条件,电源要保证双回路供电。

（6）厂址宜靠近在运输、公用设施、动力、三废处理等方面有协作可能的地区。

（7）在满足环保要求和防火要求的情况下，厂址应靠近煤气的负荷中心。

（8）厂址不应设在易受洪水和内涝威胁的地带，气源厂的防洪标准应视其规模等条件综合分析确定。平原地区的气源厂，当场地标高难以满足防洪要求时，要进行充分的技术经济论证，采取垫高场地或修筑防洪堤坝等措施。

（9）气源厂应根据城市发展规划预留出未来发展用地。

（10）在下述地段不宜选择厂址。

1）有滑坡、溶洞、泥石流等直接危害地段，较厚的Ⅲ级自重湿陷性黄土，新近堆积黄土，I级膨胀土等工程地质恶劣地段。

2）地震断层和基本烈度高于 9 度的地震区。

3）纵横坡度均较大，且宽度小于 100 m 的低洼沟谷内。

4）不能确保安全的水库下游及山洪、内涝严重的地段。

5）具有爆炸危险的范围内。

6）具有开采价值的矿区及其影响范围内。

7）国家规定的历史文物，生物自然保护区和风景名胜区。

8）对机场电台的使用有影响的地区。

# 第四节　小城镇燃气输配系统规划

## 一、小城镇燃气管道压力的分级

小城镇燃气管道的压力分级见表 7-7。

表 7-7　小城镇燃气管道的压力分级

| 燃气管道分级 | 压力/MPa | 燃气管道分级 | 压力/MPa |
|---|---|---|---|
| 低压 | ≤0.005 | 次高压 | 0.15～0.3 |
| 中压 | 0.005～0.15 | 高压 | 0.3～0.8 |

在进行小城镇燃气规划时,输气压力一般选择低压和中压,但要同时考虑将来发展的需要。

## 二、小城镇燃气管网系统的分级和选择

小城镇燃气输配管网系统压力戒备一般分为单级系统、两级系统、三级系统和多级系统。

(1)单级系统。只采用一个压力等级(低压)来输送、分配和供应燃气的管网系统。其输配能力有限,因此,仅适用于规模较小的小城镇,如图 7-3 所示。

(2)两级系统。采用两个压力等级来输送、分配和供应燃气的管网系统(图 7-4),包括有高低压和中低压系统两种。中低压系统由于管网承压低,有可能采用铸铁管,以节省钢材,但不能大幅度升高压力来提高管网通过能力,因此对发展的适应性较小。高低压系统因高压部分采用钢管,所以供应规模扩大时可提高管网运行压力,灵活性较大;其缺点是耗用钢材较多,并要求有较大的安全距离。

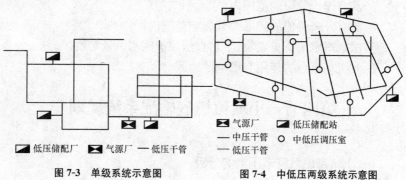

| 气源厂 | 低压储配站 |
| 中压干管 | 中低压调压室 |
| 低压干管 | |

低压储配厂　　气源厂　──低压干管

图 7-3　单级系统示意图　　　　图 7-4　中低压两级系统示意图

(3)三级系统。三级系统是由高、中、低三种燃气管道所组成的系统,仅适用于大城市。

(4)多级系统。在三级系统的基础上,再增设超高压管道环,从而形成四级、五级等多级系统。

小城镇燃气输配管网系统可采用中、低压的两级系统。

### 三、小城镇燃气管网的布置

#### 1. 燃气管网布置

在小城镇街区里布置燃气管网时,必须服从镇区管线综合规划的安排。同时,还要考虑下列因素。

(1)高、中压燃气干管的位置应尽量靠近大型用户,主要干线应逐步连成环状。低压燃气管最好在居住区内部道路下敷设。这样,既可以保证管道两侧均能供气,又可以减少主要干管的管线位置占地。

(2)沿街道敷设管道时,可单侧布置,也可双侧布置。低压干管宜在小区内部道路下敷设。

(3)不准敷设在建筑物的下面,不准与其他管线平行上下重叠,并禁止在下列地方敷设燃气管道:各种机械设备和成品、半成品堆放场地;易燃、易爆材料和具有腐蚀性液体的堆放场所;高压电线走廊、动力和照明电缆沟道。

(4)管道走向需穿越河流或大型渠道时,根据安全、经济、镇容镇貌等条件统一考虑。可随桥(木桥除外)架设,也可以采用倒虹吸管由河底(或渠底)通过,或设置管桥。具体采用何种方式应与小城镇规划、消防等部门协商。

(5)燃气管道穿越铁路、高速公路、电车轨道和城镇主要干道时应符合下列要求。

1)穿越铁路和高速公路的燃气管道,共外应加套管。

2)穿越铁路的燃气管道的套管,应符合下列要求。

①套管埋设的深度:铁路轨底至套管顶不应小于 1.20 m,并应符合铁路管理部门的要求;

②套管宜采用钢管或钢筋混凝土管;

③套管内径比燃气管道外径大 100 mm 以上;

④套管两端与燃气管的间隙应采用柔性的防腐、防水材料密封,其一端应装设检漏管;

⑤套管端部距路堤坡脚外距离不应小于 2.0 m。

3)燃气管道穿越电车轨道和城镇主要干道时宜敷设在套管或地

沟内;穿越高速公路的燃气管道的套管、穿越电轨道和城镇主要干道的燃气管道的套管或地沟。并应符合下列要求。

①套管内径应比燃气管道外径大 100 mm 以上,套管或地沟两端应密封,在重要地段的套管或地沟端部宜安装检漏管;

②套管端部距电车道边轨不应小于 2.0 m;距道路边缘不应小于1.0 m。

4)燃气管道宜垂直穿越铁路、高速公路、电车轨道和城镇主要干道。

(6)燃气管道通过河流时,可采用穿越河底或采用管桥跨越的形式。当条件许可也可利用道路桥梁跨越河流,并应符合下列要求。

1)路桥梁跨越河流的燃气管道,其管道的输送压力不应大于0.4 MPa。

2)当燃气管道随桥梁敷设或采用管桥跨越河流时,必须采取安全防护措施。

3)燃气管道随桥梁敷设,宜采取如下安全防护措施。

①敷设于桥梁上的燃气管道应采用加厚的无缝钢管或焊接钢管,尽量减少焊缝,对焊缝进行 100% 无损探伤;

②跨越通航河流的燃气管道底标高,应符合通航净空的要求,管架外侧应设置护桩;

③在确定管道位置时,应与随桥敷设的其他可燃的管道保持一定间距;

④管道应设置必要的补偿和减震措施;

⑤过河架空的燃气管道向下弯曲时,向下弯曲部分与水平管夹角宜采用 45° 形式;

⑥对管道应做较高等级的防腐保护;

⑦对于采用阴极保护的埋地钢管与随桥管道之间应设置绝缘装置。

(7)燃气管道穿越河底时,应符合下列要求:

1)燃气管道宜采用钢管。

2)燃气管道至规划河底的覆土厚度,应根据水流冲刷条件确定,对不通航河流不应小于 0.5 m;对通航的河流不应小于 1.0 m,还应考虑疏浚和投锚深度。

3)稳管措施应根据计算确定。

4)在埋设燃气管道位置的河流两岸上、下游应设立标志。

5)燃气管道对接安装引起的误差不得大于 30,否则应设置弯管,次高压燃气管道的弯管应考虑盲板力。

### 2. 管道的安全距离

(1)地下燃气管道与建、构筑物或相邻管道之间的最小水平净距,见表 7-8。

表 7-8　地下燃气管道与建(构)筑物基础、相邻管道之间的最小水平净距

(单位:m)

| 项　　目 | | 地下燃气管道 | | | | |
| --- | --- | --- | --- | --- | --- | --- |
| | | 低压 | 中压 | | 高压 | |
| | | | B | A | B | A |
| 建筑物的 | 基础 | 0.7 | 1.0 | 1.5 | — | — |
| | 外墙面(出地面处) | — | — | — | 4.5 | 6.5 |
| 给水管 | | 0.5 | 0.5 | 0.5 | 1.0 | 1.5 |
| 污水、雨水排水管 | | 1.0 | 1.2 | 1.2 | 1.5 | 2.0 |
| 电力电缆 (含电车电缆) | 直埋 | 0.5 | 0.5 | 0.5 | 1.0 | 1.5 |
| | 在导管内 | 1.0 | 1.0 | 1.0 | 1.0 | 1.5 |
| 通信电缆 | 直埋 | 0.5 | 0.5 | 0.5 | 1.0 | 1.5 |
| | 在导管内 | 1.0 | 1.0 | 1.0 | 1.0 | 1.5 |
| 其他燃 气管道 | $DN \leqslant 300$ mm | 0.4 | 0.4 | 0.4 | 0.4 | 0.4 |
| | $DN > 300$ mm | 0.5 | 0.5 | 0.5 | 0.5 | 0.5 |
| 热力管 | 直埋 | 1.0 | 1.0 | 1.0 | 1.5 | 2.0 |
| | 在管沟内(至外壁) | 1.0 | 1.5 | 1.5 | 2.0 | 4.0 |
| 电杆(塔) 基础 | $\leqslant 35$ kV | 1.0 | 1.0 | 1.0 | 1.0 | 1.0 |
| | $> 35$ kV | 2.0 | 2.0 | 2.0 | 5.0 | 5.0 |
| 通信照明电杆(至电杆中心) | | 1.0 | 1.0 | 1.0 | 1.0 | 1.0 |
| 铁路路堤坡脚 | | 5.0 | 5.0 | 5.0 | 5.0 | 5.0 |
| 有轨电车钢轨 | | 2.0 | 2.0 | 2.0 | 2.0 | 2.0 |
| 街树(至树中心) | | 0.75 | 0.75 | 0.75 | 1.20 | 1.20 |

(2)地下燃气管道与建、构筑物基础相邻管道之间的垂直净距,见表 7-9。

表 7-9　地下燃气管道与建、构筑物基础相邻管道之间的垂直净距　（单位：m）

| 项　目 | | 地下燃气管道（当有套管时，以套管计） |
|---|---|---|
| 给水管、排水管或其他燃气管道 | | 0.15 |
| 热力管的管沟底（或顶） | | 0.15 |
| 电缆 | 直埋 | 0.50 |
| | 在导管内 | 0.15 |
| 铁路轨底 | | 1.20 |
| 有轨电车轨底 | | 1.00 |

注：1. 如受地形限制无法满足表 7-8 和表 7-9 时，经与有关部门协商，采取行之有效的防护措施后，表 7-8 和表 7-9 规定的净距，均可适当缩小，但次高压燃气管道距建筑物外墙面不应小于 3.0 m，中压管道距建筑物基础不应小于 0.5 m 且距建筑物外墙面不应小于 1m，低压管道应不影响建（构）筑物和相邻管道基础的稳固性。且次高压 A 燃气管道距建筑物外墙面 6.5 m 时，管道壁厚不应小于 9.5 mm；管壁厚度不小于 11.9 mm 或小于 9.5 mm 时，距外墙面分别不应小于表 7-10 中地下燃气管道压力为 1.61 MPa 的有关规定。

2. 表 7-8 和表 7-9 规定除地下室燃气管道与热力管的净距不适于聚乙烯燃气管道和钢骨架聚乙烯塑料复合管外，其他规定也均适用于聚乙烯燃气管道和钢骨架聚乙烯塑料复合管道。聚乙烯燃气管道与热力管道的净距应按现行行业标准《聚乙烯燃气管道工程技术规程》(CJJ 63—2008)执行。

表 7-10　三级地区地下燃气管道与建筑物之间的水平净距　（单位：m）

| 燃气管道公称直径和壁厚 $\delta$/mm | 地下燃气管道压力/MPa | | |
|---|---|---|---|
| | 1.61 | 2.50 | 4.00 |
| A. 所有管径 $\delta$＜9.5 | 13.5 | 15.0 | 17.0 |
| B. 所有管径 9.5≤$\delta$＜11.9 | 6.5 | 7.5 | 9.0 |
| C. 所有管径 $\delta$≥11.9 | 3.0 | 3.0 | 3.0 |

注：1. 如果对燃气管道采取行之有效的保护措施，$\delta$＜9.5 mm 的燃气管道也可采用表中 B 行的水平净距。

2. 水平净距是指管道外壁到建筑物出地面处外墙面的距离。建筑物是指供人使用的建筑物。

3. 当燃气管道压力表中数不相同时，可采用直线方程内插法确定水平距离。

　　（3）架空燃气管道与铁路、道路、其他管线交叉时的垂直净距不应小于表 7-11 的规定。

表 7-11 架空燃气管道与铁路、道路、其他管线交叉时的垂直净距 （单位：m）

| 建筑物和管线名称 | | 最小垂直净距 | |
| --- | --- | --- | --- |
| | | 燃气管道下 | 燃气管道上 |
| 铁轨轨面 | | 6.0 | — |
| 城市道路路面 | | 5.5 | — |
| 厂区道路路面 | | 5.0 | — |
| 人行道路路面 | | 2.2 | — |
| 架空电力线、电压 | 3 kV 以下 | — | 1.5 |
| | 3～10 kV | — | 3.0 |
| | 35～66 kV | — | 4.0 |
| 其他管道、管径 | ≤300 mm | 同管道管径，但不小于 0.10 | |
| | >300 mm | 0.30 | 0.30 |

注：1. 厂区内部的燃气管道，在保证安全的情况下，管底至道路路面的垂直净距可取 4.5 m；管底至铁路轨顶的垂直净距可取 5.5 m。在车辆和人行道以外的地区，可在从地面到管底高度不小于 0.35 m 的低支柱上敷设燃气管道。

2. 电气机车铁路除外。

3. 架空电力线与燃气管道的交叉垂直净距应考虑导线的最大垂度。

（4）室内燃气管道与电气设备、相邻管道之间的净距不应小于表 7-12 的规定。

表 7-12 室内燃气管道与电气设备、相邻管道之间的净距

| 管道和设备 | | 与燃气管道的净距/cm | |
| --- | --- | --- | --- |
| | | 平行敷设 | 交叉敷设 |
| 电气设备 | 明装的绝缘电线或电缆 | 25 | 10(注) |
| | 暗装或管内绝缘电线 | 5(从所做的槽或管子的边缘算起) | 1 |
| | 电压小于 1 000 V 的裸露电线 | 100 | 100 |
| | 配电盘或配电箱、电表 | 30 | 不允许 |
| | 电插座、电源开关 | 15 | 不允许 |
| 相邻管道 | | — | 保证燃气管道和相邻管道的安装、安全维护和维修 2 |

注：当明装电线与燃气管道交叉净距小于 10 cm 时，电线应加绝缘套管，绝缘套管的两端应各伸出燃气管道 10 cm。

### 四、小城镇燃气输配设施规划

小城镇燃气输配设施有门站、储备站、调压站和调压装置。

#### 1. 门站和储备站

门站和储备站用于城镇燃气输配系统中,接受气源来气并进行净化、加臭、贮存、控制供气压力、气量分配、计量和气质检测。

(1)门站和储配站站址选择应符合下列要求:

1)站址应符合城市规划的要求。

2)站址应具有适宜的地形、工程地质、供电、给排水和通信等条件。

3)门站和储配站应少占农田、节约用地并应注意与城市景观等协调。

4)门站站址应结合长输管线位置确定。

5)根据输配系统具体情况,储配站与站站可合建。

6)储配站内的储气罐与站外的建、构筑物的防火间距应符合现行的国家标准《建筑设计防火规范》(GB 50016—2006)的有关规定。

(2)储配站内的储气罐与站内的建、构筑物的防火间距应符合表7-13的规定。

表 7-13　储气罐与站内的建、构筑物的防火间距　　　　(单位:m)

| 储气罐总容积 /m²　　项目 | >1 000 | >1 000 至 ≤10 000 | >10 000 至 ≤50 000 | >50 000 至 ≤200 000 | >200 000 |
|---|---|---|---|---|---|
| 明火或散发火花地点 | 20 | 25 | 30 | 35 | 40 |
| 调压间、压缩机间、计量间 | 10 | 12 | 15 | 20 | 25 |
| 控制室、配电间、汽车库等辅助建筑 | 12 | 15 | 20 | 25 | 30 |
| 机修间、燃气锅炉房 | 15 | 20 | 25 | 30 | 35 |
| 综合办公生活建筑 | 18 | 20 | 25 | 30 | 35 |
| 消防泵房、消防备水池取水口 | 20 | | | | |

续表

| 储气罐总容积/m² 项目 | >1 000 | >1 000 至 ≤10 000 | >10 000 至 ≤50 000 | >50 000 至 ≤200 000 | >200 000 |
|---|---|---|---|---|---|
| 站内道路(路边) | 10 | 10 | 10 | 10 | 10 |
| 围墙 | 15 | 15 | 15 | 15 | 18 |

注:1. 低压湿式储气罐与站内的建、构筑物的防火间距,应按本表确定;

　　2. 低压干式储气罐与站内的建、构筑物的防火间距,当可燃气体的密度比空气大时,应按本表增加 25%;比空气小或等于时,可按本表确定;

　　3. 固定容积储气罐与站内的建、构筑物的防火间距应按本表的规定执行。总容积按其几何容积和设计压力(绝对压力,100 kPa)的乘积计算;

　　4. 低压湿式或干式储气罐的水封室、油泵房和电梯间等附属设施与该储气罐的间距工艺要求确定;

　　5. 露天燃气工艺装置与储气罐的间距按工艺要求确定。

(3)储气罐在罐区之间的防火间距,应符合以下要求。

1)湿式储气罐之间、干式储气罐之间、湿式储气罐与干式储气罐之间的防火间距,不应小于相邻大罐的半径。

2)固定容积储气罐之间的防火间距,不应小于相邻气罐直径的2/3。

3)固定容积储气罐与低压湿或干式储气罐之间的防火间距,不应小于相邻较大罐的半径。

4)数个固定容积储气罐的总容积大于 200 000 m³ 时,应分组布置。组与组之间的防火间距:卧式储罐,不应小于相邻较大罐长度的一半;球形储罐,不应小于相邻大罐的直径,且不应小于 20.0 m。

5)储气罐与液化石油气罐之间防火间距应符合现行国家标准《建筑设计防火规范》(GB 50016—2006)的有关规定。

(4)门站和储配站总平面布置应符合以下要求。

1)总平面应分区布置,即分为生产区(包括储罐区、调压计量区、加压区等)和辅助区。

2)站内的各建构筑物之间以及站外建筑物的耐火等级不应低于现行国家标准《建筑设计防火规范》(GB 50016—2006)的有关规定。

站内建筑物的耐火等级不应低于现行国家标准《建筑设计防火规范》（GB 50016—2006）"二级"的规定。

3）储配站生产区应设置环形消防车通道，消防车通道宽度不应小于 3.5 m。

（5）燃气加压设备的选型应符合下列要求。

1）储配站燃气加压设备应结合输配系统总体设计采用的工艺流程、设计负荷、排气压力及调度要求确定。

2）加压设备应根据吸排气压力、排气量选择机型。所选用的设备应便于操作维护、安全可靠，并符合节能、高效、低震和低声音的要求。

3）加压设备的排气能力应按厂方提供的实测值为依据。站内加压设备的形式应一致，加压设备的规格应满足运行调度要求，并不宜多于两种。

储配站内装机总台数不宜过多，每 1～5 台压缩机宜另设 1 台备用。

**2. 调压站和调压装置**

（1）调压装置的设置，应符合下列要求。

1）自然条件和周围环境许可时，宜设置在露天，但应设置围墙、护栏或车挡。

2）设置在地上单独的调压箱（悬挂式）内时；对居民和商业用户燃气进口压力不应大于 0.4 MPa；对工业用户（包括锅炉）燃气进口压力不应大于 0.8 MPa。

3）设置在地上单独的调压柜（落地式）内时；对居民、商业用户和工业用户（包括锅炉）燃气进口压力不宜大于 1.6 MPa。

4）当受到地上条件限制，且调压装置进口压力不大于 0.4 MPa时，可设置在地下单独的建筑物内或地下单独的箱内。

5）液化石油气和相对密度大于 0.75 的燃气调压装置不得设于地下室、半地下室内和地下单独的箱内。

（2）调压站（含调压柜）与其他建、构筑物的水平净距应符合表 7-14 的规定。

**表 7-14 调压站（含调压柜）与其他建、构筑物的水平净距** （单位：m）

| 设置形式 | 调压装置入口燃气压力级制 | 建筑物外墙面 | 重要公共建筑物 | 铁路（中心线） | 城镇道路 | 公共电力变配电柜 |
|---|---|---|---|---|---|---|
| 地上单独建筑 | 高压（A） | 18.0 | 30.0 | 25.0 | 5.0 | 6.0 |
| | 高压（B） | 13.0 | 25.0 | 20.0 | 4.0 | 6.0 |
| | 次高压（A） | 9.0 | 18.0 | 15.0 | 3.0 | 4.0 |
| | 次高压（B） | 6.0 | 12.0 | 10.0 | 3.0 | 4.0 |
| | 中压（A） | 6.0 | 12.0 | 10.0 | 2.0 | 4.0 |
| | 中压（B） | 6.0 | 12.0 | 10.0 | 2.0 | 4.0 |
| 调压柜 | 次高压（A） | 7.0 | 14.0 | 12.0 | 2.0 | 4.0 |
| | 次高压（B） | 4.0 | 8.0 | 8.0 | 2.0 | 4.0 |
| | 中压（A） | 4.0 | 8.0 | 8.0 | 1.0 | 4.0 |
| | 中压（B） | 4.0 | 8.0 | 8.0 | 1.0 | 4.0 |
| 地下单独建筑 | 中压（A） | 3.0 | 6.0 | 6.0 | — | 3.0 |
| | 中压（B） | 3.0 | 6.0 | 6.0 | — | 3.0 |
| 地下调压箱 | 中压（A） | 3.0 | 6.0 | 6.0 | — | 3.0 |
| | 中压（B） | 3.0 | 6.0 | 6.0 | — | 3.0 |

注：1. 当调压装置露天设置时，则指距离装置的边缘；

　　2. 当建筑物（含重要公共建筑物）的某外墙为无门、窗洞口的实体墙，且建筑物耐火等级不低于二级时，燃气进口压力级制为中压（A）或中压（B）的调压柜一侧或两侧（非平行），可贴靠上述外墙设置；

　　3. 当达不到上表净距要求时，采取有效措施，可适当缩小净距。

（3）调压箱（或调压柜）的设置应符合下列要求。

1）调压箱（悬挂式）。

①调压箱的箱底距地坪的高度宜为 1.0～1.2 m，可安装在用气建筑物的外墙壁上或悬挂于专用的支架上；当安装在用气建筑物的外墙上时，调压器进出口管径不宜大于 DN50。

②调压箱到建筑物的门、窗或其他通向室内的孔槽的水平净距应符合下列规定。

当调压器进口燃气压力不大于 0.4 MPa 时，不应小于 1.5 m；

当调压器进口燃气压力大于 0.4 MPa 时,不应小于 3.0 m;

调压箱不应安装在建筑物的门、窗的上、下方,墙上及阳台的下方;还不应安装在室内通风机进风口墙上。

③安装调压箱的墙体应为永久性的实体墙,其建筑物耐火等级不应低于二级。

④调压箱上应有自然通风孔。

2)调压柜(落地式)。

①调压柜应单独设置在牢固的基础上,柜底距地坪高度宜为 0.30 m。

②调压柜距其他建、构筑物的水平净距应符合表 7-14 的规定。

③体积大于 1.5 m³ 的调压柜应有爆炸泄压口,爆炸泄压口不应小于上盖或最大柜壁面积的 50%(以较大者为准)。爆炸泄压口宜设在上盖上。通风口面积可包括在计算爆炸泄压口面积内。

④调压柜上应有自然通风口,其设置应符合下列要求。

当燃气相对密度大于 0.75 时,应在柜体上、下各设 1% 柜底面积通风口;调压柜四周应设护栏;

当燃气相对密度不大于 0.75 时,可仅在柜体上部设 4% 柜底面积通风口;调压柜四周宜设护栏。

## 五、小城镇燃气管道的水力计算

燃气管道水力计算时,根据计算流量和规定的压力损失来计算管径,并对已有管道进行流量和压力的验算,以充分发挥管道的输送能力,及决定是否需要对原有管道进行改造。

### 1. 管道水力计算基本公式

设计燃气管道时燃气流动的不稳定性不予考虑,计算管径时以一段时间内(如 1 h)按不变的流量考虑。对于圆断面绝热温度流动的燃气管道,其水力计算基本方程式如下。

$$\frac{P_1^2 - P_2^2}{L} = 1.621\ 1\lambda \cdot \frac{Q_0^2}{d^5} \cdot \rho_0 \cdot P_0 \cdot \frac{T}{T_0} \cdot Z \qquad (7\text{-}9)$$

式中　$P_1$——管道起点绝对压力(Pa);

$P_2$——管道终点绝对压力(Pa);

$P_0$——标准状态绝对压力(Pa);

$L$——管道长度(m);

$\lambda$——摩擦阻力系数;

$Q_0$——标准状态燃气流量(m³/s);

$d$——管道内径(m);

$\rho_0$——标准状态燃气密度(kg/m³);

$T$——燃气绝对温度(K);

$T_0$——273.15(K);

$Z$——燃气压缩系数。

(1)低压燃气管道单位长度的摩擦阻力损失计算公式。

$$\frac{\Delta P}{l} = 6.26 \times 10^7 \lambda \frac{Q^2}{d^5} \rho \frac{T}{T_0} \tag{7-10}$$

式中　$\Delta P$——燃气管道摩擦阻力损失(Pa);

$\lambda$——燃气管道摩擦阻力系数;

$l$——燃气管道的计算长度(m);

$Q$——燃气管道的计算流量(m³/h);

$d$——管道内径(mm);

$\rho$——燃气的密度(kg/m³);

$T$——设计中所采用的燃气温度(K);

$T_0$——273.15(K)。

(2)中压、次高压和中压燃气管道单位长度的摩擦阻力损失计算公式。

$$\frac{P_1^2 - P_2^2}{L} = 1.27 \times 10^{10} \lambda \frac{Q^2}{d^5} \rho \frac{T}{T_0} Z \tag{7-11}$$

式中　$P_1$——燃气管道起点的绝对压力(kPa);

$P_2$——燃气管道终点的绝对压力(kPa);

$Z$——压缩因子,当燃气压力小于1.2MPa(表压)时,$Z$取1;

$L$——燃气管道的计算长度(km);

$\lambda$——燃气管道摩擦阻力系数。

### 2. 摩擦阻力系数 $\lambda$

摩擦阻力系数 $\lambda$ 值与燃气在管道中的流动情况、燃气管道的材料、管子制造和连接方式有关,同时与安装质量有关。由于实验条件不同,分析整理的方法有差别,再考虑管道的材料内壁锈蚀程度对流动情况的影响,因此在不同的阻力区内,计算摩擦阻力系数 $\lambda$ 值的公式很多,即使在同一阻力区内,计算 $\lambda$ 值也有各种不同的公式。现介绍几种不同的阻力区内摩擦阻力系数 $\lambda$ 值的计算公式。

(1)低压燃气管道。根据燃气在管道中不同的运动状态,其单位长度的摩擦阻力损失采用下列各式计算。

1)层流状态: $Re \leqslant 2100$ 　　 $\lambda = 64/Re$

$$\frac{\Delta P}{l} = 1.13 \times 10^{10} \frac{Q}{d^4} \nu \rho \frac{T}{T_0} \tag{7-12}$$

2)临界状态: $Re = 2100 \sim 3500$

$$\lambda = 0.03 + \frac{Re - 2\,100}{65Re - 10^5}$$

$$\frac{\Delta P}{l} = 1.9 \times 10^6 (1 + \frac{11.8Q - 7 \times 10^4 d\nu}{23Q - 10^5 d\nu}) \frac{Q^2}{d^5} \rho \frac{T}{T_0} \tag{7-13}$$

3)湍流状态。

$$\lambda = 0.11 \left(\frac{K}{d} + \frac{68}{Re}\right)^{0.25}$$

①钢管。

$$\frac{\Delta P}{l} = 6.9 \times 10^6 \left(\frac{K}{d} + 19.2 \frac{d\nu}{Q}\right)^{0.25} \frac{Q^2}{d^5} \rho \frac{T}{T_0} \tag{7-14}$$

$$\lambda = 0.102\,236 \left(\frac{1}{d} + 5\,158 \frac{d\nu}{Q}\right)^{0.284}$$

②铸铁管。

$$\frac{\Delta P}{l} = 6.4 \times 10^6 \left(\frac{1}{d} + 5\,158 \frac{d\nu}{Q}\right)^{0.28} \frac{Q^2}{d^5} \rho \frac{T}{T_0} \tag{7-15}$$

式中　$R_e$——雷诺数;

　　$\Delta P$——燃气管道摩擦阻力损失(Pa);

　　$\lambda$——燃气管道的摩擦阻力系数；

　　$l$——燃气管道的计算长度(m)；

　　$Q$——燃气管道的计算流量($m^3/h$)；

　　$d$——管道内径(mm)；

　　$\rho$——燃气的密度($kg/m^3$)；

　　$T$——设计中所采用的燃气温度(K)；

　　$T_0$——273.15(K)；

　　$\nu$——0 ℃和101.325 kPa 时燃气的运动黏度($m^3/s$)；

　　$K$——管壁内表面的当量绝对粗糙度,对钢管:输送天然气和气态液化石油气时取 0.1 mm;输送人工煤气时取 0.15 mm。

　　(2)次高压和中压燃气管道。根据燃气管道不同材质,其单位长度摩擦阻力损失采用下列各式计算。

　　1)钢管。

$$\lambda = 0.11\left(\frac{K}{d} + \frac{68}{Re}\right)^{0.25}$$

$$\frac{P_1^2 - P_2^2}{L} = 1.4 \times 10^9 \left(\frac{K}{d} + 192.2\frac{d\nu}{Q}\right)^{0.25}\frac{Q^2}{d^5}\rho\frac{T}{T_0} \tag{7-16}$$

$$\lambda = 0.102\,236\left(\frac{1}{d} + 5\,158\frac{d\nu}{\nu}\right)^{0.284}$$

　　2)铸铁管。

$$\frac{P_1^2 - P_2^2}{L} = 1.3 \times 10^9 \left(\frac{1}{d} + 5\,158\frac{d\nu}{Q}\right)^{0.20}\frac{Q^2}{d^5}\rho\frac{T}{T_0} \tag{7-17}$$

式中　$L$——燃气管道的计算长度(km)。

　　式中其他符号意义同前。

### 3. 燃气管道计算公式和图表

　　在进行燃气管道水力计算时,往往不是利用一般形式的基本公式,而是利用将摩阻系数 $\lambda$ 值的公式代入基本公式后得到的燃气管道计算公式,或利用据此制成的计算图标。

# 第五节　小城镇燃气供应

## 一、小城镇压缩天然气供应

### 1. 天然气压缩加气站

天然气压缩加气站是指由天然气高、中压输气管道、储配站或气田的集气处理站等引入天然气,经净化、计量、压缩并向气瓶组或气瓶车充装压缩天然气的工程设施。压缩加气站可兼有向天然气汽车加气功能。

(1)压缩加气站站址选择应符合下列要求。

1)压缩加气站宜靠近气源,并应具有适宜的交通、供电、给排水及工程地质条件。

2)在城镇区域内建设的压缩加气站站址应符合城镇总体规划的要求。

(2)压缩加气站内天然气储罐与站外建、构筑物的防火间距,应符合现行国家标准《建筑设计防火规范》(GB 50016—2006)的规定。

(3)天然气储罐与气瓶车固定车位的防火间距不应小于表 7-15 的规定。

表 7-15　天然气储罐与气瓶车固定车位的防火间距　　　(单位:m)

| 储罐总容积/m³ | | ≤50 000 | >50 000 |
|---|---|---|---|
| 气瓶车固定车位<br>最大储气容积/m³ | ≤ 10 000 | 12.0 | 15.0 |
| | >10 000~≤30 000 | 15.0 | 20.0 |

注:1. 气瓶车固定车位最大储气容积按其几何容积(m³)和设计压力(绝对压力, 100 kPa)的乘积计算;

　　2. 气瓶车固定车位储气总水容积不大于 12 m³,且最大储气容积不大于 3 000 m³ 时,应符合现行国家标准《汽车加油加气站设计与施工规范》(GB 50156—2012)的规定。

(4)气瓶车固定车位与站外建、构筑物的防火间距不应小于表 7-16 的规定。

表 7-16 气瓶车固定车位与站外建、构筑物的防火间距 （单位：m）

| 名　　　称 | | 气瓶车固定车位最大储气容积/m³ | >3 000~≤10 000 | >10 000~≤30 000 |
|---|---|---|---|---|
| 明火或散发火花的地点，室外变、配电站 | | | 25.0 | 30.0 |
| 民用建筑 | | | 20.0 | 25.0 |
| 甲、乙、丙类液体储罐，易燃材料堆放，甲类物品库房 | | | 25.0 | 30.0 |
| 其他建筑 | 耐火等级 | 一、二级 | 15.0 | 20.0 |
| | | 三级 | 20.0 | 25.0 |
| | | 四级 | 25.0 | 30.0 |
| 铁路（中心线） | | | 40.0 | |
| 公路、道路（路边） | 高速、Ⅰ、Ⅱ级 | | 20.0 | |
| | Ⅲ、Ⅳ级 | | 1.5 | |
| 架空电力线路（中心线） | | | 1.5 倍杆高 | |
| 空通信线路（中心线） | Ⅰ、Ⅱ级 | | 20.0 | |
| | Ⅲ、Ⅳ级 | | 1.5 倍杆高 | |

注：气瓶车固定车位储气总水容积不大于 12 m³，且最大储气容积不大于 3 000 m³ 时，
　　应符合现行国家标准《汽车加油加气站设计与施工规范》(GB 50156—2012)的规定。

（5）气瓶车固定车位与站内建、构筑物的防火间距不应小于表 7-17
的规定。

表 7-17 气瓶车固定车位与站内建、构筑物的防火间距 （单位：m）

| 名　　　称 | 气瓶车固定车位最大储气容积/m³ | 3 000~≤10 000 | >10 000~≤30 000 |
|---|---|---|---|
| 明火或散发火花的地点 | | 25.0 | 30.0 |
| 压缩机室、调压室、计量室 | | 10.0 | 12.0 |
| 变、配电室、仪表室、燃气热水炉室、值班室、门卫 | | 15.0 | 20.0 |
| 综合办公生活建筑 | | 20.0 | 25.0 |
| 消防水泵房、消防水池取水口 | | 20.0 | |

续表

| 名　　称 | 气瓶车固定车位最大储气容积/m³ | 3 000～<br>≤10 000 | >10 000～<br>≤30 000 |
|---|---|---|---|
| 站内道路(路边) | 主要 | 10.0 | |
| | 次要 | 5.0 | |
| 围墙 | | 6.0 | 10.0 |

注:1. 变电室、配电室、仪表室、燃气热水炉室、值班室、门卫等用房的建筑耐火等级不应低于现行国家标准《建筑设计防火规范》(GB 50016—2006)中"二级"规定。

2. 露天的燃气工艺装置与气瓶车固定车位的间距可按工艺要求确定。

3. 气瓶车固定车位储气总水容积不大于 12 m³,且最大储气容积不大于 3 000 m³,应符合现行国家标准《汽车加油气站设计与施工规范》(GB 50156—2012)的规定。

(6)在站内应设置气瓶车固定车位,每台气瓶车的固定车位宽度不应小于 4 m,长度宜为气瓶车长度,在固定车位场地上应标有各车位明显的边界线,每台车位宜对应 1 个加气嘴,在固定车位前应留有足够的回车场地。

(7)气瓶车应停靠在固定车位处,并应采取固定措施,在充气作业中严禁移动。气瓶车固定车位最大储气容积不应大于 3 0000 m³。

(8)加气柱宜设在固定车位附近,距固定车位 2～3 m。加气柱距站内天然天储罐不应小于 12 m,距围墙不应小于 10 m,距压缩机室、调压室、计量室不应小于 6 m,距燃气热水室不应小于 12 m。

(9)压缩加气站的设计规模应根据用户(压缩天然气卸气储配站、瓶组供气站及汽车用天然气加气站等)的需求量与天然气气源的稳定供气能力确定。

(10)当进站天然气硫化氢含量超过现行国家标准《天然气》(GB 17820—2012)的规定时,应进行脱硫,当进站天然气含有游离水时,应将水脱除。天然气脱硫和脱水装置设计应符合现行国家标准《汽车加油加气站设计与施工规范》(GB 50156—2012)的有关规定。

(11)进入压缩机的天然气含尘量,不应大于 5 mg/m³,微尘直径应小于 10 μm;当天然气含尘量和微尘直径超过规定值时,应进行除尘净化。进入压缩机的天然气质量还应符合选用的压缩机的有关要求。

(12)在压缩机前应设置缓冲罐,天然气在缓冲罐内停留的时间不宜小于 10 s,在缓冲罐内宜设置过滤装置。

(13)压缩加气站总平面应分区布置,即分为生产区和辅助区。压缩加气站宜设两个对外出入口。

(14)进压缩加气站天然气管道上应设切断阀,当气源为城市高、中压输配管道时,还应在切断阀后设安全阀。切断阀和安全阀符合下列要求。

1)切断阀应设置在便于操作的地点。

2)安全阀应为全启封闭式弹簧安全阀,其开启压力应小于站外天然气输配管道最高工作压力。

3)安全阀采用集中放散时,集中放散装置的放散管与站外建、构筑物的防火间距不小于表 7-18 的规定;集中放散装置的放散管与站内建、构筑物的防火间距不应小于表 7-19 的规定;放散管管口高度应高出距其 25 m 内的建、构筑物 2 m 以上,且不得小于 10 m。

表 7-18　集中放散装置的放散管与站外建、构筑物的防火间距(单位:m)

| 项　　目 | | 防火间距 |
|---|---|---|
| 明火或散发火花地点 | | 30 |
| 民用建筑 | | 25 |
| 甲乙类液体储罐、易燃材料堆场 | | 30 |
| 室外变配电站 | | 30 |
| 甲乙类物品库房、甲乙类生产厂房 | | 25 |
| 其他厂房 | | 20 |
| 铁路用地界 | | 30 |
| 公路用地界 | 高速、Ⅰ、Ⅱ级公路 | 15 |
| | Ⅲ、Ⅳ级公路 | 10 |
| 架空电力线 | >380 V | 2.0 倍杆高 |
| | ≤380 V | 1.5 倍杆高 |
| 架空通信线 | 国家Ⅰ、Ⅱ级公路 | 1.5 倍杆高 |
| | Ⅲ、Ⅳ级公路 | 1.5 倍杆高 |

**表 7-19　集中放散装置的放散管与站内建、构筑物的防火间距**(单位:m)

| 项　目 | 防火间距 |
|---|---|
| 明火或散发火花地点 | 30 |
| 综合办公生活建筑 | 25 |
| 可燃气体储气罐 | 20 |
| 室外变配电站 | 30 |
| 调压间、压缩机间、计量间及工艺装置区 | 20 |
| 控制室、配电间、汽车库、机修间和其他辅助建筑 | 25 |
| 燃气锅炉房 | 25 |
| 消防泵房、消防水池取水口 | 20 |
| 站内道路(路边) | 2 |
| 站区围墙 | 2 |

(15)压缩天然气系统的设计压力应根据各系统的工艺条件确定,且不应小于该系统最高工作压力的 1.1 倍。

(16)天然气压缩型号宜选择一致,并应根据进站在天然气压力、脱水工艺及设计规模进行选型,并应有备用机组。压缩机排气压力不应大于 25.0 MPa(表压);多台并联运行的压缩机单台排气量,应按公积容积流量的 80%～85%进行计算。

(17)压缩机动力宜选用电动机,也可选用天然气发电机。

(18)天然气压缩机应根据环境和气候露天设置或设置于单层建筑物内。压缩机宜单排布置,压缩机室主要通道不宜小于 1.5 m。

(19)压缩机前总管天然气流速不宜大于 15 m/s。

(20)压缩机进口管道上应设置手动和电动或气动控制阀门。压缩机出口管道上应设置安全阀、止回阀和手动切断阀。出口安全阀的泄放功能不应小于压缩机的安全泄放量;安全阀放散管管口应高出建筑物 2 m 以上,且距地面不应小于 5 m,放散管管口宜设防雨罩。

(21)从压缩机轴承等处泄漏的天然气,汇总后由管道引至室外放散,放散管管口的位置应符合上述(20)的规定。

(22)压缩机组的运行管理宜采用计算机控制装置。

(23)压缩机的控制与保护应设有自动和手动停车装置,各级排气温度大于限定值时,应报警并自动停车。在发生下列情况之一时,应报警并自动停车。

1)各级吸、排气压力不符合规定值。

2)冷凝水(或风冷鼓风机)压力和温度不符合规定值。

3)润滑油压力、温度和油箱液位不符合规定值。

4)压缩机电机过载。

(24)压缩机卸载排气宜通过缓冲罐回收,并引入进站天然气管道内。

(25)从压缩机排出的冷凝液处理应符合如下规定。

1)严禁直接排入下水道。

2)采用压缩机前脱水工艺时,应在每台压缩机前排出冷凝液管路上设置压力平衡阀和止回阀。冷凝液汇入总管后,应引至室外储罐。储罐的设计压力应为冷凝系统最高工作压力的 1.2 倍。

3)采用压缩机后和压缩机中段脱水工艺时,应设置在压缩机运行中可以自动排出冷凝液的措施。冷凝液汇总后引至室外密闭水封塔,释放气放散管管口的设置要求应符合上述第(20)条的规定;塔底冷凝水宜经露天水槽排入下水管。

(26)压缩加气站检测和控制调节装置宜符合表 7-20 的规定。

表 7-20　压缩加气站检测和控制调节装置

| 参数名称 | | 现场显示 | 控制室 | | |
|---|---|---|---|---|---|
| | | | 显示 | 记录或累计 | 报警联锁 |
| 天然气进站压力 | | + | + | + | |
| 天然气进站流量 | | | + | + | |
| 压缩机室 | 调压器出口压力 | + | + | + | |
| | 过滤器出口压力 | + | + | + | |
| | 压缩机吸气总管压力 | | + | | |
| | 压缩机排气总管压力 | + | + | | |
| | 冷却水:供水压力 | + | + | + | |
| | 供水温度 | + | + | + | + |

| 参数名称 | | 现场显示 | 控制室 | | |
|---|---|---|---|---|---|
| | | | 显示 | 记录或累计 | 报警联锁 |
| 压缩机室 | 回水温度 | ＋ | ＋ | ＋ | ＋ |
| | 润滑油:供油压力 | ＋ | ＋ | ＋ | |
| | 供油温度 | ＋ | ＋ | | |
| | 回油温度 | ＋ | ＋ | | |
| | 供电:电压 | ＋ | ＋ | | |
| | 电流 | | ＋ | | |
| | 功率因数 | | ＋ | | |
| | 功率 | | ＋ | | |
| 压缩机组 | 压缩级各级:吸气、排气压气 | ＋ | ＋ | | ＋ |
| | 排气温度 | ＋ | ＋ | | ＋(手动) |
| | 冷却水:供水压力 | ＋ | ＋ | | ＋ |
| | 供水温度 | ＋ | ＋ | | ＋ |
| | 回水温度 | ＋ | ＋ | | ＋ |
| | 润滑油:供油压力 | ＋ | ＋ | | ＋ |
| | 供油温度 | ＋ | ＋ | | |
| | 回收温度 | ＋ | ＋ | | ＋ |
| 脱水装置 | 出口总管压力 | ＋ | ＋ | ＋ | |
| | 加热用气:压力 | ＋ | ＋ | | ＋ |
| | 温度 | | | ＋ | |
| | 排气温度 | ＋ | ＋ | | |

注:表中"＋"为规定设置。

## 2. 压缩天然气储配站

压缩天然气储配站适用于汽车拖挂气瓶车或载运气瓶组运输压缩天然气至本站,经压缩天然气、加热、调压、储存、计量和加臭,通过城市天然气管道或开业用户供气管道,向城镇各类用户供应天然气的压缩天然气储配站工程。

(1)压缩天然气储配站站址选择应符合下列要求。

1)符合城镇总体规划的要求。

2)具有适宜的地形、工程地质、交通、供电、给排水及通信条件。

3)少占农田、节约用地并注意与城市景观协调。

(2)压缩天然气储配站的天然气总储气量应根据气源、运输和气修等条件确定,但不应小于本站计算平均日供气量的 1.5 倍。

压缩天然气储配站的天然气总储气量包括停靠在站内固定车位的压缩天然气瓶车的储气量。当气瓶车的储气量大于 30 000 m³ 时,除采用气瓶车储气外还应建天然气储罐等其他储气设施。

注:有补充或替代气源时,可按工艺条件确定。

(3)压缩天然气储配站内天然气储罐与站外建、构筑物的防火间距,应符合现行国家标准《建筑设计防火规范》(GB 50016—2006)的规定。

(4)压缩天然气储配站内天然气储罐与站内建、构筑物的防火间距,应符合上述(3)的规定。

(5)天然气储罐在罐区之间的防火间距,应符合第四节四、1.(3)条的规定。

(6)气瓶车固定车位与站外建、构筑物的防火间距,应符合表 7-16 的规定。

(7)气瓶车固定车位与站外建、构筑物的防火间距,应符合表 7-17 的规定。

(8)气瓶车固定车位的设置和气瓶车的停靠,应符合本节一、1.(6)、(7)的规定。加气柱的设置应符合本节一、1.(8)和有关加气柱的规定。

(9)压缩天然气储配站的设计规模应根据城镇各类天然气用户的总用气量和供应本站的压缩天然气压缩加气站供气能力及气瓶车运输条件等确定。

(10)压缩天然气储配站总平面应分区布置,即分为生产区和辅助区。压缩天然气储配站宜设两个对外出入口。

(11)当压缩天然气储配站与液化石油气混气站合建时,站内天然气储罐及固定车位与液化石油气储罐的防火间距,应符合现行国家标准《建筑设计防火规范》(GB 50016—2006)的规定。

(12)压缩天然气系统的设计压力应根据各系统的工艺条件确定,且不应小于该系统最高工作压力的 1.1 倍。

　　(13)压缩天然气应根据工艺要求分级调压,并应符合下列要求。

　　1)在一级调压器进口管道上应设置快速切断阀。

　　2)各级调压系统应有调压器出口压力超过规定值的自动切断装置。

　　3)在各级调压器出口管道上应设置安全放散阀,安全放散阀的开启压力应大于该级调压器出口压力超过规定值的设定值的设定切断压力,且不应小于下级调压器允许最大进口压力的 0.9 倍;末级调压器后的安全放散阀开启压力不应大于城市输配管网的起点设计压力。各级调压器与其后的安全放散阀间应设阀门,在工作状态下应保持常开状态。

　　4)在压缩天然气调压过程中,因压力大幅下降,而导致设备设施、管道及附件工作温度过低,影响其正常运行时,应在该级调压器前对压缩天然气进行加热,加热时应能保证设备、管道及附件正常运行。加热介质管道或设备时超压泄放装置。

　　5)各级调压器的进、出口管道间宜设旁通管和旁通阀或具有相同作用的装置。

　　6)在一级调压器进口管道上宜设置过滤器。

　　7)各级调压器安全阀的安全放散管应汇总至集中放散管,集中放散管应引至室外,集中放散管管口的设置应符合本节一、1.(20)的规定。

　　(14)调压器的计算流量应为最大供气量的 1.2 倍,调压器的性能应满足调压工艺的要求。

　　(15)通过城市天然气输配管道向各类用户供应的天然气无臭味或臭味不足时,应在压缩天然气储配站内进行加臭,加臭量应符合下列规定:

　　1)无毒燃气泄漏到空气中,达到爆炸下限的 20% 时,应能察觉。

　　2)有毒燃气泄漏到空气中,达到对人体允许的有害浓度时,应能察觉。

　　对于以一氧化碳为有毒成分的燃气,空气中一氧化碳含量达至 0.02%(体积分数)时,应能察觉。

　　城镇燃气加臭剂应符合下列要求。

　　1)加臭剂和燃气混合在一起后应具有特殊的臭味。

2)加臭剂不应对人体、管道或与其接触的材料有害。

3)加臭剂的燃烧产物不应对人体呼吸有害,并不应腐蚀或伤害与此燃烧产物经常接触的材料。

4)加臭剂溶解于水的程度不应大于 2.5%(质量分数)。

5)加臭剂应有在空气中应能察觉的加臭剂含量指标。

### 3. 压缩天然气瓶组供气站

压缩天然气瓶组供气站适用于汽车运输气瓶组至本站,采用气瓶组作为储气设施,经卸气、加热、调压、加臭,通过管道向城市居民小区用户、商业用户或小区用户供气的压缩天然气瓶组供气站。

(1)瓶组汽化站的规模应符合如下要求。

1)气瓶最大储气容积不应大于 6 $m^3$。

2)气瓶最大储气容积(按表 7-15 注 2 计算)不应大于 1 500 $m^3$。

3)气瓶组储气容积应按 1.5 $m^3$ 计算月平均日供气量确定。

(2)气瓶组应在站内固定地点设置。气瓶组及天然气放散管管口、调压装置至明火散发火花的地点和建(构)筑物的防火间距不应小于表 7-21 的规定。

表 7-21　气瓶组及天然气放散管管口、调压装置至
明火散发火花的地点和建、构筑物的防火间距　(单位:m)

| 名称　项目 | | 气瓶组 | 天然气放散管管口 | 调压装置 |
|---|---|---|---|---|
| 明火、散发火花的地点 | | 25 | 25 | 25 |
| 民用建筑、燃气热水炉间 | | 16 | 16 | 12 |
| 重要公共建筑 | | 20 | 20 | 15 |
| 道路（路边） | 主要 | 10 | 10 | 10 |
| | 次要 | 5 | 5 | 5 |

注:与本表以外的其他建、构筑物的防火间距应按现行行业标准《汽车用燃气加气技术规范》(CJJ 84—2012)中天然气加气站三级站规定。

(3)气瓶组可与调压计量装置设置在一起,也可采用撬装设备。

(4)气瓶组的气瓶应符合国家有关现行标准。

### 4. 管道及附件

(1)压缩天然气管道应采用高压无缝钢管,其技术性能应符合现

行国家标准《高压锅炉用无缝钢管》(GB 5310—2008)或《流体输送用不锈钢无缝钢管》(GB/T 14976—2012)的规定。

(2)钢管外径大于 28 mm 时压缩天然气管道宜采用焊接连接,管道与设备、阀门的连接宜采用法兰连接;小于或等于 28 mm 的压缩天然气管道及其与设备、阀门的连接可采用双卡套接头及法兰或螺纹连接。双卡套接头应符合现行国家标准《卡套式管接头技术条件》(GB/T 3765—2008)的规定。按接头的复合密封材料和垫片应适合天然气的要求。

(3)压缩天然气系统的管道、管件、设备与阀门的设计压力或压力等级不应小于系统的设计压力,其材质应与天然气介质相适应。

(4)压缩天然气加气柱和卸气柱的加气、卸气软管应采用耐天然气腐蚀的气体承压软管;承压不应大于系统设计压力的 2 倍;软管的长度不应大于 6.0 m,有效作用半径不应小于 2.5 m。

(5)当室外压缩天然气管道宜采用埋地敷设时,其管顶距地面埋深不应小于 0.6 m,冰冻地区应敷设在冰冻线以下。

(6)室外采用双卡套接头连接的压缩天然气管道及室内压缩天然气管道宜采用管沟敷设时,管底与管沟底的净距不应小于 0.2 m,管沟应设排水设施。室内管沟应设活动门与通风口,室外管沟盖板应按通行重载汽车负荷设计。

(7)站内工艺管道应采用钢管。其技术性能应分别符合现行国家标准《石油天然气工业　管线输送系统用钢管》(GB/T 9711—2011)、《输送流体用无缝钢管》(GB/T 8163—2008)、《低压流体输送用焊接钢管》(GB/T 3091—2008)的规定。

阀门等管道附件的压力级别不应小于管道设计压力。

### 5. 消防设施及给排水

(1)天然气压缩加气站、压缩天然气储配站在同一时间内的火灾次数按一次考虑,消防用水量按储罐区气瓶车固定车位(总储气容积按储罐区储气总容积与气瓶车在固定车位最大储气容积之和计算)的一次消防用水量确定。

天然气储罐区及气瓶车固定车位的室外消火栓用水量应符合现

行国家标准《建筑设计防火规范》(GB 50016—2006)的规定。

(2)天然气压缩加气站、压缩天然气储配站的消防给水系统中的消防给水管网应采用环形管网,其给水干管不应少于 2 根;其中 1 根发生事故时,其余干管能供应给消防总用水量。

(3)消防水池容量按火灾连续时间 3 h 计算确定。当火灾情况下能保证连续向消防水池补水时,消防水池容量可减去火灾连续时间内的补水量。

(4)消防水泵房的设计应符合现行国家标准《建筑设计防火规范》(GB 50016—2006)的规定。

(5)天然气压缩加气站、压缩天然气储配站和压缩天然气瓶组供气站的站内具有火灾和爆炸危险的建、构筑物应设置灭火器和其他消防器材,干粉灭火器的配置应符合现行国家标准《建筑灭火器配置设计规范》(GB 50140—2005)的有关规定。

(6)天然气压缩加气站水冷式压缩机系统的冷却水供给应符合压缩机水量和水质的要求。

(7)天然气压缩加气站、压缩天然气储配站的废油水、洗罐水等应回收集中处理。

**6. 供电和电气防爆、防雷、防静电**

(1)天然气压缩加气站的用电负荷应符合现行国家标准《供配电系统设计规范》(GB 50052—2009)"三级"负荷的设计规定。但站内消防水泵用电为"二级"负荷,当采用两回线路供电有困难时,可另设燃气或燃油发动机等自备电源。

(2)压缩天然气储配站的用电负荷应符合现行国家标准《供配电系统设计规范》(GB 50052—2009)"二级"负荷的设计规定;当采用两回线路供电有困难时,可另设燃气或燃油发电机等自备电源。

(3)天然气储罐及停靠在固定车位的压缩天然气气瓶车及气瓶组和压缩机室、调压计量间等具有爆炸性危险的建、构筑物应有防雷接地设施,其设计应符合现行国家标准《建筑物防雷设计规范》(GB 50057—2010)的"第二类防雷建筑物"的设计规定。

(6)天然气压缩加气站和压缩天然气储配站和压缩天然气瓶组供

气站应设置可燃气体检测报警系统。可燃气体检测器的报警设定值（上限值）不应大于天然气爆炸下限浓度（体积分数）的 20%。

### 二、小城镇液化石油气供应

#### 1. 液态液化石油气运输

（1）液态液化石油气由生产厂或供应基地至接收站可采用管道、铁路槽车、汽车槽车或槽船运输。

运输方式的选择应经技术经济比较后确定。条件接近时，应优先采用管道输送。

（2）液态液化石油气输送管道应按设计压力 $P$ 分为 3 级，并应符合表 7-22 的规定。

**表 7-22　液态液化石油气输送管道设计压力（表压）分级**

| 管道级别 | 设计压力/MPa |
|---|---|
| Ⅰ级 | $P>4.0$ |
| Ⅱ级 | $1.6<P\leqslant4.0$ |
| Ⅲ级 | $P\leqslant1.6$ |

（3）输送液态液化石油气管道的设计压力应高于管道系统起点的最高工作压力。管道系统起点最高工作压力可按下式计算。

$$P_q=H+P_b \tag{7-18}$$

式中　$P_q$——管道系统起点最高工作压力（MPa）；

　　　$H$——所需泵的扬程（MPa）；

　　　$P_b$——始端储罐最高工作温度下的液化石油气饱和蒸气压力（MPa）。

（4）液态液化石油气采用管道输送时，泵的扬程应大于式（7-19）的计算值。

$$H_J=\Delta P_Z+\Delta P_Y+\Delta H \tag{7-19}$$

式中　$H_J$——泵的计算扬程（MPa）；

　　　$\Delta P_Z$——管道总阻力损失，可取 1.05～1.10 倍管道摩擦阻力损力（MPa）；

$\Delta P_Y$——管道终点进罐余压,可取 0.2~0.3(MPa);

$\Delta H$——管道终、起点高程差引起的附加压力(MPa)。

注:液态液化石油气在管道输送过程中,沿途任何一点的压力都必须高于其输送温度下的饱和蒸气压力。

(5)液态液化石油气管道摩擦阻力损失,应按下式计算。

$$\Delta P = 10^{-6} \lambda \frac{Lu^2 \rho}{2d}$$

式中　$\Delta P$——管道摩擦阻力损失(MPa);

$L$——管道计算长度(m);

$u$——液态液化石油气在管道中的平均流速(m/s);

$d$——管道内径(m);

$\rho$——平均输送温度下的液态液化石油气密度(kg/m³);

$\lambda$——管道摩擦阻力系数。

(6)液态液化石油气在管道内的平均流速,应经技术经济比较后确定,可取 0.8~1.4 m/s,不应超过 3 m/s。

(7)液态液化石油气输送管线不应穿越居住区、村镇和公共建筑群等人员集聚的地区。

(8)液态液化石油气管道宜采用埋地敷设,其埋设深度应在土壤冰冻线上,且地下燃气管道的地基宜为原土层。凡可能引起管道不均匀沉降的地段,其地基应进行处理。

(9)地下液态液化石油气管道与建、构筑物和相邻管道之间的水平净距和垂直净距不应小于表 7-23 和表 7-24 的规定。

表 7-23　地下液态液化石油气管道与建、构筑物和相邻管道之间的水平净距

| 间距/m　　名称 | 管道级别 | | |
| --- | --- | --- | --- |
| | Ⅰ级 | Ⅱ级 | Ⅲ级 |
| 特殊建、构筑物(军事设施、易燃易爆物品仓库、国家重点文物保护单位、飞机场、火车站和码头等) | 200 | | |
| 居民区、村镇、重要公共建筑 | 75 | 50 | 30 |

续表

| 间距/m 名称 | 管道级别 | Ⅰ级 | Ⅱ级 | Ⅲ级 |
|---|---|---|---|---|
| 一般建、构筑物 | | 25 | 15 | 10 |
| 给水管、排水管 | | 2 | 2 | 2 |
| 暖气管、热力管(管沟外壁) | | 2 | 2 | 2 |
| 其他燃料管道 | | 2 | 2 | 2 |
| 埋地 | 电力线(中心线) | 10 | 10 | 10 |
| | 通信线(中心线) | 2 | 2 | 2 |
| 架空 | 电力线(中心线) | 1倍杆高,且不小于10 | | |
| | 通信线(中心线) | 2 | 2 | 2 |
| 公路 | 高速为、Ⅰ、Ⅱ级 | 10 | 10 | 10 |
| | Ⅲ、Ⅳ级 | 5 | 5 | 5 |
| 铁路线(中心线) | | 30 | 30 | 30 |
| 树木 | | 2 | 2 | 2 |

注:1. 当执行本表规定有困难时,可按有关规定降低管道设计强度系数,增加管道壁厚和采取行之有效的保护措施,并与主管部门协商后,可适当减小距离;

　　2. 特殊建、构筑物的防火间距应从其划定的边界线算起;

　　3. 公路应从路堤侧坡角加护坡和排水沟外边缘以外 1 m 或路堑坡顶截水沟、坡顶(若无截水沟时)外缘以外 1 m 算起。

表 7-24　地下液态液化石油气管道与建、构筑物和地下管道交叉时的垂直净距

| 名称 | 垂直净距/m |
|---|---|
| 给水管、排水管 | 0.30 |
| 暖气管、热力管(管沟外壁) | 0.30 |
| 其他燃料管道 | 0.30 |
| 电力线 | 0.50 |
| 通信线 | 0.50 |
| 铁路(轨底) | 1.20 |
| 公路(路面) | 0.90 |

(10)液态液化石油气输送管道,在下列地点应设置阀门。

1)起、终点和分支点。

2)穿越国家铁路线、高速公路、Ⅰ、Ⅱ级公路和大型河流两侧。

3)管道沿线每隔 5 000 m 左右处。

4)管道分段阀门之间应设置放散阀,其放散管管口距地面不应小于 2.5 m。

(11)液态液化石油气输送管道采用地上敷设时,除应符合本节管理埋地敷设的有关规定外,尚应采取有效的安全措施。地上管道两端应设置阀门。两阀门之间应设置管道安全阀,其放散管管口距地面不应小于 2.5 m。

(13)液态液化石油气输送管线沿途应设置里程桩、转角桩、交叉桩和警示牌等永久性标志。

(14)液化石油气铁路槽车和汽车槽车应符合《液化气体铁道罐车》(GB/T 10478—2006)和《液化石油气汽车槽车技术条件》(HG/T 3143—1982)的规定。

**2. 液化石油气供应基地**

(1)液化石油气供应基地按其功能可分为储存站、储配站和灌瓶站。

(2)液化石油气供应基地的规模应以城镇燃气专业规划为依据,按其供应用户类别、户数和用气指标等因素确定。

(3)液化石油供应基地的储罐设计总容量应根据规模、气源情况、运输方式和运距等因素确定。

(4)当液化石油气供应基地储罐设计总容量超过 3 000 m³ 时,宜将储罐分别设置在储存站和灌瓶站的储罐设计容量取 1 周左右的计算平均日供应量,其余为储存站的储罐设计容量。当储罐设计总容量小于 3 000 m³ 时,可将储罐全部设置在储配站。

(5)液化石油气供应基地的布局应符合城市总体规划的要求,且远离城市居住区、村镇、学校、剧院、体育馆等人员集中的地区和工业区。

(6)液化石油气供应基地的站址宜选择在所在地区全年最小频率风向的上风侧,且应是地势平坦开阔、不易积存液化石油气的地段。

同时,应避开地震带、地基沉陷和废弃矿井等地区。

(7)液化石油气供应基地的全压力式储罐与基地外建、构筑物的防火间距不应小于表 7-25 的规定;半冷冻式储罐的防火间距应符合按表 7-25的规定。

表 7-25　液化石油气供应基地的全压力式储罐与基地外建、构筑物的防火间距

| 间距/m　名称 | 总容积/m³ 单罐容积/m³ | ≤50 ≤20 | >50~ ≤200 ≤50 | >200~ ≤500 ≤100 | >500~ ≤1 000 ≤200 | >1 000~ ≤2 500 ≤400 | >2 500~ ≤5 000 ≤1 000 | >5 000 |
|---|---|---|---|---|---|---|---|---|
| 居住区、村镇学校、影剧院、体育馆等重要公共建筑（最外侧建、构筑物外墙） | | 60 | 70 | 90 | 120 | 150 | 180 | 200 |
| 工业企业（最外侧建、构筑物外墙） | | 60 | 70 | 90 | 120 | 150 | 180 | 200 |
| 铁路（中心线） | 国家线 | 60 | 70 | | 80 | | 100 | |
| | 企业用线 | 25 | 30 | | 35 | | 40 | |
| 公路（路边） | 高速、Ⅰ、Ⅱ级 | 20 | 25 | | | | | 30 |
| | Ⅲ、Ⅳ级 | 15 | 20 | | | | | 25 |
| 架空电力线路（中心线） | | 1.5 倍杆高 | | | 1.5 倍杆高,但 35 kV 以上架空电力线应大于 40 | | | |
| 架空通信线（中心线） | Ⅰ、Ⅱ级 | 30 | | | | | | 40 |
| | Ⅲ、Ⅳ级 | 1.5 倍杆高 | | | | | | |

注:1. 防火间距应总容积或单罐容积较大者确定。

　　2. 居住地、村镇是指 1 000 人或 300 户以上者。与零星民用建筑的防火间距可按表 7-27中办公、生活等建筑执业。

　　3. 地下储罐单罐容积小于或等于 50 m³,且总容积小于或等于 400 m³,其防火间距可按本表减少 50%。

　　4. 与本表以外的其他建(构)筑物的防火间距应按现行国家标准《建筑设计防火规范》(GB 50016—2006)执行。

　　5. 间距的计算应以储罐外壁为准。

（8）液化石油气供应基地全冷冻式储罐与明火、散发火花地点和基地外建、构筑物及堆场的防火间距不应小于表 7-26 的规定。

表 7-26　液化石油气供应基地的全冷冻式储罐与明火、
散发火花地点和基地外建、构筑物及堆场的防火间距

| 名　称 | 间距/m | 名　称 | | 间距/m |
|---|---|---|---|---|
| 明火、散发火花地点 | 120 | 其他建筑 | 一级、二级 | 50 |
| 居住地、村镇和学校、影剧院、体育场等重要公共建筑（最外侧建、构筑物外墙） | 300 | 耐火等级 | 三级 | 65 |
| | | | 四级 | 75 |
| 工业企业（最外侧建、构筑物外墙） | 180 | 铁路（中心线） | 国家线 | 100 |
| | | | 企业专用线 | 40 |
| 甲、乙类液体储罐、甲类物品仓库、易燃材料堆场 | 95 | 公路（路肩） | 高速Ⅰ、Ⅱ级 | 30 |
| | | | Ⅲ、Ⅳ级 | 25 |
| 丙类液体储罐、可燃气体储罐 | 85 | 架空电力线（中心线） | 1.5 倍杆高，但 35 kV 以上架空电力线应大于 40 |
| 助燃气体储罐、可燃材料堆场 | 75 | 架空通信线（中心线） | Ⅰ、Ⅱ级 | 40 |
| 民用建筑 | 100 | | Ⅲ、Ⅳ级 | 1.5 倍杆高 |

注：1. 本表所指的储罐为单罐容积大于 5 000 m³，且设有防液堤的全冷冻式液化石油气储罐，当单罐容积等于或小于 5 000 m³ 时，其防火间距可按表 7-25 中总容积相对应档的全压力式液化石油气储罐的规定执行。

2. 居住地、村镇是指 1 000 人或 300 户以上者，以下者按本表民用建筑执行。

（9）液化石油气供应基地的储罐与明火、散发火花地点和基地内建、构筑物的防火间距应符合下列规定。

1）全压力式储罐的防火间距不应小于表 7-27 的规定。

2）半冷冻式储罐的防火间距可按表 7-27 的规定执行。

3）全冷冻式储罐与基地内道路和围墙的防火间距可按表 7-27 的规定执行。

（10）液化石油气供应基地总平面必须分区，即分为生产区（包括贮罐区和灌装区）和辅助区。

生产区宜布置在站区全年最小频率风向的上风侧或上侧风侧面。

灌瓶间的气瓶装卸平台前应有较宽敞的汽车回车场地。

表 7-27　液化石油气供应基地的全压力式储罐与明火、散发火花地点和基地内建、构筑物的防火间距

| 间距/m<br>名称 | 总容积/m³<br>单罐容积/m³ | ≤50<br>≤20 | >50~<br>≤200<br>≤50 | >200~<br>≤500<br>≤100 | >500~<br>≤1 000<br>≤200 | >1 000~<br>≤2 500<br>≤400 | >2 500~<br>≤5 000<br>≤1 000 | >5 000 |
|---|---|---|---|---|---|---|---|---|
| 明火、散发火花地点 | | 45 | 50 | 55 | 60 | 70 | 80 | 120 |
| 办公、生活等建筑 | | 40 | 45 | 50 | 55 | 65 | 75 | 100 |
| 罐瓶间、瓶库、压缩机室、仪表间、值班室 | | 18 | 20 | 22 | 25 | 30 | 40 | 50 |
| 汽车槽车库、汽车槽车装卸台(柱)(装卸口)汽车衡及其计量室、门卫 | | 18 | 20 | 22 | 25 | 30 | | 40 |
| 铁路槽车装卸线(中心线) | | — | 20 | | | | | 30 |
| 空压机室、变配电室、柴油发电机房、新瓶库、真空泵房、库房 | | 18 | 20 | 22 | 25 | 30 | 40 | 50 |
| 汽车库、机修间 | | 25 | 30 | 35 | | 40 | | 50 |
| 消防泵房、消防水池 | | 30 | 40 | | | 50 | | 60 |
| 道路(路边) | 主要 | 10 | 15 | | | | | |
| | 次要 | 5 | 10 | | | | | |
| 围墙 | | 15 | | | 20 | | | |

(11)液化石油气供应基地的生产区和生产区与辅助区之间应设置高度不低于 2 m 的不燃烧体实体围墙;辅助区可设置不燃烧体非实体围墙。

(12)液化石油气供应基地的生产区应设置环形消防车通道。消防车通道宽度不应小于 4 m。当储罐总容积小于 500 m³ 时,可设置尽头式消防车通道和面积不应小于 12 m×12 m 的回车场。

(13)液化石油气供应基地的生产区和辅助区至少应各设置 1 个对外出入口。当液化石油气储罐总容积超过 1 000 m³ 时,生产区应设

置2个对外出入口,其间距不应小于50 m。对外出入口宽度不应小于4 m。

(14)液化石油气供应基地的生产区内严禁设置地下和半地下建、构筑物(地下储罐和寒冷地区的地下式消火栓和储罐区的排水管、沟除外)。生产区内的地下管(缆)沟必须填满沙子。

(15)基地内铁路引入线和铁路槽车装卸线的设计应符合《工业企业标准轨距铁路设计规范》(GBJ 12—1987)的有关规定。

供应基地内铁路槽车装卸线应设计成直线,其终点距铁路槽车端部不应小于20 m,并应设置具有明显标志的车挡。

(16)铁路槽车装卸栈桥应与铁路装卸线平行布置,且应采用不燃烧材料建造,其长度可取铁路槽车装卸车位数量与车身长度的乘积,宽度不宜小于1.2 m,两端应设置宽度不小于0.8 m的斜梯。

(17)铁路槽车装卸栈桥上的液化石油气装卸立管应设置便于操作的机械吊装设施。

(18)全压力式液化石油气罐不应少于2台(残液罐除外),其储罐区的布置应符合下列要求。

1)地上储罐之间的净距不应小于相邻较大罐的直径。

2)数个储罐的总容积超过3 000 m³时,应分组布置。组与组之间的距离不应小于20 m。

3)组内储罐宜采用单排布置。

4)储罐组四周应设置高度为1 m的不燃烧体实体防护墙。

5)球形储罐与防护墙的净距不宜小于其半径。卧式储罐不宜小于其直径,操作侧不宜小于3.0 m。

6)防护墙内储罐超过4台时,至少应设置2个过梯,且应分开布置。

(19)地上储罐应设置钢平台,其设计应符合下列要求:

1)卧式储罐组应设置联合钢梯平台。当组内储罐超过4台时,至少应设置2个斜梯;

2)球形储罐组宜设置联合钢梯平台。

(20)地下储罐宜设置在钢筋混凝土槽内,储罐罐顶与槽盖内壁间距不宜小于 0.4 m,各储罐之间宜调置隔墙,储罐与隔墙和槽壁之间的净距不宜小于 0.9 m。钢筋混凝土槽内应填充干沙。

(21)全冷冻式液化石油气储罐与全压力式液化石油气储罐不得设置在同一罐区内,两者之间的防火间距不应小于相邻较大储罐的直径,且不应小于 35 m。

(22)液化石油气泵宜露天设置在储罐区内。当设置泵房时,其外墙与储罐的间距不应小于 15 m。

当泵房面向储罐一侧的外墙采用无门、窗洞口的防火墙时,其间距可减少至 6 m。

(23)液态液化石油气泵的安装高度应保证不使其发生气蚀,并采取防止振动的措施。

(24)液态液化石油气泵进、出口管段上阀门及附件的设置应符合下列要求。

1)泵进、出口管应设置操作阀和放气阀。

2)泵进口管应设置过滤器。

3)泵出口管应设置止回阀,并宜设液相安全回流阀。

(25)罐瓶间和瓶库与明火、散发火花地点和站内建、构筑物的防火间距不应小于表 7-28 的规定。

表 7-28　罐瓶间和瓶库与明火、散发火花地点和站内建、构筑物的防火间距

| 名称　　　间距/m　　总存瓶量/t | ≤10 | >10~≤30 | >30 |
|---|---|---|---|
| 明火、散发火花地点 | 25 | 30 | 40 |
| 办公室、生活等建筑 | 20 | 25 | 30 |
| 铁路槽车装卸线(中心线) | 20 | 25 | 30 |
| 汽车槽车库、汽车槽装卸台(柱)(装卸口)、汽车衡及其计量室、门卫 | 15 | 20 | 25 |
| 压缩机室、仪表间、值班室 | 12 | 15 | 18 |
| 空压机室、变配电室、柴油发电机房 | 15 | 20 | 25 |

续表

| 总存瓶量/t 间距/m 名称 | ≤10 | >10~≤30 | >30 |
|---|---|---|---|
| 机修间、汽车库 | 25 | 30 | 40 |
| 新瓶库、真空泵房、备件等非明火建筑 | 12 | 15 | 18 |
| 消防泵房、消防水池 | 24 | 30 | |
| 道路(路边) 主要 | 10 | | |
| 道路(路边) 次要 | 5 | | |
| 围墙 | 10 | 15 | |

注：1. 瓶库与灌瓶间之间的距离不限。

2. 计算月平均日灌瓶量小于 500 瓶的灌瓶站，其压缩机室与灌瓶间可合建成一幢建筑物，但其间应采用无门、窗洞口的防火墙隔开。

3. 当计算月平均日灌瓶量小于 500 瓶时，汽车槽车装卸柱可附设在灌瓶间或压缩机室山墙的一侧，山墙应是无门、窗洞口的防火墙。

(26)灌瓶间内气瓶存放量宜取 1~2 d 的计算月平均日供应量。当总存瓶量(实瓶)超过 3 000 瓶时，宜另外设置瓶库。

灌瓶间和瓶库内的气瓶应按实瓶区、空瓶区分组布置。

(27)采用自动化、半自动化灌装和机械化运瓶的灌瓶作业线上应设置灌瓶质量复检装置，且应设置检漏装置或采取检漏措施。

采用手动灌瓶作业时，应设置检斤秤，并应采取检漏措施。

(28)储配站和灌瓶站应设置残液倒空和回收装置。

(29)液化石油气供应基地内压缩机设置台数不宜少于 2 台。

(30)液化石油气压缩机进、出口管道阀门及附件的设置应符合下列要求。

1)进、出口管道应设置阀门。

2)进口管道应设置过滤器。

3)出口管道应设置止回阀和安全阀。

4)进、出口管之间应设置旁通管及旁通阀。

(31)液化石油气压缩机室的布置宜符合下列要求。

1)压缩机机组间的净距不宜小于 1.5 m。

2)机组操作侧与内墙的净距不宜小于 2.0 m;其余各侧与内墙的净距不宜小于 1.2 m。

3)气相阀门组宜设置在与储罐、设备及管道连接方便和便于操作的地点。

(32)液化石油气汽车槽车库与汽车槽车装卸台(柱)之间的距离不应小于 6 m。

当邻向装卸台(柱)一侧的汽车槽车库山墙采用无门、窗洞口的防火墙时,其间距不限。

(33)汽车槽车装卸台(柱)的装卸接头应采用与汽车槽车配套的快装接头,其接头与鹤管之间应设置阀门。

(34)液化石油气储配站和灌瓶站宜配置备用气瓶,其数量可取总供应户数的 2%左右。

(35)新瓶库和真空泵房应设置在辅助区。新瓶和检修后的气瓶首次灌瓶前应将其抽至 80.0 kPa 真空度以上。

(36)使用液化石油气或残液做燃料给锅炉房,其附属储罐设计总容积不超过 1 d 的使用量,且不大于 10 m³ 时,可设置在独立的储罐室内。储罐室与锅炉房之间的防火间距不应小于 12 m,且面向锅炉房一侧的外墙应采用无门、窗洞口的防火墙。

储罐室与站内其他建、构筑物之间的防火距不应小于 15 m。

(37)设置非直火式汽化器的汽化间可与储罐室毗连,但其间应采用无门、窗洞口的防火墙。

### 3. 汽化站和混气站

(1)液化石油气汽化站和混气站的储罐设计总容量,应符合下列要求。

1)由液化石油气生产厂供气时,其储罐设计总容量可根据其规模、气源情况、运输方式和运距等因素确定。

2)由液化石油气供应基地供气时,其储罐设计总容量可按计算月平均日 3 d 左右的用气量计算确定。

(2)汽化站和混气站的液化石油气储罐与站外建、构筑物的防火间距,应符合下列要求。

1)总容积等于或小于 50 m³,单罐容积等于或小于 20 m³ 的储罐与站外建、构筑物的防火间距不应小于表 7-29 的规定。

表 7-29 汽化站和混气站的液化石油气储罐与站外建、构筑物的防火间距

| 间距/m 名称 | 单罐容积/m³ ≤10 | >10~≤30 | >30~≤50 |
|---|---|---|---|
| 架空电力线(中心线) | 1.5 倍杆高 | | |
| 架空通信线(中心线) | 1.5 倍杆高 | | |

注:1. 防火间距应按本表总容积或单罐容积较大者确定。

2. 居住区、村镇是指 1 000 人或 300 户以上者。与零星民用建筑的防火间距可按表 7-30 中办公、生活等建筑执行。

3. 当采用地下储罐时,其防火间距可按本表减少 50%。

4. 与本表以外的其他建、构筑物的防火间距应按现行国家标准《建筑设计防火规范》(GB 50016—2006)执行。

5. 间距的计算应以储罐外壁为准。

2)总容积大于 50 m³ 或单罐容积大于 20 m³ 的储罐与站外建、构筑物的防火间距不应小于表 7-25 的规定。

(3)汽化站和混气站的液化石油气储罐与明火、散发火花地点和站内建、构筑物的防火间距不应小于表 7-30 的规定。

表 7-30 汽化站和混气站的液化石油气储罐与明火、散发火花地点和站内建、构筑物的防火间距

| 间距/m 名称 | 总容积/m³ ≤10 单罐容积 /m³ — | >10~ ≤30 — | >30~ ≤50 ≤20 | >50~ ≤200 ≤50 | >200~ ≤500 ≤100 | >500~ ≤1000 ≤200 | >1 000 — |
|---|---|---|---|---|---|---|---|
| 明火、散发火花地点 | 30 | 40 | 45 | 50 | 55 | 60 | 70 |
| 办公、生活等建筑 | 25 | 35 | 40 | 45 | 50 | 55 | 65 |
| 汽化间、混气间、压缩机室、仪表间、值班室 | 12 | 15 | 18 | 20 | 22 | 25 | 30 |

| 间距/m　名称 | 总容积/m³　单罐容积/m³ | ≤10 | >10~≤30 | >30~≤50　≤20 | >50~≤200　≤50 | >200~≤500　≤100 | >500~≤1000　≤200 | >1000　— |
|---|---|---|---|---|---|---|---|---|
| 汽车槽车库、汽车槽车装卸台（柱）（装卸口）、汽车衡及其计算室、门卫 | | 15 | 18 | 20 | 22 | 25 | 30 | |
| 铁路槽车装卸线(中心线) | | — | | | | 20 | | |
| 燃气热水炉间、空压机室、变配电室、柴油发电机房、库房 | | 15 | 18 | 20 | 22 | 5 | 30 | |
| 消防泵房、机修间 | | 18 | 20 | 25 | 30 | 35 | | 40 |
| 消防泵房、消防水池 | | 25 | 30 | | 40 | | | 50 |
| 道路(路边) | 主要 | 10 | | | | 15 | | |
| | 次要 | 5 | | | | 10 | | |
| 围墙 | | 15 | | | | 20 | | |

注：1. 防火间距按本表总容积或单罐容积较大者确定。

　　2. 地下储罐单罐容积小于或等于 50 m³，且总容积小于或等于 400 m³ 时，其防火间距可按本表减少 50%。

　　3. 与本表以外的其他建、构筑物的防火间距应按现行国家标准《建筑设计防火规范)》(GB 50016—2006)执行。

　　4. 燃气热水炉间是指室内设置微正压燃式燃气热水炉的建筑，当设置其他燃烧方式的燃气热水炉时，其防火间距不应小于 30 m。

　　5. 柴油发电机伸向室外的排烟管管口，不得面向具有火灾爆炸危险性建、构筑物一侧。

（4）液化石油气汽化站和混气站总平面应按功能分区进行布置，即分为生产区(储罐区、汽化、混气区)和辅助区。

生活区宜布置在站区全年最小频率风向的上风侧或上侧风侧。

（5）液化石油气汽化站和混气站的生产区和生产区与辅助区之间应设置高度不低于 2.0 m 的不燃烧体实体围墙，辅助区可设置不燃烧体非实体围墙。

储罐总容积等于或小于 50 m³ 的汽化站和混气站，其生产区和辅助区之间可不设置分区隔墙。

(6)液化石油气汽化站和混气站内消防通道和对外入口的设置应符合上述"2. 液化石油气供应基础"第(2)和(3)条的规定。

(7)液化石油气汽化站和混气站内铁路引入线和铁路槽车装卸线的设计应符合上述"2. 液化石油气供应基础"第(15)条的规定。

(8)汽化站和混气站的液化石油气储罐不应少于 2 台。

液化石油气储罐和储罐区的布置应符合上述"2. 液化石油气供应基础"第(18)~(20)条的规定。

(9)工业企业内液化石油气汽化站的储罐总容积不大于 10 m³时,可设置在独立建筑物内,并应符合下列要求。

1)储罐之间及储罐与外墙的净距,均不应小于相邻较大罐的半径,且不应小于 1 m。

2)储罐室与相邻厂房之间的防火间距不应小于表 7-31 的规定。

表 7-31　总容积不大于 10 m³ 的储室与罐相邻厂房之间的防火间距

| 相邻厂房的耐火等级 | 一、二级 | 三级 | 四级 |
| --- | --- | --- | --- |
| 防火间距 | 12 | 14 | 16 |

3)储罐室与相邻厂房的室外设备之间的防火间距,不应小于 10 m。

4)置非直火式汽化器的汽化间可与储罐室毗连,但应采用无门、窗洞口的防火墙隔开。

(10)汽化间和混气间与站外建、构筑物之间的防火间距可按表 7-29 中储罐总容积≤10 m³ 一档的规定执行。

(11)汽化间和混气间与明火、散发火花地点和站内建、构筑物的防火间距不应小于表 7-32 的规定。

表 7-32　汽化间和混气间与明火、散发火花地点和站内建、构筑物的防火间距

| 名　称 | 防火间距/m |
| --- | --- |
| 明火、散发火花地点 | 25 |
| 办公、生活等建筑 | 20 |
| 铁路槽车装卸线(中心线) | 20 |
| 汽车槽车库、汽车槽车装卸台(柱)(装卸口)、汽车衡及其计量室、门卫 | 15 |

续表

| 名　称 | | 防火间距/m |
|---|---|---|
| 压缩机室、仪表间、值班室 | | 12 |
| 空压机室、燃气热水炉间、变配电室、柴油发电机房、库房 | | 15 |
| 汽车库、机修间 | | 18 |
| 消防泵房、消防水池 | | 25 |
| 道路(路边) | 主要 | 10 |
| | 次要 | 5 |
| 围墙 | | 10 |

注:1. 压缩机室可与汽化间和混气间合建成一幢建筑物,但其间应采用无门、窗洞口的防火墙隔开。

　　2. 燃气热水炉间的门不得面向汽化间、混气间。柴油发电机伸向室外的排烟管管口不得面向具有火灾爆炸危险性建、构筑物一侧。

　　3. 燃气热水炉间是指室内设置微正压室燃式热水炉的建筑。当采用其他燃烧方式的热水炉时,其防火间距不应小于 25 m。

(12)液化石油气储罐总容积等于或小于 100 m³ 的汽化站、混气站,其汽车槽车装卸柱可设置在压缩机室山墙一侧,其山墙应是无门、窗洞口的防火墙。

(13)燃气热水炉间与压缩机室、汽车槽车库和汽车槽车装卸台(柱)之间的防火间距不应小于 15 m。

(14)汽化、混气装置的总供气能力应根据高峰小时用气量确定。

当设有足够的储气设施时,其总供气能力可根据计算月最大日平均小时用气量确定。

(15)汽化、混气装置配置台数不应少于 2 台,且至少应有 1 台备用。

(16)汽化间和混气间可合建成一幢建筑物。汽化、混气装置亦可设置在同一房间内。

1)汽化间的布置宜符合下列要求:

①汽化器之间的净距不宜小于 0.8 m;

②汽化器操作侧与内墙之间的净距不宜小于 1.2 m;

③汽化器其余各侧与内墙净距不宜小于 0.8 m。

2)混气间的布置宜符合下列要求:

①混合器之间的净距不宜小于 0.8 m;

②混合器操作侧与墙的净距不宜小于 1. 2 m;

③混合器其余各侧与墙的净距不宜小于 0. 8 m。

3)调压、计量装置可设置在汽化间或混气间内。

(17)液化石油气可与空气或其他可燃气体混合配制成所需的混合气。混气系统的工艺设计应符合下列要求。

1)液化石油气与空气的混合气体中,液化石油气的体积百分含量必须高于其爆炸上限的 2. 0 倍。

2)混合气体作为城镇燃气主气源,调峰气源、补充气源和代用其他气源,应与主气源或代用气源具有良好的燃烧互换性。

3)在混气系统中应设置当参与混合的任何一种气体突然中断或液化石油气体积百分含量接近爆炸上限的 2. 0 倍时,能自动报警并切断气源的安全联锁装置。

4)混气装置的出口总管上应设置检测混合气热值的取样管,其热值仪宜与混气装置联锁,并能实施调节其混气比例。

(18)热值仪间应就近取样点设置在混气间内的专用隔间或附属房间内,并应符合下列要求。

1)热值仪间应设有直接通向室外的门,且与混气间之间的隔墙应是无门、窗洞口的防火墙。

2)采取可靠的通风措施,使其室内可燃气体浓度低于其爆炸下限的 20%。

3)热值仪间与混气间门、窗之间的距离不应小于 6 m。

4)热值仪间的室内地面应比室外地面高出 0. 6 m。

(19)采用管道供应气态液化石油气或液化石油气与其他气体的混合气体时,其露点应比管道外壁温度低 5 ℃以上。

**4. 瓶组汽化站**

(1)瓶组汽化站气瓶组气瓶的配置数量应符合下列要求。

1)采用强制汽化方式时,气瓶组气瓶的配置数量可按 1~2 d 的计算月最大日用气量确定。

2)采用自然汽化方式时,气瓶组应由使用瓶组和备用瓶组组成。使用瓶组的气瓶配置数量应根据高峰用气时间内平均小时用气量、高峰用气持续时间和高峰用气时间内单瓶小时自然汽化能力计算确定。

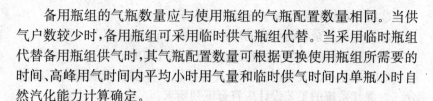

备用瓶组的气瓶数量应与使用瓶组的气瓶配置数量相同。当供气户数较少时,备用瓶组可采用临时供气瓶组代替。当采用临时瓶组代替备用瓶组供气时,其气瓶配置数量可根据更换使用瓶组所需要的时间、高峰用气时间内平均小时用气量和临时供气时间内单瓶小时自然汽化能力计算确定。

(2)采用自然汽化方式,且瓶组汽化站配置气瓶的总容积小于 $1 \, m^3$ 时,可将其设置在与建筑物(高层建筑除外)外墙毗连的单层专用房间内,并应符合下列要求。

1)建筑耐火等级不应低于现行国家标准《建筑设计防火规范》(GB 50016—2006)规定的"二级"。

2)应是通风良好,并设有直通室外的门。

3)与其他房间相邻的墙应为无门、窗洞口的防火墙。

4)室温不应高于 45 ℃,且不应低于 0 ℃。

注:当瓶组汽化间独立设置,且面向相邻建筑的外墙为无门、窗洞口的防火墙时,其防火间距不限。

(3)当瓶组汽化站配置气瓶的总容积超过 $1 \, m^3$ 时,应将其设置在高度不低于 2.2 m 的独立瓶组间内。

(4)瓶组汽化站的气瓶不得设置在地下和半地下室内。

(5)瓶组间与明火、散发火花地点和建、构筑物的防火间距不应小于表 7-33 的规定。

(6)瓶组汽化站的汽化间宜与瓶组间合建成一幢建筑物,两者间的隔墙应是无门、窗洞口的防火墙,与其他建、构筑物的防火间距应按表 7-33 执行。

(7)设置在露天的空温式汽化器与瓶组间的防火间距不限,与明火、散发火花地点和其他建、构筑物的防火间距可按表 7-33 气瓶总容积≤2m³ 一档的规定执行。

(8)瓶组汽化站的四周宜设置不燃烧体非实体围墙,其底部实体部分高度不应低于 0.6 m。

(9)汽化装置的总供气能力应根据高峰小时用气量确定。汽化装置的配置台数不应少于 2 台,且应有 1 台备用。

表 7-33　瓶组间与明火、散发火花地点和建、构筑物的防火间距

| 名称　　　　间距/m　　　气瓶总容积/m³ | ≤2 | >2~4 |
|---|---|---|
| 明火、散发火花地点 | 25 | 30 |
| 民用建筑 | 8 | 10 |
| 重要公共建筑 | 15 | 20 |
| 道路(路边)　主要 | 10 | |
| 道路(路边)　次要 | 5 | |

注:1. 气瓶总容积应按配置气瓶个数与单瓶几何容积的乘积计算。

2. 当瓶组间的气瓶总容积大于 4.0 m³ 时,宜采用储罐,其防火间距按表 7-29 和表 7-30的有关规定执行。

3. 瓶组间、汽化间与值班室的距离不限。

### 5. 瓶装液化石油气供应

(1)瓶装液化石油气供应站的供应范围宜为 5 000~10 000 户,其总存瓶容积不宜超过 20 m³。

瓶装液化石油气配送站的供应范围宜为 1 000~5 000 户,其总存瓶容积不宜超过 6 m³。

瓶装液化石油气供应点的供应范围不宜超过 1 000 户,其总存瓶容积不得超过 1 m³。

瓶装液化石油气供应站应根据城镇燃气专业规划进行合理布局。

(2)液化石油气气瓶严禁露天存放。瓶装液化石油气供应站和配送站的瓶库宜采用敞开或半敞开式建筑。

(3)瓶装供应站四周除面向出入口一侧可设置高度不低于 2.0 m 的不燃烧体非实体围墙外,其余各侧应设置高度不低于 2.0 m 的不燃烧实体围墙。

(4)瓶装供应站的实瓶存瓶数量宜取计算月平均日销售量的 1.5 倍左右。

(5)瓶装供应站瓶库内的气瓶应分区布置,即分为实瓶区和空瓶区。

(6)瓶装供应站的瓶库与明火、散发火花地点和站外建、构筑物的防火间距不应小于表 7-34 的规定。

表 7-34　瓶装供应站的瓶库与明火、散发火花地点和建、构筑物的防火间距

| 名称　　间距/m　　气瓶总容积/m³ | | ≤10 | >10 |
|---|---|---|---|
| 明火、散发火花地点 | | 30 | 35 |
| 民用建筑 | | 10 | 15 |
| 重要公共建筑 | | 20 | 25 |
| 道路(路边) | 主要 | 10 | |
| | 次要 | 5 | |

注:总存瓶容积应按实瓶个数与单瓶几何容积的乘积计算。

(7)瓶装供应站的瓶库与修理间和生活、办公用房的防火间距不应小于 10 m。

管理室可与瓶库的空瓶区侧毗连,但应采用无门、窗洞口的防火墙隔开。

(8)瓶装配送站由瓶库和值班室或管理室组成。两者宜合建成一幢建筑,其间应采用无门、窗洞口的防火墙隔开。

(9)瓶装配送站的四周宜设置不燃烧体非实体围墙,其底部实体部分高度不应低于 0.6 m。

(10)瓶装配送站的瓶库与明火、散发火花地点和建、构筑物的防火间距不应小于表 7-35 的规定。

表 7-35　瓶装配送站的瓶库与明火、散发火花地点和建、构筑物的防火间距

| 名称　　间距/m　　气瓶总容积/m³ | | ≤3.0 | >3.0~6.0 |
|---|---|---|---|
| 明火、散发火花地点 | | 20 | 25 |
| 民用建筑 | | 6 | 8 |
| 重要公共建筑 | | 12 | 15 |
| 道路(路边) | 主要 | 5 | 8 |
| | 次要 | 3 | 5 |

注:1. 总存瓶容积按实瓶个数与单瓶几何容积的乘积计算。

2. 总存瓶容积超过 6.0 m³ 时,防火间距应按表 7-34 规定执行。

(11)瓶装供应点宜独立设置,其瓶库与明火、散发火花地点和建、构建筑的防火间距不应小于表 7-36 的规定。

表 7-36　瓶装供应点的瓶库与明火、散发火花地点和建、构筑物的防火间距

(单位:m)

| 名　　称 | | 间距 |
|---|---|---|
| 明火、散发火花地点 | | 15 |
| 民用建筑 | | 5 |
| 重要公共建筑 | | 10 |
| 道路(路边) | 主要 | 5 |
| | 次要 | 3 |

注:值班室或管理室的设置应符合上述第(8)条的规定。

(12)对不具备独立设置条件的瓶装供应点,可将瓶库设置在与建筑物(居住用房和高层建筑除外)外墙毗连的单层专用房间,并应符合下列要求:

1)房间的设置应按上述"4. 瓶组汽化站"第(2)、1)～3)的规定执行。

2)地面应是不会发生火花的地面。

3)相邻房间应是非明火、散发火花地点。

4)照明灯具和开关应采用隔爆型。

5)配置可燃气体浓度检测报警器,其报警浓度值应液化石油气爆炸下限的 20%。

6)至少应配置 8 kg 干粉灭火器 2 具。

7)与道路的防火间距应符合规定。

8)非营业时间房间内存有液化石油气气瓶时,应有人值班。

**6. 管道及附件、储罐、容器和检测仪表**

(1)液态液化石油气管道和设计压力≥0.6 MPa 的气态液化石油气管道应采用钢号为 10、20 或具有同等性能以上的无缝钢管,其技术性能应符合现行国家标准《输送流体用无缝钢管》(GB/T 8163—2008)和其他有关标准的规定。

设计压力<0.6 MPa 的气态液化石油气和液化石油气与其他气体的混合气管道可采用钢号为 Q235-A 的焊接钢管,其技术性能应符合现行国家标准《低压流体输送用焊接钢管》(GB/T 3091—2008)和

其他有关标准的规定。

（2）液化石油气站内管道宜采用焊接连接。管道与储罐、容器、设备及阀门可采用法兰或螺纹连接。

（3）液态液化石油气输送管道上配置的阀门及附件的公称压力（等级），应按其设计压力提高一级。

站内液化石油气储罐、容器、设备和管道上配置的阀门及附件的公称压力（等级）应高于其设计压力。

（4）液化石油气储罐、容器、设备和管道上严禁采用灰口铸铁阀门及附件，在寒冷地区应采用钢质阀门及附件。

注：1. 设计压力＜0.6 MPa 的气态液化石油气和液化石油气与其他气体的混合气体管道上设置的阀门和附件除外。

2. 寒冷地区系指最冷月平均最低气温≤－10 ℃的地区。

（5）液化石油气管道系统上的胶管应采用耐油胶管，其最高允许工作压力应等于或大于系统设计压力的 4 倍。

（6）站内室外液化石油气管道宜采用单排低支架敷设，其管底与地面的净距可取 0.3 m 左右。

跨越道路采用支架敷设时，其管底与地面的净距不应小于 4.5 m。

（7）液化石油气储罐、容器及附件的材料选择和设计应符合《固定式压力容器安全技术观察规程》（TSG R0004—2009）和《压力容器》[合订本]（GB 150.1～GB 150.4—2011）、《钢制球形储罐》（GB 12337—1998）的规定。

（8）液化石油气储罐的设计压力和设计温度应符合《压力容器安全技术监察规程》的规定。

（9）液化石油气储罐最大设计允许充装质量应按下式计算。

$$G = \phi \rho V_h \tag{7-20}$$

式中　$G$——最大设计允许充装质量（kg）；

　　　$\phi$——最高工作温度下的充装系数。最高工作温度为 40 ℃时，可取 0.9；

　　　$\rho$——最高工作温度下的液态液化石油气密度（kg/m³）；

　　　$V_h$——储罐的几何容积（m³）。

注：地下储罐的最高工作温度可根据当地最高地温确定。

　　(10)液化石油气储罐第一道管法兰、垫片和紧固件的配置应符合《固定式压力容器安全技术监察规程》(TSG R0004—2009)的规定。

　　(11)液化石油气罐按管上安全阀件的配置，应符合下列要求。

　　1)必须设置安全阀和检修用的放散管。

　　2)液相进口管必须设置止回阀。

　　3)液相出口管和气相管必须设置紧急断阀。

　　4)排污阀应设置两道，且其间应采用短管连接。

　　(12)液化石油气储罐安全阀的设置应符合下列要求。

　　1)必须选用弹簧封闭全启式，其开启压力应取储罐最高工作温度下的饱和蒸汽压力和机泵附加压力之和，且不应大于储罐设计压力。机泵附加压力可取 $0.2 \sim 0.3$ MPa。安全阀的最小排气截面面积的计算应符合《固定式压力容器安全技术监督规程》(TSG R0004—2009)的规定。

　　2)容积为 $100 \, m^3$ 或 $100 \, m^3$ 以上的储罐应设置 2 个或 2 个以上安全阀。

　　3)安全阀设置放散管，其管径不应小于安全阀出口的管径。

　　地上储罐安全阀放散管管口应高出储罐操作平台 2 m 以上，且应高出地面 5 m 以上。

　　地上储罐安全阀的放散管口应高出地面 2.5 m 以上；

　　4)安全阀与储罐之间应装设阀门。该阀门的阀口应全开，且应采用铅封或锁定。

　　(13)储罐检修用放散管的管口高度应符合上述第(12)、3)款的规定。

　　(14)液化石油气气液分离器、缓冲罐和汽化器可设置封闭弹簧式安全阀。

　　安全阀应设置放散管。当上述容器设置在露天时，其管口高度应符合上述第(12)、3)款的规定。设置在室内时，其管口应高出屋面 2 m 以上。

　　(15)液化石油气储罐仪表的设置，应符合下列要求。

　　1)必须设置就地指示的液位计、压力表，宜设置温度计。

　　2)就地指示液位计宜采用能直接观察储罐全液位的液位计。

　　3)容积为 $100 \, m^3$ 和 $100 \, m^3$ 以上的储罐，宜设置远传显示的液位计和压力表，且宜设置液位上、下限报警装置和压力上限报警装置。

(16)液化石油气气液分离器和容积式汽化器等应设置直观式液位计和压力表。

(17)液化石油气泵、压缩机、汽化、混气和调压装置的进、出口应设置压力表。

(18)爆炸危险场所应设置可燃气体浓度检测器,报警器应设在值班室或仪表间等经常有值班人员的场所。液化石油气瓶装供应站、瓶组汽化站等可采用手提式可燃气体浓度检测报警器。报警器的报警浓度应取其可燃气体爆炸下限的 20%。

(19)地下液化石油气储罐外壁,除采用防腐层保护外,尚应采用牺牲阳极保护。地下液化石油气储罐牺牲阳极保护设计应符合现行国家标准《埋地钢质管道阴极保护技术规范》(GB/T 21448—2008)的规定。

**7. 建、构筑物的防火及防爆**

(1)具有爆炸危险的建、构筑物的防火及防爆设计应符合下列要求。

1)建筑耐火等级不应低于现行国家标准《建筑设计防火规范》(GB 50016—2006)规定的"二级"。

2)门、窗应向外开。

3)封闭式建筑应采取泄压措施,其设计应符合现行国家标准《建筑设计防火规范》(GB 50016—2006)的规定。

4)地面应采用不会产生火花的材料,其技术要求应符合现行国家标准《建筑地面工程施工质量验收规范》(GB 50209—2010)的规定。

(2)具有爆炸危险的封闭式建筑应采取良好的通风措施。

当采用强制通风时,事故排风量按房屋全部容积每小时换气不应少于 8 次,正常通风量按每小时不应少于 3 次计算。

当采用自然通风时,其通风口总面积按每 $m^2$ 房屋面积不应少于 300 $cm^2$ 的确定。通风口不应少于 2 个,并应靠近地面设置。

(3)非采暖地区的灌瓶间及附属瓶库、汽车槽车库、瓶装供应站的瓶库等宜采用敞开或半敞开式建筑。

(4)具有爆炸危险的建筑,其承重结构应采用钢筋混凝土或钢框架、排架结构。钢框架和钢排架应采用防火保护层。

(5)液化石油气储罐应牢固地设置在基础上。

卧式储罐的支座应采用钢筋混凝土支座。球形储罐的钢支柱应采用不燃烧隔热材料保护层,其耐火极限不应低于 2 h。

(6)在地震烈度为 7 度和 7 度以上的地区建设液化石油气站时,其建、构筑物的抗震设计,应符合现行国家标准《建筑抗震设计规范》(GB 50011—2010)和《构筑物抗震设计规范》(GB 50191—2012)的规定。

**8. 消防给水、排水和灭火器材**

(1)液化石油气供应基地、汽化站和混气站在同一时间内的火灾次数可按一次考虑,其消防用水量应按站内各建、构筑物中一次最大小时消防用水量者确定。

(2)液化石油气储罐区消防用水量应按其储罐固定喷水冷却装置和水枪用水量之和计算,并应符合下列要求。

1)储罐总容积超过 50 m³ 或单罐容积超过 20 m³ 的液化石油气储罐或储罐区和设置在储罐室内的小型储罐应设置固定喷水冷却装置。固定喷水冷却装置的用水量应按储罐的保护面积与冷却水供水强度的乘积计算确定。着火储罐的保护面积按其全表面积计算;距着火储罐直径(卧式储罐按其直径和长度之和的一半)1.5 倍范围内的储罐按其全表面积的一半计算;冷却水供水强度不应小于 0.15 L/s・m²。

2)水枪用水量不应小于表 7-37 的规定。

表 7-37 水枪用水量

| 总容积/m³ | <500 | >500~≤2 500 | >2 500 |
|---|---|---|---|

注:1. 水枪用水量应按本表储罐总容积或单罐总容积较大者确定。

2. 储罐总容积小于 50 m³ 且单罐容积小于 20 m³ 的储罐或储罐区,可单独设置固定喷水冷却装置或移动式水枪,其消防用水量应按水枪用水量计算。

3)地下液化石油气储罐可不设置固定喷水冷却装置,其消防用水量按水枪用水量确定。

(3)液化石油气供应基地、汽化站和混气站的消防给水系统应包括:消防水池(或其他水源)、消防水泵房、给水管网、地上式消火栓和储罐固定喷水冷却装置等。

消防给水管网应布置成环状,向环状管网供水的干管不应少于两根。当其中一根干管发生故障时,其余干管仍能供给消防总用水量。

(4)消防水池的容量应按火灾连续时间 6 h 所需最大消防用水量

计算确定。但储罐总容积小于或等于 220 m³,且单罐容积小于或等于
50 m³ 的储罐或储罐区,其消防水池的容量可按火灾连续时间 3 h 所
需最大消防用水量计算确定。当发生火灾情况下,能够保证连续向消
防水池补水时,其容量可减去火灾连续时间内的补水量。

(5)消防水泵房的设计应符合现行国家标准《建筑设计防火规范》
(GB 50016—2006)的有关规定。

(6)液化石油气储罐固定喷水冷却装置。宜采用喷雾头液化石油
气储罐固定喷水冷却装置。喷雾头的布置应符合现行国家标准《水喷
雾灭火系统设计规范》(GB 50219—1995)的规定。

(7)储罐固定喷水冷却装置的供水压力不应小于 0.2 MPa。水枪
的供水压力:对球形储罐不应小于 0.35 MPa,对卧式储罐不应小于
0.25 MPa。

(8)液化石油气供应基地、汽化站和混气站生产区的排水系统应
采取防止液化石油气排入其他地下管道或低洼部位的措施。

(9)液化石油气站内干粉灭火器的配置除按现行国家标准《建筑灭火
器配置设计规范》(GB 50140—2005)执行外,尚应符合表 7-38 的规定。

表 7-38　干粉灭火器的配置数量

| 场　　所 | 配置数量 |
|---|---|
| 铁路槽车装卸栈桥 | 按栈桥车位位数,每车位设置 8 kg 干粉灭火器 2 具,每个设置点不宜超过 5 具 |
| 储罐区、地下储罐组 | 按储罐台数,每台设置 8 kg 和 35 kg 各 1 具,每个设置点不宜超过 5 具 |
| 储罐室 | 按储罐台数,每台设置 8 kg 干粉灭火器 2 具 |
| 汽车槽车装卸台(柱) | 不应少于 2 具 |
| 罐瓶间及附属瓶库、压缩机室、烃泵房、汽车槽车库、汽化间、混气间、调压计算间、瓶装供应站、配送站、供应点的瓶库和瓶组等爆炸危险性建筑 | 按建筑面积,每 50 m² 设置 8 kg 干粉灭火器 1 具,且每个房间不应少于 2 具,每个设置点不宜超过 5 具 |
| 其他建筑(变配电室、仪表室等) | 按建筑面积,每 80 m² 设置 8 kg 干粉灭火器 1 具,且每个房间不应少于 2 具 |

# 第八章 小城镇供热工程规划

## 第一节 概　述

### 一、小城镇供热工程规划的意义

（1）提高能源利用率,节约大量燃料,集中供热可以使锅炉热效率提高 20%。

（2）整改广泛的"面源"为比较集中的"点源",减少大气污染,也便于采用整改措施,进行集中治理。

（3）减少城市运输量。

（4）节省城市用地,一个集中热源可以代替多个分散的锅炉房,可以减少燃料和灰渣的堆放场地,对改善市容也十分有利。

（5）使用大型设备,容易实现机械化和自动化,减少管理人员数量,降低运行成本,也有利于管理科学化和现代化,提高供热质量。

### 二、小城镇供热工程规划的作用

采用城镇集中供热可以达到以下作用。

（1）提高能源利用率,节约燃料,集中供热可以使锅炉热效率提高 20%,大大提高了供热质量。

（2）减少大气污染,便于采用整改措施,进行集中治理。

（3）热源集中可节省城市用地,减少城市燃料和废弃物的运输量。

（4）大型热源可使用大型机械设备,容易实现机械化和自动化,有利于实现管理科学化和现代化,减少管理人员数量,降低运行成本。

### 三、小城镇供热工程规划的主要任务

(1)根据当地气候条件,结合生活与生产需要。

(2)确定城镇集中供热对象、供热标准、供热方式。

(3)确定城镇供热量和负荷选择并进行城市热源规划。

(4)确定城镇热电厂、热力站等供热设施的数量和容量。

(5)布置各种供热设施和供热管网。

(6)制定节能保温的对策与措施以及供热设施的防护措施。

### 四、小城镇供热系统的组成、分类与供热方式

#### 1. 小城镇供热系统的组成与分类

城镇集中供热系统由热源、热力网和热用户三部分组成。

根据热源的不同,一般可分为热电厂和锅炉房两种集中供热系统,也可以是由各种热源(如热电厂、锅炉房、工业余热和地热等)共同组成的综合系统。

城镇集中供热系统可分为以下几类。

(1)按照供热服务对象不同可分为:民用供热和工业供热。

(2)按照供热系统的作用范围可分为:区域供热、集中供热和局部供热。

(3)按照热源供应的热媒种类不同可分为:热水供热、蒸汽供热和热风供热。

(4)按照热媒参数的不同可分为:高温水($t>115$ ℃)和低温水($t\leqslant115$ ℃)系统;高压蒸汽($P>70$ kPa,通常为过热蒸汽)和低压蒸汽($P\leqslant70$ kPa,通常为饱和蒸汽)系统。

#### 2. 小城镇供热方式

供热工程规划应根据采暖地区的经济和能源状况,充分考虑热能的综合利用,确定供热方式。具体有以下两点要求。

(1)能源消耗较多时可采用集中供热。

(2)一般地区可采用分散供热,并应预留集中供热的管线位置。

# 第二节 小城镇集中供热负荷计算

## 一、小城镇热负荷的分类

(1)根据热负荷的性质分类。

1)民用热负荷。民用热负荷包括采暖、通风、空气调节和热水供应。民用热用户通常以热水为热媒,使用热媒的参数(温度、压力)也较低。

2)工业热负荷。工业热负荷包括生产工艺过程中的用热,或作为动力用于驱动机械设备的用热。工业热用户常采用蒸汽为热媒,热媒的参数较高。

(2)根据用热时间和用热规律分类。

1)季节性热负荷。采暖、通风和空气调节是季节性热负荷。季节性热负荷与室外温度、湿度、风向、风速和太阳辐射等气候条件有关。其中,对季节性热负荷的大小起决定作用的是室外温度,因为全年中室外温度变化很大,一般只在某些季节才需要供热。季节性热负荷在一天中变化不大。

2)常年性热负荷。生活用热(主要指热水供应)和生产工艺系统用热属于常年性热负荷。常年性热负荷的特点是:与气候条件关系不大,一年中用热状况变化不大,但全天中用热情况变化较大。

热水供应热负荷主要取决于使用的人数和生活习惯、生活水平和作息制度等因素。生产工艺热负荷取决于生产的性质、生产规模、生产工艺、用热设备的数量和生产作业的班次等因素。

## 二、小城镇热负荷预测与计算

### 1. 热负荷计算的步骤

(1)收集热负荷现状资料。热负荷现状资料,既是计算的依据,又可作为预测取值的参数。

(2)分析热负荷的种类和特点。对采暖、通风、生活热水、生产工艺等各类用热来说，需采用不同方法、不同指标进行预测和计算，必须对热负荷进行准确分析，然后才能进行计算与预测。

（3）预测与计算供热总负荷。地区的供热总负荷是布局供热设施和进行管网计算的依据，在各类热负荷计算与预测结果得出后，经校核后相加，同时考虑一些其他变数，最后计算出供热总负荷。供热总负荷一般体现为功率，单位取瓦（W）、千瓦（kW）或兆瓦（MW）。

**2. 热负荷的确定**

采暖热负荷的确定方法有计算法和概算指标法。

（1）计算法。

1）采暖热负荷计算。

$$Q=\frac{qA}{1\,000} \tag{8-1}$$

式中　$Q$——采暖热负荷（MW）；

$q$——采暖热指标（W/m²，取 $60\sim67$ W/m²）；

$A$——采暖建筑面积（m²）。

2）通风热负荷计算。

$$Q_r=KQ_n \tag{8-2}$$

式中　$Q_r$——通风热负荷（MW）；

$K$——加热系数（一般取 $0.3\sim0.5$）；

$Q_n$——采暖热负荷（MW）。

3）生活热水热负荷计算。

$$Q_w=Kq_wF \tag{8-3}$$

式中　$Q_w$——生活热水热负荷（W）；

$K$——小时变化系数；

$q_w$——平均热水热负荷指标（W/m²）；

$F$——总用地面积（m²）。

当住宅无热水供应、仅向公建供应热水时，$q_w$ 取 $2.5\sim3$ W/m²；当住宅供应洗浴用热水时，$q_w$ 取 $15\sim20$ W/m²。

4）空调冷负荷计算。

$$Q_c=\frac{\beta q_cA}{1\,000} \tag{8-4}$$

式中 $Q_c$——空调冷负荷（MW）；

$\beta$——修正系数；

$q_c$——冷负荷指标（一般为 $70\sim90$ W/m²）；

$A$——建筑面积（m²）。

对不同建筑而言，$\beta$ 的值不同，详见表 8-1。

表 8-1 小城镇建筑冷负荷指标

| 建筑类型 | 旅馆 | 住宅 | 办公楼 | 商店 | 体育馆 | 影剧院 | 医院 |
|---|---|---|---|---|---|---|---|
| 冷负荷指标 $\beta q_c$ | $1.0q_c$ | $1.0q_c$ | $1.2q_c$ | $0.5q_c$ | $1.5q_c$ | $(1.2\sim1.6)q_c$ | $(0.8\sim1.0)q_c$ |

注：当建筑面积<5 000 m² 时，取上限；建筑面积>10 000 m²，取下限。

5）生产工艺热负荷计算。对规划的工厂可采用设计热负荷资料或根据相同企业的实际热负荷资料进行估算。该项热负荷通常应由工艺设计人员提供。

6）供热总负荷计算。将上述各类负荷的计算结果相加，进行适当的校核处理后即得供热总负荷，但总负荷中的采暖、通风热负荷与空调冷负荷实际上是同一类负荷，在相加时应取两者中较大的一个进行计算。

（2）概算指标法。民用建筑供热面积热指标概算值见表 8-2。对居住小区而言，包括住宅与公建在内，其采暖热指标建议取值为 $60\sim67$ W/m²。

表 8-2 小城镇民用建筑供热面积热指标概算值

| 建筑物类型 | 单位面积热指标/(W/m²) | 建筑物类型 | 单位面积热指标/(W/m²) |
|---|---|---|---|
| 住宅 | $58\sim64$ | 商店 | $64\sim87$ |
| 办公楼、学校 | $58\sim87$ | 单层住宅 | $81\sim105$ |
| 医院、幼儿园 | $64\sim81$ | 食堂餐厅 | $116\sim140$ |
| 旅馆 | $58\sim70$ | 影剧院 | $93\sim116$ |
| 图书馆 | $47\sim76$ | 大礼堂、体育馆 | $116\sim163$ |

注：1. 总建筑面积大，外围护结构热工性能好，离户面积小，可采用表中较小的数值；反之，则采用表中较大的数值。

2. 上表推荐值中，已包括了热网损失在内（约 6%）。

# 第三节　小城镇集中供热热源规划

## 一、小城镇主要热源种类

(1)集中供热锅炉房供热。在小城镇,多以集中供热锅炉房作为集中供应热能的热源。区域锅炉房与分散的小锅炉房比较,热效率高,减少烟气排放的污染;与热电厂相比有投资低、建设周期短、厂址选择容易等优点。

(2)热电厂(站)供热。

(3)工业余热供热。

(4)其他热源供热(地热和太阳能等)。

## 二、小城镇供热热源的选择原则

(1)因地制宜、经济合理的原则。

(2)近、远期结合,统一规划、分期实施的原则。

(3)统筹规划、联建共享原则。

例如,对仅有采暖负荷的小城镇宜采用集中供热锅炉房;供热区域为常年性热负荷(小城镇有较大规模的用汽工业企业、工业园区)宜采用被压式或单级抽气供热机组的热电厂;既有常年性负荷又有季节性负荷,且热负荷较大时宜采用两级抽气供热机组;仅有较大季节性负荷,宜采用单级(低压)抽气供热机组的热电厂。

## 三、小城镇集中供热热源选址

### 1. 小城镇热电厂选址原则

(1)应符合小城镇总体规划要求,并征得规划部门和电力、环保、水利、消防等有关部门的同意。

(2)应尽量靠近热负荷中心,热电厂蒸气的输送距离一般为3~4 km。

(3)要有方便的水陆交通条件。

(4)要有良好的供水条件和保证率。

(5)要有妥善解决排灰的条件。

(6)要有方便的出线条件。

(7)要有一定的防护距离。

(8)应尽量占用荒地、次地和低产田地,不占或少占良田地。

(9)应避开滑坡、溶洞、塌方、断裂带、淤泥等不良地质地段。

(10)应同时考虑职工居住和上下班等因素。

(11)小型热电厂的占地面积可根据表 8-3 计算。

表 8-3 小城镇小型热电厂占地面积参考值

| 规模/kW | 2×1 500 | 2×3 000 | 2×6 000 | 2×12 000 |
|---|---|---|---|---|
| 厂区占地面积/hm² | 21.5 | 2.0~2.8 | 3.5~4.5 | 5.5~7 |

## 2. 锅炉房位置的选择

确定锅炉房位置时应综合考虑以下几个方面的因素。

(1)应尽量靠近热负荷密度较大的地区。当热负荷分布较为均匀时,尽可能位于热用户的中央,以缩短供热、回热管路,节省管材,减少沿途的散热损失,并有利于供暖系统中各循环回路的阻力平衡。

(2)要便于燃料和灰渣的存贮和运输。锅炉房周围应有足够的堆放煤、灰的面积,并留有扩建的余地。

(3)宜位于供暖季节主导风向的下风向,以减轻煤灰、粉尘对周围环境的污染。

(4)宜位于供热区的低凹处和隐蔽处,以利于回热的收集和美观。但必须保证锅炉房内的地面标高高于当地的洪水水位标高。

(5)供热管道的布置应尽量避免或减少与其他管道的交叉。

(6)应使锅炉房内有良好的自然通风和采光,便于给水、排水和供电,并应符合安全、防火等方面有关规定。

(7)应根据远期规划在锅炉房扩建端留有余地,不同规模热水锅炉的用地面积可参考表 8-4 进行计算。

表 8-4　　小城镇热水锅炉房用地面积参考值

| 锅炉房总容量 /(MW)(Mkcal/h) | 用地面积 /hm² | 锅炉房总容量 /(MW)(Mkcal/h) | 用地面积 /hm² |
|---|---|---|---|
| 5.8~11.6(5~10) | 0.3~0.5 | 58.0~11.6(50.1~100) | 1.6~2.5 |
| 11~35(10.1~30) | 0.6~1.0 | 116.1~232(100.1~200) | 2.6~3.5 |
| 35.1~58(30.1~50) | 1.1~1.5 | 232.1~350(200.1~300) | 4~5 |

# 第四节　小城镇供热管网规划

城镇供热管网又称热力网,是指由热源向热用户输送和分配供热介质的管线系统,又称为热力网。供热管网主要由热源至压力站及热力站至用户之间的管道、管道附件和管道支座组成。

## 一、小城镇供热管网的分类

(1)根据热媒介质的不同分类。热力网可分为蒸汽管网、热水管网和混合式管网三种。

一般情况下,从热源到热力站的管网多采取蒸汽管网,而在热力站向民用建筑供暖的管网中,更多采用的是热水管网。

(2)根据用户对介质的使用情况分类。根据用户对介质的使用情况,供热管网可分为开式和闭式。

在开式管网中,热用户可以使用供热介质,如蒸汽和热水,系统须不断补充新的热介质。

在闭式管网中,热介质只许在系统内部循环,不供给用户,系统只需补充运行过程中泄漏损失的少量介质。

(3)根据管路上敷设的管道数目分类。供热管网还可根据一条管路上敷设的管道数目,分为单管制、双管制和多管制。

单管制的热力网在一条管路上只有一根输送热介质的管道,没有供介质回流的管道。此类型主要用于用户对介质用量稳定的开式热力网中。

　　双管制的热力网在一条管路上有一根输送热介质管道的同时,还有一根介质回流管。此类型较多用于闭式热力网中。

　　对于用户种类多,对介质需用工况要求复杂的热力网,一般采用多管制。多管制管网网路复杂,投资较大,管理也较困难。

## 二、小城镇供热介质

### 1. 供热介质选择

　　(1)承担民用建筑物采暖、通风、空调及生活热水热负荷的城镇供热管网应采用水作供热介质。

　　(2)同时承担生产工艺热负荷和采暖、通风、空调、生活热水热负荷的城镇供热管网,供热介质应按下列原则确定。

　　1)当生产工艺热负荷为主要负荷,且必须采用蒸汽供热时,应采用蒸汽作供热介质。

　　2)当以水为供热介质能够满足生产工艺需要(包括在用户处转换为蒸汽),且技术经济合理时,应采用水作供热介质。

　　3)当采暖、通风、空调热负荷为主要负荷,生产工艺又必须采用蒸汽供热,经技术经济比较认为合理时,可采用水和蒸汽两种供热介质。

### 2. 供热介质参数

　　(1)热水供热管网最佳设计供、回水温度,应结合具体工程条件,考虑热源、供热管线、热用户系统等方面的因素,进行技术经济比较确定。

　　(2)当不具备条件进行最佳供、回水温度的技术经济比较时,热水热力网供、回水温度可按下列原则确定。

　　1)以热电厂或大型区域锅炉房为热源时,设计供水温度可取110~150 ℃,回水温度不应高于70 ℃。热电厂采用一级加热时,供水温度取较小值;采用二级加热(包括串联尖峰锅炉)时,供水温度取较大值。

　　2)以小型区域锅炉房为热源时,设计供回水温度可采用户内采暖系统的设计温度。

　　3)多热源联网运行的供热系统中,各热源的设计供回水温度应一致。当区域锅炉房与热电厂联网运行时,应采用以热电厂为热源的供热系统最佳供、回水温度。

**3. 水质标准**

(1)以热电厂和区域锅炉房为热源的热水热力网,补给水水质应符合表 8-5 的规定。

表 8-5　热力网补给水水质要求

| 项　目 | 要　求 |
|---|---|
| 浊度/(NTU) | ≤5.0 |
| 硬度/(mmol/L) | ≤0.60 |
| 溶解氧/(mg/L) | ≤0.10 |
| 油/(mg/L) | ≤2.0 |
| pH(25 ℃) | 7.0~11.0 |

(2)开式热水热力网补给水水质除应符合表 8-5 的规定外,还应符合现行国家标准《生活饮用水卫生标准》(GB 5749—2006)的规定。

(3)对蒸汽热力网,由用户热力站返回热源的凝结水水质应符合表 8-6 的规定。

表 8-6　蒸汽热力网凝结水水质要求

| 项　目 | 要　求 |
|---|---|
| 总硬度/(mmol/L) | ≤0.05 |
| 铁/(mg/L) | ≤0.5 |
| 油/(mg/L) | ≤10 |

(4)蒸汽管网的凝结水排放时,水质应符合现行行业标准《污水排入城镇下水道水质标准》(CJ 343—2010)。

(5)当供热系统有不锈钢设备时,供热介质中氯离子含量不宜高于 25 mg/L,否则应对不锈钢设备采取防腐措施。

**三、小城镇供热管网的布置形式**

供热管网的布置形式按平面布置类型,可分为枝状管网与环状管网两种。枝状管网又分为单级枝状管网与两级枝状管网两种形式。

### 1. 枝状管网

（1）单级枝状管网。从热源出发经供热管网直接到各热用户的形式称为单级枝状管网，如图 8-1 所示。单级枝状管网布置简单，供热管道的直径随着离热源越远而逐渐减少。管道的金属热耗量小，基建投资小，运行管理方便。但枝状管网不具后备供热能力。当供热管网某

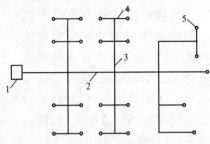

图 8-1　单级枝状管网
1—热源；2—主干线；3—支干线；
4—用户支线；5—热用户

处发生故障时，在故障点之后的热用户将停止供热。因此，枝状管网一般只适用于规模较小的而且允许短时间停止供热的热用户的情况（如居民热用户）。

（2）两级枝状管网。由热源至热力站或区域锅炉房的供热管道系统称为一级网；由热力站或区域锅炉房至热用户的供热管道统称为二级网，如图 8-2 所示。

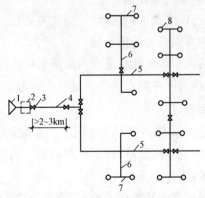

图 8-2　两级枝状管网
1—热电厂；2—锅炉房；3—阀门；4—总干管；
5—干管；6—支干管；7—支管；8—热力站

## 2. 环状管网

环状管网一般应由两个以上的热源所组成的小型集中供热系统,如图8-3所示。环状主干管是互相联通的,主要的优点是具有备用供热的可能性;其缺点是管径比枝状管网大,消耗钢材多,造价高。

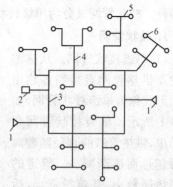

**图 8-3　环状管网示意图**
1—热电厂;2—区域锅炉房;3—环状管网;
4—支干线;5—分支干线;6—热力站

## 四、小城镇供热管网选择要点

### 1. 热水供热系统

(1)以采暖和热水供应热负荷为主的供热系统,一般均采用热水管网。

(2)热水热力网宜采用闭式双管制。

(3)以热电厂为热源的热水热力网,同时有生产工艺、采暖、通风、空调、生活热水等多种热负荷,或季节性热负荷占总负荷比例较大,经技术经济合理时,可采用闭式多管制。

(4)当热水热力网满足下列条件,可采用开式热力网。

1)具有水处理费用低的补给水源。

2)具有与生活热水热负荷相适应的廉价低位热能。

(5)开式热水热力网在热水热负荷足够大时可不设回水管。

### 2. 蒸汽供热系统

(1)蒸汽供热系统一般适用于以生产工艺热负荷为主的供热系统。

(2)蒸汽热力网的蒸汽管道,宜采用单管制。当符合下列情况时,可采用双管制或多管制。

1)各热用户用蒸汽的参数相差较大,或季节性热负荷占总热负荷的比例较大且技术经济合理时,可采用双管制或多管制。

2)当热用户按规划分期建设时,可采用双管制或多管制。

3)蒸汽供热系统中,如用户凝结水质量差,凝结水回水率低,或凝结水能够回收,但凝结水管网经技术经济比较不合算时,可不设凝结水管网。

### 五、小城镇供热管网布置

#### 1. 小城镇供热管网的平面布置

(1)供热管网主要干管应力求短直并靠近大用户和热负荷集中的地段,避免长距离穿越没有热负荷的地段。

(2)尽量避开主要交通干道和繁华街道。

(3)干道路中心线,通常敷设在道路的一侧,或者是敷设在人行道下面。尽量少敷设在横穿街道的引入管,尽可能使相邻的建筑物的供热管道相互连接。如果道路是有很厚的混凝土层的现代新式路网,则可采用在街坊内敷设管线的方法。

(4)热管道穿越河流或大型渠道时,可随桥架设或单独设置管桥,也可采用虹吸管由河底(或渠道)通过。具体采用何种方式,应与城市规划等部门协商并根据市容要求、经济能力进行统一考虑后确定。

(5)其他管线平行敷设或交叉时,为保证各种管道均能方便地敷设、运行和维修,热网和其他管线之间应留有必要的距离。

(6)技术上应安全可靠,避开土质松软地区和地震断裂带、滑坡及地下水位高的地区。

#### 2. 小城镇供热管网的竖向布置

规划供热管网的竖向布置应满足下列条件。

(1)一般地沟管线敷设深度最好浅一些,减少土方工程量。为了避免地沟盖受汽车等动荷重的直接压力,地沟的埋深自地面到沟盖顶面不少于 0.5~1.0 m,特殊情况下,若地下水位高或其他地下管线相交情况极其复杂时,允许采用较小的埋设深度,但不少于 0.3 m。

(2)热力管道埋设在绿化地带时,埋深应大于 0.3 m。热力管道土建结构顶面至铁路路轨底间最小净距应大于 1.0 m;与电车路基底为 0.75 m;与公路路面基础为 0.7 m,跨越有永久路面的公路时,热力管道应敷设在通行或半通行的地沟中。

(3)热力管道与其他地下设备相交叉时,应在不同的水平面上互相通过。

(4)地上热力管道与街道或铁路交叉时,管道与地面之间应保留足够的距离;此距离应根据不用运输类型所需高度尺寸来确定:汽车运输时为 3.5 m,电车运输时为 4.5 m,火车运输时为 6.0 m。

(5)地下敷设时必须注意地下水位,沟底的标高应高于近 30 年来最高地下水位 0.2 m,在没有准确地下水位资料时,应高于已知最高地下水位 0.5 m 以上,否则地沟要进行防水处理。

(6)热力管道和电缆之间的最小净距为 0.5 m,如电缆地带的土壤受热的附加温度在任何季节都不大于 10 ℃,而且热力管道有专门的保温层,那么可减小此净距。

(7)横过河流时,目前广泛采用悬吊式人行桥梁和河底管沟方式。

表 8-7 列出了小城镇热力网管道与建筑物、构筑物、其他管线的最小距离。

表 8-7　小城镇热力网管道与建筑物、构筑物、其他管线的最小距离

| 建筑物、构筑物或管线名称 | 与热力网管道最小水平净距/m | 与热力网管道最小垂直净距/m |
| --- | --- | --- |
| 建筑基础与 $DN \leqslant 250$ 热力管沟 | 0.5 | — |
| 建筑基础与 $DN \geqslant 300$ 的直埋敷设闭式热力管道 | 2.5 | — |
| 建筑基础直埋敷设开式热力管道 | 3.0 | — |
| 铁路钢轨 | 铁路外侧 3.0 | 轨底 1.2 |
| 电车钢轨 | 铁路外侧 2.0 | 轨底 1.0 |
| 铁路、公路路基边坡底脚或边沟的边缘 | 1.0 | — |
| 通信、照明或 10 kV 以下电力线路的电杆 | 1.0 | — |
| 桥墩(高架桥、栈桥)边缘 | 2.0 | — |
| 架空管道支架基础边缘 | 1.5 | — |
| 35～66 kV 高压输电线铁塔基础边缘 | 2.0 | — |
| 110～220 kV 高压输电线铁塔基础边缘 | 3.0 | — |

续一

| 建筑物、构筑物或管线名称 | 与热力网管道最小水平净距/m | 与热力网管道最小垂直净距/m |
|---|---|---|
| 通信电缆管线 | 1.0 | 0.15 |
| 通信电缆（直埋） | 1.0 | 0.15 |
| 35 kV 以下电力电缆和控制电缆 | 2.0 | 0.5 |
| 110 kV 电力电缆和控制电缆 | 2.0 | 1.0 |
| $P<150$ kPa 的燃气管道与热力管沟 | 1.0 | 0.15 |
| $P$ 为 150～300 kPa 的燃气管道与热力管沟 | 1.5 | 0.15 |
| $P>800$ kPa 的燃气管道与热力管沟 | 4.0 | 0.15 |
| $P$ 在 300～800 kPa 的燃气管道与热力管沟 | 2.0 | 0.15 |
| $P<300$ kPa 的燃气管道与直埋热力管道 | 1.0 | 0.15 |
| $P<800$ kPa 的燃气管道与直埋热力管道 | 1.5 | 0.15 |
| $P>800$ kPa 的燃气管道与直埋热力管道 | 2.0 | 0.15 |
| 给水管道 | 1.5 | 0.15 |
| 排水管道 | 1.5 | 0.15 |
| 地铁 | 5.0 | 0.8 |
| 电气铁路接触网电杆基础 | 3.0 | — |
| 乔木（中心） | 1.5 | — |
| 灌木（中心） | 1.5 | — |
| 道路路面 | — | 0.7 |
| 铁路钢轨 | 轨外侧 3.0 | 轨顶一般 5.5，电气铁路 6.55 |
| 电车钢轨 | 轨外侧 2.0 | — |
| 公路路面边缘或边沟边缘 | 轨外侧 0.5 | — |
| 1 kV 以下的架空输电线路 | 导线最大风偏时 1.5 | 热力管道在下面交叉通过，导线最大垂度时 1.0 |
| 1～10 kV 下的架空输电线路 | 导线最大风偏时 2.0 | 热力管道在下面交叉通过，导线最大垂度时 2.0 |

续二

| 建筑物、构筑物或管线名称 | 与热力网管道<br>最小水平净距/m | 与热力网管道<br>最小垂直净距/m |
|---|---|---|
| 35～110 kV 下的架空输电线路 | 导线最大风偏时 4.0 | 热力管道在下面交叉通过，<br>导线最大垂度时 4.0 |
| 220 kV 下的架空输电线路 | 导线最大风偏时 5.0 | 热力管道在下面交叉通过，<br>导线最大垂度时 5.0 |
| 330 kV 下的架空输电线路 | 导线最大风偏时 6.0 | 热力管道在下面交叉通过，<br>导线最大垂度时 6.0 |
| 500 kV 下的架空输电线路 | 导线最大风偏时 6.5 | 热力管道在下面交叉通过，<br>导线最大垂度时 6.5 |
| 树冠 | 0.5(到树中不小于 2.0) | — |
| 公路路面 | — | 4.5 |

注：1. 当热力管道埋深大于建、构筑物基础深度，最小水平净距应按土壤内摩擦角计算确定。

    2. 当热力管道与电缆平行敷设时，电缆处的土壤温度与月平均土壤自然温度比较，全年任何时候对于 10 kV 电力电缆不高出 10 ℃、对 35～110 kV 电力电缆不高出 5 ℃，可减少表中所列距离。

    3. 在不同深度并列敷设各种管道时，各管道间的水平净距不小于其深度差。

    4. 热力管道检查塞、"冂"型补偿器壁龛与燃气管道最小水平净距亦应符合表中规定。

    5. 条件不允许时，经有关单位同意，可减少表中规定的距离。

## 六、小城镇供热管网的敷设方式

小城镇供热管网的敷设方式有架空敷设和地下敷设两类。

### 1. 架空敷设

架空敷设是将供热管道设在地面上的独立支架或带纵梁的桁架以及建筑物的墙壁上。

架空敷设方式一般适用于地下水位较高，年降雨量较大，地质土为湿陷性黄土或腐蚀性土壤，或地下敷设时需进行大量土石方工程的地区。在市区范围内，架空敷设多用于工厂区内部或对市容要求不高的地段。在厂区内，架空管道应尽量利用建筑物的外墙或其他永久性的构筑物。在地震活动区,应采用独立支架或地沟敷设方式比较可靠。

　　按照支架的高度不同,可把支架敷设分为低支架、中支架和高支架三种敷设方式。

　　(1)低支架敷设。低支架敷设,如图8-4所示。一般设于不妨碍交通和厂区、街区扩建的地段,并常常沿工厂的围墙或平行于公路、铁路敷设。为了避免地面水的侵袭,管道保温层外壳底部离地面的净高不宜小于0.3 m。当与公路、铁路等交叉时,可将管道局部升高并敷设在杆架上跨越。

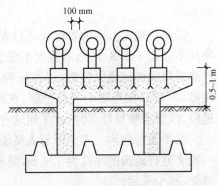

图8-4　低支架敷设

　　(2)高、中支架敷设。高、中支架敷设如图8-5所示。中支架一般设在人行频繁、需要通过车辆的地方,其净高为2.5~4 m;高支架净空高为4.5~6 m,主要在跨越公路或铁路时采用。

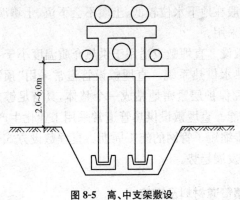

图8-5　高、中支架敷设

## 2. 地下敷设

地下敷设分为地沟敷设和直埋敷设两类。

(1)地沟敷设。地沟敷设分为有沟敷设和无沟敷设两类。地沟的主要作用是保护管道不受外力和水的侵袭,保护管道的保温结构,并使管道能自由地热胀冷缩。

1)有沟敷设。有沟敷设可分为通行地沟、半通行地沟和不通行地沟三种。

①通行地沟。因为要保证运行人员能经常对管道进行维护,地沟净高不应低于 1.8 m,通道宽度不应小于 0.7 m,沟内应有照明设施和自然通风或机械通风装置,以保证沟内温度不超过 40 ℃。因此造价较高,一般只在重要干线与公路、铁路交叉和不允许开挖路面检修的地段,或管道数目较多时,才采用这种局部敷设方式。

②半通行地沟。考虑运行人员能弯腰走路进行正常的维修工作,一般半通行地沟的净高为 1.4 m,通道宽度为 0.5～0.7 m。因工作条件差,很少采用。

③不通行地沟。这是有沟敷设中广泛采用的一种敷设方式,地沟断面尺寸只需要满足施工即可。

2)无沟敷设。无沟敷设是将供热管道直接埋设在地下。由于保温结构与土壤直接接触,同时起到保温和承重作用,是最经济的一种敷设方式。一般在地下水位较低、土质不会下沉、土壤腐蚀性小、渗透性较好的地区采用。

(2)直埋敷设。直埋敷设适用于供热介质温度小于 150 ℃的供热管道,常用于热水供热系统。直埋敷设管道常采用"预制保温管",将钢管、保温层和保护层紧密地粘成一个整体,具有足够的力学强度和良好的防水性能。直埋敷设供热管道常采用工业化生产,这既保证了质量,又进一步缩短了管网的施工周期。直埋敷设方式代表了供热管道敷设方式的发展趋势。

## 七、小城镇管道材料及连接

(1)城镇供热管道应采用无缝钢管、电弧焊或高频焊焊接钢管。管道及钢制管件的钢材钢号不应低于表 8-8 的规定。管道和钢材的规格及质量应符合现行国家相关标准的规定。

表 8-8　供热管道钢材钢号及适用范围

| 钢　号 | 设计参数 | 钢板厚度 |
|---|---|---|
| Q235AF | $P \leqslant 1.0$ MPa, $t \leqslant 95$ ℃ | $\leqslant 8$ mm |
| Q235A | $P \leqslant 1.6$ MPa, $t \leqslant 150$ ℃ | $\leqslant 16$ mm |
| Q235B | $P \leqslant 2.5$ MPa, $t \leqslant 300$ ℃ | $\leqslant 20$ mm |
| 10、20、低合金钢 | 可用于规范适用范围的全部参数 | 不限 |

(2)凝结水管道宜采用具有防腐内衬、内防腐涂层的钢管或非金属管道。非金属管道的承压能力和耐温性能应满足设计要求。

(3)热力网管道的连接应采用焊接,管道与设备、阀门等连接宜采用焊接;当设备、阀门等需要拆卸时,应采用法兰连接;公称直径小于或等于 25 mm 的放气阀,可采用螺纹连接,但连接放气阀的管道应采用厚壁管。

(4)室外采暖计算温度低于 -5 ℃地区露天敷设的不连续运行的凝结水管道放水阀门,室外采暖计算温度低于 -10 ℃地区露天敷设的热水管道设备附件均不得采用灰铸铁制品;室外采暖计算温度低于 -30 ℃地区露天敷设的热水管道,应采用钢制阀门及附件;蒸汽管道在任何条件下均应采用钢制阀门及附件。

(5)弯头的壁厚不应小于直管壁厚。焊接弯头应采用双面焊接。

(6)钢管焊制三通应对支管开孔进行补强;承受干管轴向荷载较大的直埋敷设管道,应对三通干管进行轴向补强,其技术要求应按现行行业标准《城镇直埋供热管道工程技术规程》(CJJ/T 81—1998)的规定执行。

(7)变径管的制作应采用压制或钢板卷制,壁厚不应小于管道壁厚。

## 八、小城镇供热管网附件与设施

(1)热力网管道干线、支干线、支线的起点应安装关断阀门。

(2)热水热力网干线应装设分段阀门。输送干线分段阀门的间距宜为 2 000～3 000 m;输配干线分段阀门的间距宜为 1 000～1 500 m。蒸汽热力网可不安装分段阀门。

(3)热力网的关断阀和分段阀均应采用双向密封阀门。

(4)热水、凝结水管道的高点(包括分段阀门划分的每个管段的高点)应安装放气装置。

(5)热水、凝结水管道的低点(包括分段阀门划分的每个管段的低点)应安装放水装置。热水管道的放水装置应满足一个放水段的排放时间,其不超过表 8-9 的规定。

表 8-9　热水管道放水时间

| 管道公称直径/mm | 放水时间/h |
| --- | --- |
| DN≤300 | 2～3 |
| DN350～500 | 4～6 |
| DN≥600 | 5～7 |

注:严寒地区采用表中规定的放水时间较小值。停热期间供热装置无冻结危险的地区,
　表中的规定可放宽。

(6)蒸汽管道的低点和垂直升高的管段前应设启动疏水和经常疏水装置。同一坡向的管段,顺坡情况下每隔 400～500 m,逆坡时每隔 200～300 m 应设启动疏水和经常疏水装置。

(7)经常疏水装置与管道连接处应设聚集凝结水的短管,短管直径应为管道直径的 1/2～1/3。经常疏水管应连接在短管侧面。

(8)经常疏水装置排出的凝结水,宜排入凝结水管道。

(9)工作压力大于或等于 1.6 MPa,且公称直径大于或等于 500 mm 的管道上的闸阀应安装旁通阀。旁通阀的直径可按阀门直径的 1/10 选用。

(10)当供热系统补水能力有限,需控制管道充水流量或蒸汽管道启动暖管需控制汽量时,管道阀门应装设口径较小的旁通阀作为控制阀门。

(11)当动态水力分析需延长输送干线分段阀门关闭时间以降低压力瞬变值时,宜采用主阀并联旁通阀的方法解决。旁通阀直径可取主阀直径的 1/4。主阀和旁通阀应连锁控制,旁通阀必须在开启状态,主阀方可进行关闭操作,主阀关闭后旁通阀才可关闭。

(12)公称直径大于或等于 500 mm 的阀门,宜采用电动驱动装

置。由监控系统远程操作的阀门,其旁通阀也应采用电动驱动装置。

(13)公称直径大于或等于 500 mm 的热水热力网干管时,在低点、垂直升高管段前、分段阀门前宜设阻力小的永久性除污装置。

(14)地下敷设管道安装套筒补偿器、波纹管补偿器、阀门、放水和除污装置等设备附件时,应设检查室。检查室应符合下列规定。

1)净空高度不应小于 1.8 m。

2)人行通道宽度不应小于 0.6 m。

3)干管保温结构表面与检查室地面距离不应小于 0.6 m。

4)检查室的人孔直径不应小于 0.7 m,人孔数量不应少于 2 个,并应对角布置,人孔应避开检查室内的设备,当检查室净空面积小于4 m时,可只设 1 个人孔。

5)检查室内至少应设 1 个集水坑,并应置于人孔下方。

6)检查室地面应低于管沟内底不小于 0.3 m。

7)检查室内爬梯高度大于 4 m 时应设护栏或在爬梯中间设平台。

(15)当检查室内需更换的设备、附件不能从人孔进出时,应在检查室顶板上设安装孔。安装孔的尺寸和位置应保证需更换设备的出入和便于安装。

(16)当检查室内装有电动阀门时,应采取措施保证安装地点的空气温度、湿度满足电气装置的技术要求。

(17)当地下敷设管道只需安装放气阀门且埋深很小时,可不设检查室,只在地面设检查井口,放气阀门的安装位置应便于工作人员在地面进行操作;当埋深较大时,在保证安全的条件下,也可只设检查人孔。

(18)中高支架敷设的管道,安装阀门、放水、放气、除污装置的地方应设操作平台。在跨越河流、峡谷等地段,必要时应沿架空管道设检修便桥。

(19)中高支架操作平台的尺寸应保证维修人员操作方便。检修便桥宽度不应小于 0.6 m。平台或便桥周围应设防护栏杆。

(20)架空敷设管道上,露天安装的电动阀门,其驱动装置和电气部分的防护等级应满足露天安装的环境条件,为防止无关人员操作应有防护措施。

(21)地上敷设管道与地下敷设管道连接处,地面不得积水,连接处的地下构筑物应高出地面 0.3 m 以上,管道穿入构筑物的孔洞应采取防止雨水进入的措施。

(22)地下敷设管道固定支座的承力结构宜采用耐腐蚀材料,或采取可靠的防腐措施。

(23)管道活动支座应采用滑动支座或刚性吊架。当管道敷设于高支架、悬臂支架或通行管沟内时,宜采用滚动支座或使用减摩材料的滑动支座。

当管道运行时有垂直位移且对邻近支座的荷载影响较大时,应采用弹簧支座或弹簧吊架。

# 第五节　小城镇水力计算

## 一、设计流量的确定

(1)采暖、通风、空调热负荷热水供热管网设计流量及生活热水热负荷闭式热水热力网设计流量,应按下式计算。

$$G = 3.6 \frac{Q}{c(t_1 - t_2)} \qquad (8\text{-}5)$$

式中　$G$——供热管网设计流量(t/h);

　　　$Q$——设计热负荷(kW);

　　　$c$——水的比热容[kJ/(kg·℃)];

　　　$t_1$——供热管网供水温度(℃);

　　　$t_2$——各种热负荷相应的供热管网回水温度(℃)。

(2)生活热水热负荷开式热水热力网设计流量,应按下式计算。

$$G = 3.6 \frac{Q}{c(t_1 - t_{w0})} \qquad (8\text{-}6)$$

式中　$G$——生活热水热负荷热力网设计流量(t/h);

　　　$Q$——生活热水设计热负荷(kW);

$c$——水的比热容[kJ/(kg·℃)];

$t_1$——热力网供水温度(℃);

$t_{w0}$——冷水计算温度(℃)。

(3)当热水供热管网有夏季制冷热负荷时,应分别计算采暖期和供冷期供热管网流量,并取较大值作为供热管网设计流量。

(4)当计算采暖期热水热力网设计流量时,各种热负荷的热力网设计流量应按下列规定计算。

1)当热力网采用集中质调节时,承担采暖、通风、空调热负荷的热力网供热介质温度应取相应的冬季室外计算温度下的热力网供、回水温度;承担生活热水热负荷的热力网供热介质温度应取采暖期开始(结束)时的热力网供水温度。

2)当热力网采用集中量调节时,承担采暖、通风、空调热负荷的热力网供热介质温度应取相应的冬季室外计算温度下的热力网供、回水温度;承担生活热水热负荷的热力网供热介质温度应取采暖室外计算温度下的热力网供水温度。

3)当热力网采用集中"质—量"调节时,应采用各种热负荷在不同室外温度下的热力网流量曲线叠加得出的最大流量值,作为设计流量。

(5)计算承担生活热水热负荷热水热力网设计流量时,当生活热水换热器与其他系统换热器并联或两级混合连接时,仅应计算并联换热器的热力网流量;当生活热水换热器与其他系统换热器两级串联连接时,热力网设计流量取值应与两级混合连接时相同。

(6)计算热水热力网干线设计流量时,生活热水设计热负荷应取生活热水平均热负荷;计算热水热力网支线设计流量时,生活热水设计热负荷应根据生活热水用户有无储水箱,按规定取生活热水平均热负荷或生活热水最大热负荷。

(7)蒸汽热力网的设计流量,应按各用户的最大蒸汽流量之和乘以同时使用系数确定。当供热介质为饱和蒸汽时,设计流量应考虑补偿管道热损失产生的凝结水的蒸汽量。

(8)凝结水管道的设计流量应按蒸汽管道的设计流量乘以用户的

凝结水回收率确定。

## 二、水力计算

(1)水力计算应包括下列内容。

1)确定供热系统的管径及热源循环水泵、中继泵的流量和扬程。

2)分析热系统正常运行的压力工况,确保热用户有足够的资用压头且系统不超压、不汽化、不倒空。

3)进行事故工况分析。

4)必要时进行动态水力分析。

(2)水力计算应满足连续性方程和压力降方程。环网水力计算应保证所有环线压力降的代数和为零。

(3)当热水供热系统多热源联网运行时,应按热源投产顺序对每个热源满负荷运行的工况进行水力计算并绘制水压图。

(4)对于常年运行的热水供热管网应进行非采暖期水力工况分析。当有夏季制冷负荷时,还应分别进行供冷期和过渡期水力工况分析。

(5)蒸汽管网水力计算时,应按设计流量进行设计计算,再按最小流量进行校核计算,保证在任何可能的工况下满足最不利于用户的压力和温度要求。

(6)蒸汽供热管网应根据管线起点压力和用户需要压力确定的允许压力降选择管道直径。

(7)具有下列情况之一的供热系统除进行静态水力分析外,还宜进行动态水力分析。

1)具有长距离输送干线。

2)供热范围内地形高差大。

3)系统工作压力高。

4)系统工作温度高。

5)系统可靠性要求高。

(8)动态水力分析应对循环泵或中继泵跳闸、输送干线主阀门非正常关闭、热源换热器停止加热等非正常操作发生时的压力瞬变进行分析。

(9)动态水力分析后,应根据分析结果采取下列相应的主要安全保护措施。

1)设置氮气定压罐。

2)设置静压分区阀。

3)设置紧急泄水阀。

4)延长主阀关闭时间。

5)循环泵、中继泵与输送干线的分段阀连锁控制。

6)提高管道和设备的承压等级。

7)适当提高定压或静压水平。

8)增加事故补水能力。

## 三、水力计算参数

(1)供热管道内壁当量粗糙度应按表 8-10 选取。

表 8-10　供热管道内壁当量粗糙度

| 供热介质 | 管道材质 | 当量粗糙度/m |
|---|---|---|
| 蒸汽 | 钢管 | 0.000 2 |
| 热水 | 钢管 | 0.000 5 |
| 凝结水、生活热水 | 钢管 | 0.001 |
| 各种介质 | 非金属管 | 按相关资料取用 |

对现有供热管道进行水力计算,当管道内壁存在腐蚀现象时,宜采取经过测定的当量粗糙度值。

(2)确定热水热力网主干线管径时,宜采用经济比摩阻。经济比摩阻数值宜根据工程具体条件计算确定,主干线比摩阻可采用 30～70 Pa/m。

(3)热水热力网支干线、支线应按允许压力降确定管径,但供热介质流速不应大于 3.5 m/s。支干线比摩阻不应大于 300 Pa/m,连接一个热力站的支线比摩阻可大于 300 Pa/m。

(4)蒸汽供热管道供热介质的最大允许设计流速应符合表 8-11

的规定。

表 8-11　蒸汽供热管道供热介质最大允许设计流速

| 供热介质 | 管径/mm | 最大允许设计流速/(m/s) |
|---|---|---|
| 过热蒸汽 | ≤200 | 50 |
| | >200 | 80 |
| 饱和蒸汽 | ≤200 | 35 |
| | >200 | 60 |

(5)以热电厂为热源的蒸汽热力网,管网起点压力应采用供热系统技术经济计算确定的汽轮机最佳抽(排)汽压力。

(6)以区域锅炉房为热源的蒸汽热力网,在技术条件允许的情况下,热力网主干线起点压力宜采用较高值。

(7)蒸汽热力网凝结水管道设计比摩阻可取 100 Pa/m。

(8)热力网管道局部阻力与沿程阻力的比值,可按表 8-12 取值。

表 8-12　热力网管道局部阻力与沿程阻力的比值

| 管线类型 | 补偿器类型 | 管道公称直径/mm | 局部阻力与沿程阻力的比值 | |
|---|---|---|---|---|
| | | | 蒸汽管道 | 热水及凝结水管道 |
| 输送干线 | 套筒或波纹管补偿器(带内衬筒) | ≤1 200 | 0.2 | 0.2 |
| | 方形补偿器 | 200～350 | 0.7 | 0.5 |
| | | 400～500 | 0.9 | 0.7 |
| | | 600～1 200 | 1.2 | 1.0 |
| 输配管线 | 套筒或波纹管补偿器(带内衬筒) | ≤400 | 0.4 | 0.3 |
| | 套筒或波纹管补偿器(带内衬筒) | 450～1 200 | 0.5 | 0.4 |
| | 方形补偿器 | 150～250 | 0.8 | 0.6 |
| | | 300～350 | 1.0 | 0.8 |
| | | 400～500 | 1.0 | 0.9 |
| | | 600～1 200 | 1.2 | 1.0 |

### 4. 小城镇热力管管径确定

(1)热水热力管管径。不同供、回水温差条件下热水管径可按表 8-13 采用。

表 8-13 小城镇热水热力管管径估算表

| 热负荷 /MW | 供、回水温差/ ℃ | | | | | | | | | |
| --- | --- | --- | --- | --- | --- | --- | --- | --- | --- | --- |
| | 20 | | 30 | | 40(110~70) | | 60(130~70) | | 80(150~70) | |
| | 流量 /(t/h) | 管径 /mm | 流量 /(t/h) | 管径 /mm | 流量 /(t/h) | 管径 /mm | 流量 /(t/h) | 管径 /mm | 流量 /(t/h) | 管径 /mm |
| 6.98 | 300 | 300 | 200 | 250 | 150 | 250 | 100 | 200 | 75 | 200 |
| 13.96 | 600 | 400 | 400 | 350 | 300 | 300 | 200 | 250 | 150 | 250 |
| 20.93 | 900 | 450 | 600 | 400 | 450 | 350 | 300 | 300 | 225 | 300 |
| 27.91 | 1 200 | 600 | 800 | 450 | 600 | 400 | 400 | 350 | 300 | 300 |
| 34.89 | 1 500 | 600 | 1 000 | 450 | 750 | 450 | 500 | 400 | 375 | 350 |
| 41.87 | 1 800 | 600 | 1 200 | 600 | 900 | 450 | 600 | 400 | 450 | 350 |
| 48.85 | 2 100 | 700 | 1 400 | 600 | 1 050 | 500 | 700 | 450 | 525 | 400 |
| 55.02 | 2 400 | 700 | 1 600 | 600 | 1 200 | 600 | 800 | 450 | 600 | 400 |

(2)蒸汽热力管管径。蒸汽管道管径的确定于该管段内的蒸汽平均压力密切相关,可按表 8-14 估算。

表 8-14 饱和蒸汽管道管径估算表

| 蒸汽流量/(t/h) ＼ 蒸汽压力/MPa ＼ 管径/mm | 0.3 | 0.5 | 0.8 | 1.0 | 蒸汽流量/(t/h) ＼ 蒸汽压力/MPa ＼ 管径/mm | 0.3 | 0.5 | 0.8 | 1.0 |
| --- | --- | --- | --- | --- | --- | --- | --- | --- | --- |
| 5 | 200 | 175 | 150 | 150 | 70 | 500 | 450 | 400 | 400 |
| 10 | 250 | 200 | 200 | 175 | 80 | | 500 | 500 | 450 |
| 20 | 300 | 250 | 250 | 250 | 90 | | 500 | 500 | 450 |
| 30 | 350 | 300 | 300 | 250 | 100 | | 600 | 500 | 500 |
| 40 | 400 | 350 | 350 | 300 | 120 | | | 600 | 600 |
| 50 | 400 | 400 | 350 | 350 | 150 | | | 600 | 600 |
| 60 | 450 | 400 | 400 | 350 | 200 | | | 700 | 700 |

注:1. 过热蒸汽的管径也可按此表估算;

2. 流量或压力与表中不符时,可以用内插法求管径。

（3）凝结水热力管管径。凝结水水温按 100 ℃ 以下考虑，其密度取值为 1 000 kg/m³，其管径可按表 8-15 估算。

表 8-15　凝结水热力管管径估算表

| 凝结水流量/(L/h) | 5 | 10 | 20 | 30 | 40 | 50 | 60 | 70 | 80 | 90 | 100 | 120 | 150 |
|---|---|---|---|---|---|---|---|---|---|---|---|---|---|
| 管径/mm | 70 | 80 | 100 | 125 | 150 | 150 | 175 | 175 | 200 | 200 | 200 | 250 | 250 |

## 四、压力工况

（1）热水热力网供水管道任何一点的压力不应低于供热介质的汽化压力，并应留有 30～50 kPa 的富余压力。

（2）热水热力网的回水压力应符合下列规定。

1）不应超过直接连接用户系统的允许压力。

2）任何一点的压力不应低于 50 kPa。

（3）热水热力网循环水泵停止运行时，应保持必要的静态压力，静态压力应符合下列规定。

1）不应使热力网任何一点水汽化，并应有 30～50 kPa 的富余压力。

2）与热力网直接连接的用户系统应充满水。

3）不应超过系统中任何一点的允许压力。

（4）开式热水热力网非采暖期运行时，回水压力不应低于直接配水用户热水供应系统静水压力再加上 50 kPa。

（5）热水热力网最不利点的资用压头，应满足该点用户系统所需作用压头的要求。

（6）热水热力网的定压方式，应根据技术经济比较确定。定压点应设在便于管理并有利于管网压力稳定的位置，宜设在热源处。当供热系统多热源联网运行时，全系统应仅有一个定压点起作用，但可多点补水。

（7）热水热力网设计时，应在水力计算的基础上绘制各种主要运行方案的主干线水压图。对于地形复杂的地区，还应绘制必要的支干线水压图。

(8)对于多热源的热水热力网,应按热源投产顺序绘制每个热源满负荷运行时的主干线水压图及事故工况水压图。

(9)中继泵站的位置及参数应根据热力网的水压图确定。

(10)蒸汽热力网,宜按设计凝结水量绘制凝结水管网的水压图。

(11)供热管网的设计压力,不应低于下列各项之和。

1)各种运行工况的最高工作压力。

2)地形高差形成的静水压力。

3)事故工况分析和动态水力分析要求的安全裕量。

### 五、水泵选择

(1)供热管网循环水泵的选择应符合下列规定。

1)循环水泵的总流量不应小于管网总设计流量,当热水锅炉出口至循环水泵的吸入口装有旁通管时,应计入流经旁通管的流量。

2)循环水泵的扬程不应小于设计流量条件下热源、供热管线、最不利用户环路压力损失之和。

3)循环水泵应具有工作点附近较平缓的"流量-扬程"特性曲线,并联运行水泵的特性曲线宜相同。

4)循环水泵的承压、耐温能力应与供热管网设计参数相适应。

5)应减少并联循环水泵的台数;设置3台或3台以下循环水泵并联运行时,应设备用泵;当4台或4台以上泵并联运行时,可不设备用泵。

6)多热源联网运行或采用集中"质—量"调节的单热源供热系统,热源的循环水泵应采用调速泵。

(2)热力网循环水泵可采用两级串联设置,第一级水泵应安装在热网加热器前,第二级水泵应安装在热网加热器后。水泵扬程的确定应符合下列规定。

1)第一级水泵的出口压力应保证在各种运行工况下不超过热网加热器的承压能力。

2)当补水定压点设置于两级水泵中间时,第一级水泵出口压力应为供热系统的静压力值。

3)第二级水泵的扬程不应小于上述(1)中2)计算值扣除第一级泵

的扬程值。

(3)热水热力网补水装置的选择应符合下列规定。

1)闭式热力网补水装置的流量,不应小于供热系统循环流量的2%;事故补水量不应小于供热系统循环流量的4%。

2)开式热力网补水泵的流量,不应小于生活热水最大设计流量和供热系统泄漏量之和。

3)补水装置的压力不应小于补水点管道压力加30～50 kPa,当补水装置同时用于维持管网静态压力时,其压力应满足静态压力的要求。

4)闭式热力网补水泵不应少于2台,可不设备用泵。

5)开式热力网补水泵不宜少于3台,其中1台备用。

6)当动态水力分析考虑热源停止加热的事故时,事故补水能力不应小于供热系统最大循环流量条件下,被加热水自设计供水温度降至设计回水温度的体积收缩量及供热系统正常泄漏量之和。

7)事故补水时,软化除氧水量不足,可补充工业水。

(4)热力网循环泵与中继泵吸入侧的压力。不应低于吸入口可能达到的最高水温下的饱和蒸汽压力加50 kPa。

# 第六节　热力站与制冷站设置

小城镇集中供热系统,由于用户较多,其对热媒参数的要求各不相同,各种用热设备的位置与距热源距离也各不相同,所以,热源供给的热介质参数很难适应所有用户的要求。为解决这一问题,往往在热源与用户之间,设置一些热转换设备,将热网提供的热能转换为适当工况的热介质供应用户,这些设施就包括热力站和制冷站。

## 一、热力站

### 1. 热力站的作用

连接热网和局部系统,并装有全部与用户连接的有关设备、仪表和控制装置的机房称为热力站。热力站的作用如下。

(1)将热量从热网转移到局部系统内(有时也包括热介质本身)。

(2)将热源发生的热介质温度、压力、流量调整转换到用户设备所要求的状态,保证局部系统的安全和经济运行。

(3)检测和计量用户消耗的热量。

(4)在蒸汽供热系统中,热力站除保证向局部系统供热外,还具有收集凝结水并回收利用的功能。

**2. 热力站的分类**

热力站根据功能的不同,可分为换热站与热力分配站;根据热网介质的不同,可分为热水热力网热力站和蒸汽热力网热力站。

(1)热水热力网热力站。热水热力网民用热力站最佳供热规模,应通过技术经济比较确定。当不具备技术经济比较条件时,热力站的规模宜按下列原则确定。

1)对于新建的居住区,热力站最大规模以供热范围不超过本街区为限。

2)对已有采暖系统的街区,在减少原有采暖系统改造工程量的前提下,宜减少热力站的个数。

(2)蒸汽热力网热力站。蒸汽热力站应根据生产工艺、采暖、通风、空调及生活热负荷的需要设置分汽缸,蒸汽主管和分支管上应装设阀门。当各种负荷需要不同的参数时,应分别设置分支管、减压减温装置和独立安全阀。

**3. 热力站的设置**

(1)热水热力网热力站。

1)用户采暖系统与热力网连接的方式应按下列原则确定。

①有下列情况之一时,用户采暖系统应采用间接连接。

a. 大型集中供热热力网;

b. 建筑物采暖系统高度高于热力网水压图供水压力线或静水压线;

c. 采暖系统承压能力低于热力网回水压力或静水压力;

d. 热力网资用压头低于用户采暖系统阻力,且不宜采用加压泵;

e. 由于直接连接,而使管网运行调节不便、管网失水率过大及安全可靠性不能有效保证。

②当热力网水力工况能保证用户内部系统不汽化、不超过用户内部系统的允许压力、热力网采用压头大于用户系统阻力时,用户系统可采用直接连接。采用直接连接,且用户采暖系统设计供水温度等于热力网设计供水温度时,应采用不降温的直接连接;当用户采暖系统设计供水温度低于热力网设计供水温度时,应采用有混水降温装置的直接连接。

3)在有条件的情况下,热力站应采用全自动组合换热机组。

4)当生活热水热负荷较小时,生活热水换热器与采暖系统可采用并联连接;当生活热水热负荷较大时,生活热水换热器与采暖系统宜采用两级串联或两级混合连接。

5)间接连接采暖系统循环泵的选择应符合下列规定。

①水泵流量不应小于所有用户的设计流量之和;

②水泵扬程不应小于换热器、站内管道设备、主干线和最不利用户内部系统阻力之和;

③水泵台数不应少于 2 台,其中 1 台备用;

④当采用"质—量"调节或考虑用户自主调节时,应选用调速泵。

6)采暖系统混水装置的选择应符合下列规定。

①混水装置的设计流量应按下列公式计算。

$$G'_h = uG_h \tag{8-7}$$

$$u = \frac{t_1 - \theta_1}{\theta_1 - t_2} \tag{8-8}$$

式中　$G'_h$——混水装置设计流量(t/h);

$G_h$——采暖热负荷热力网设计流量(t/h);

$u$——混水装置设计混合比;

$t_1$——热力网设计供水温度(℃);

$\theta_1$——用户采暖系统设计供水温度(℃);

$t_2$——采暖系统设计回水温度(℃)。

②混水装置的扬程不应小于混水点以后用户系统的总阻力;

③采用混合水泵时,台数不应少于 2 台,其中 1 台备用。

7)当热力站入口处热力网资用压头不满足用户需要时,可设加压泵;加压泵宜布置在热力站回水管道上。

当热力网末端需设加压泵的热力站较多,且热力站自动化水平较低时,应设热力网中继泵站,取代分散的加压泵;当热力站自动化水平较高能保证用户不发生水力失调时,可采用分散的加压泵且应采用调速泵。

8)间接连接采暖系统补水装置的选择应符合下列规定。

①补水能力应根据系统水容量和供水温度等条件确定,可按下列规定取用。

a. 当设计供水温度高于 65 ℃时,可取系统循环流量的 4%～5%;

b. 当设计供水温度等于或低于 65 ℃时,可取系统循环流量的 1%～2%。

②补水泵的扬程不应小于补水点压力加 30～50 kPa。

③补水泵台数不宜少于 2 台,可不设备用泵。

④补给水箱的有效容积可按 15～30 min 的补水能力考虑。

9)间接连接采暖系统定压点宜设在循环水泵吸入口侧。定压值应保证管网中任何一点采暖系统不倒空、不超压。定压装置宜采用高位膨胀水箱或氮气、蒸汽、空气定压装置等。空气定压宜采用空气与水用隔膜隔离的装置。

10)热力站换热器的选择应符合下列规定。

①间接连接系统应选用工作可靠、传热性能良好的换热器,生活热水系统还应根据水质情况选用易于清除水垢的换热设备。

②列管式、板式换热器计算时应考虑换热表面污垢的影响,传热系数计算时应考虑污垢修正系数。

③计算容积式换热器传热系数时应按考虑水垢热阻的方法进行。

④换热器可不设备用。换热器台数的选择和单台能力的确定应能适应热负荷的分期增长,并考虑供热可靠性的需要。

⑤热水供应系统换热器换热面积的选择应符合下列规定。

a. 当用户有足够容积的储水箱时,应按生活热水日平均热负荷选择;

b. 当用户没有储水箱或储水容积不足,但有串联缓冲水箱(沉淀箱,储水容积不足的容积式换热器)时,可按最大小时热负荷选择;

c. 当用户无储水箱,且无串联缓冲水箱(水垢沉淀箱)时,应按最大秒流量选择。

11)热力站换热设备的布置应符合下列规定。

①换热器布置时,应考虑清除水垢、抽管检修的场地。

②并联工作的换热器宜按同程连接设计。

③换热器组一、二次侧进、出口应设总阀门,并联工作的换热器,每台换热器一、二次侧进、出口宜设阀门。

④当热水供应系统换热器热水出口装有阀门时,应在每台换热器上设安全阀;当每台换热器出口不设阀门时,应在生活热水总管阀门前设安全阀。

12)热力网供、回水总管上应设阀门。当供热系统采用质调节时宜在热力网供水或回水总管上装设自动流量调节阀;当供热系统采用变流量调节时宜装设自力式压差调节阀。

热力站内各分支管路的供、回水管道上应设阀门。在各分支管路没有自动调节装置时宜装设手动调节阀。

13)热力网供水总管上及用户系统回水总管上应设除污器。

14)水泵基础高出地面不应小于 0.15 m;水泵基础之间、水泵基础与墙的距离不应小于 0.7 m;当地方狭窄,且电动机功率不大于20 kW或进水管管径不大于 100 mm 时,两台水泵可做联合基础,机组之间突出部分的净距不应小于 0.3 m,但两台以上水泵不得做联合基础。

(2)蒸汽热力网热力站。

1)热力站的汽水换热器宜采用带有凝结水过冷段的换热设备,并应设凝结水水位调节装置。

2)蒸汽系统应按下列规定设疏水装置。

①蒸汽管路的最低点、流量测量孔板前和分汽缸底部应设启动疏水装置;

②分汽缸底部和饱和蒸汽管路安装启动疏水装置处应安装经常

疏水装置；

③无凝结水水位控制的换热设备应安装经常疏水装置。

3)蒸汽热力网用户宜采用闭式凝结水回收系统，热力站中应采用闭式凝结水箱。当凝结水量小于 10 t/h 或热力站距热源小于 500 m 时，可采用开式凝结水回收系统，此时凝结水温度不应低于 95 ℃。

4)凝结水箱的总储水量宜按 10~20 min 最大凝结水量计算。

5)全年工作的凝结水箱宜设置 2 个，每个水箱容积应为总储水量的 50%；当凝结水箱季节工作且凝结水量在 5 t/h 以下时，可只设 1 个凝结水箱。

6)凝结水泵不应少于 2 台，其中 1 台备用，并应符合下列规定：

①凝结水泵的适用温度应满足介质温度的要求；

②凝结水泵的流量应按进入凝结水箱的最大凝结水流量计算，扬程应按凝结水管网水压图的要求确定，并应留有 30~50 kPa 的富裕压力；

③热力网循环泵与中继泵吸入侧的压力，不应低于吸入口可能达到的最高水温下的饱和蒸汽压力加 50 kPa。

7)热力站内应设凝结水取样点。取样管宜设在凝结水箱最低水位以上、中轴线以下。

## 二、制冷站

通过制冷设备将热能转化为低温水等冷介质供应用户，是制冷站的主要功能，一些制冷设备在冬季时还可转为供热，故有时被称为冷暖站。

制冷站可以使用高温热水或蒸汽作为加热源，也可使用煤气燃烧加热，也可用电驱动实现制冷。

小铜梁制冷机用于建筑空调、位于建筑内部；大容量制冷机可用于区域供冷或供暖，设于冷暖站内。

根据有关论证，冷暖站的供热(冷)面积宜在 10 万 $m^2$ 范围之内。

# 第九章 小城镇防灾工程规划

## 第一节 概 述

灾害是威胁城镇生存和发展的重要因素之一。灾害不仅造成巨大经济损失和人员伤亡,还干扰破坏小城镇各种活动的秩序。小城镇防灾减灾规划关系到小城镇的安危存亡,在小城镇总体规划中必须加以重视。

### 一、灾害分类

**1. 根据灾害发生的原因进行分类**

(1)自然性灾害。因自然界物质的内部运动而造成的灾害,通常被称为自然性灾害,可以分为下列四类。

1)由地壳的剧烈运动产生的灾害,如地震、滑坡、火山爆发等。

2)由水体的剧烈运动产生的灾害,如海啸、暴雨、洪水等。

3)由空气的剧烈运动产生的灾害,如台风、龙卷风等。

4)由地壳、水体和空气的综合运动产生的灾害,如泥石流、雪崩等。

(2)条件性灾害。物质必须具备某种条件才能发生质的变化,因此,由这种变化而造成的灾害称为条件性灾害,如某些可燃气体只有遇到高压高温或明火时,才有可能引发爆炸或燃烧。当人们认识了某种灾害产生的条件时,就可以设法消除这些条件的存在,以避免该种灾害的发生。

(3)行为性灾害。凡是由人为造成的灾害,不管是什么原因,统称为行为性灾害。

**2. 其他分类**

在防灾规划中,对自然灾害还有下列分类法。

（1）受人为影响诱发或加剧的自然灾害，如森林植被遭大量破坏的地区易发生水灾、沙化；因修建大坝、水库以及地下注水等原因改变了地下压力荷载的分布而诱发地震等。

（2）部分可由人力控制的自然灾害，如江河泛滥、城乡火灾等。通过修建一定的工程设施，可以预防其灾害的发生，或减少灾害的损失程度。

（3）目前尚无法通过人力减弱灾害发生强度的自然灾害，如地震、风暴、泥石流等。

## 二、小城镇防灾工程规划原则

小城镇综合防灾工程规划是小城镇总体规划的重要组成部分，也是保障小城镇安全，提供小城镇发展良好环境的先决条件。小城镇综合防灾工程规划应遵循以下原则。

（1）小城镇综合防灾工程规划必须依据有关法律，按照相关规范、标准编制。

（2）小城镇综合防灾工程规划应遵循与小城镇总体规划，以及各项基础设施规划相协调原则。

（3）平灾结合、综合利用原则。

（4）因地制宜、预防为主、综合防御的原则。

# 第二节　消防规划

## 一、小城镇消防规划的内容

（1）对易燃易爆工厂、仓库的布局（如石油化工厂、仓库设置的位置和距离），火灾危险大的工厂、仓库的选点与周围环境条件，散发可燃气体、可燃蒸气和可燃粉尘工厂的设置位置，与城市主导风向的关系及与其他建筑之间的安全距离等，要采取严格控制办法。

（2）小城镇燃气的调压站布点、与周围建筑物的间距；液化石油储存站、储备站、灌瓶站的设置地点，与周围建筑物、构筑物、铁路、公路防火的安全距离等，严格按防火间距规定执行。

（3）城市汽车加油站的布点、规模及安全条件等，根据消防要求，认真控制与环境的关系。

（4）位于居住区且火灾危险性较大的工厂，采取有效措施，保证安全。

（5）结合旧城区改造，提高耐火能力，拓宽狭窄消防通道，增加水源，为灭火创造有利条件。

（6）对古建筑和重点文物单位应考虑保护措施。

（7）对燃气管道和高压输电线路采取保护措施。

（8）设置消防站。

## 二、小城镇消防规划布局

（1）农村建筑应根据建筑的使用性质及火灾危险性、周边环境、生活习惯、气候条件、经济发展水平等因素合理布局。

（2）甲、乙、丙类生产、储存场所应布置在相对独立的安全区域，并应布置在集中居住区全年最小频率风向的上风侧。

可燃气体和可燃液体的充装站、供应站、调压站和汽车加油加气站等应根据当地的环境条件和风向等因素合理布置，与其他建（构）筑物等的防火间距应符合国家现行有关标准的规定。

（3）生产区内的厂房与仓库宜分开布置。

（4）甲、乙、丙类生产、储存场所不应布置在学校、幼儿园、托儿所、影剧院、体育馆、医院、养老院、居住区等附近。

（5）集市、庙会等活动区域应规划布置在不妨碍消防车辆通行的地段，该地段应与火灾危险性大的场所保持足够的防火间距，并应符合消防安全要求。

（6）集贸市场、厂房、仓库以及变压器、变电所（站）之间及与居住建筑的防火间距应符合现行国家标准《建筑设计防火规范》（GB 50016—2006）等的要求。

（7）居住区和生产区距林区边缘的距离不宜小于 300 m，或应采取防止火灾蔓延的其他措施。

（8）柴草、饲料等可燃物堆垛设置应符合下列要求。

1）宜设置在相对独立的安全区域或村庄边缘。

2)较大堆垛宜设置在全年最小频率风向的上风侧。

3)不应设置在电气线路下方。

4)与建筑、变配电站、铁路、道路、架空电力线路等的防火间距宜符合现行国家标准《建筑设计防火规范》(GB 50016—2006)的规定。

5)村民院落内堆放的少量柴草、饲料等与建筑之间应采取防火隔离措施。

(9)既有的厂(库)房和堆场、储罐等,不满足消防安全要求的,应采取隔离、改造、搬迁或改变使用性质等防火保护措施。

(10)既有的耐火等级低、相互毗连、消防通道狭窄不畅、消防水源不足的建筑群,应采取改善用火和用电条件、提高耐火性能、设置防火分隔、开辟消防通道、增设消防水源等措施。

(11)村庄内的道路宜考虑消防车的通行需要,供消防车通行的道路应符合下列要求。

1)宜纵横相连、间距不宜大于 160 m。

2)车道的净宽、净空高度不宜小于 4 m。

3)满足配置车型的转弯半径。

4)能承受消防车的压力。

5)尽头式车道满足配置车型回车要求。

(12)村庄之间以及与其他城镇连通的公路应满足消防车通行的要求,并应符合上述(11)的规定。

(13)消防车道应保持畅通,供消防车通行的道路严禁设置隔离桩、栏杆等障碍设施,不得堆放土石、柴草等影响消防车通行的障碍物。

(14)学校、村民集中活动场地(室)、主要路口等场所应设置普及消防安全常识的固定消防宣传点;易燃易爆等重点防火区域应设置防火安全警示标志。

## 三、小城镇消防给水工程规划

### 1. 城镇消防给水工程存在的问题

目前,我国城镇消防给水都存在不同程度的问题,主要有以下问题。

(1)水量小、水压低。

(2)市政消火栓间距大、数量少。

(3)管道陈旧,缺乏检修更新。

(4)消火栓规格不一,口径偏小。

(5)消防供水设施不匹配。

(6)现有天然水源被填掉,造成消防用水缺乏。

**2. 消防用水量**

小城镇、小城镇居住小区、工业园区室外消防用水量,应按统一时间内火灾次数和一次灭火用水量确定。

城镇、居住区室外消防用水量见表 3-7;工厂、仓库和民用建筑在同一时间内发生的火灾次数见表 3-8;建筑物的室外消火栓用水量见表 3-9。

小城镇堆场、储罐的室外消火栓用水量应按表 9-1 的规定。

表 9-1　堆场、储罐的室外消火栓用水量

| 名称 | | 总储量或总容量 | 消防用水量/(L/s) |
|---|---|---|---|
| 粮食/t | 圆筒仓 | 30～50 | 15 |
| | | 501～5000 | 25 |
| | 土圆囤 | 5 001～20 000 | 40 |
| | | 20 001～40 000 | 45 |
| | 席穴囤 | 30～500 | 20 |
| | | 501～5 000 | 35 |
| | | 5 001～20 000 | 50 |
| 棉、麻、毛、化纤百货/t | | 10～500 | 20 |
| | | 501～1 000 | 35 |
| | | 1 001～5 000 | 50 |
| 稻草、麦秸、芦苇等易燃料/t | | 50～500 | 20 |
| | | 501～5 000 | 35 |
| | | 50 001～10 000 | 50 |
| | | 10 001～20 000 或 >20 000 | 60 |

| 名称 | 总储量或总容量 | 消防用水量/(L/s) |
|---|---|---|
| 木材等可燃材料/m³ | 50～1 000 | 20 |
| | 1 001～5 000 | 30 |
| | 5 001～10 000 | 45 |
| | 10 001～25 000 | 55 |

### 3. 消防水源

消防水源应由给水管网、天然水源和消防水池供给。

(1)江河、湖泊、水塘、水井、水窖等天然水源作为消防水源时,应符合下列要求。

1)能保证枯水期和冬季的消防用水。

2)应防止被可燃液体污染。

3)有取水码头及通向取水码头的消防车道。

4)供消防车取水的天然水源,最低水位时吸水高度不应超过6.0 m。

(2)消防水池应符合下列要求。

1)容量不宜小于100 m³。建筑耐火等级较低的村庄,消防水池的容量不宜小于200 m³。

2)应采取保证消防用水不作他用的技术措施。

3)宜建在地势较高处。供消防车或机动消防泵取水的消防水池应设取水口,且不宜少于2处;水池池底距设计地面的高度不应超过6.0 m。

4)保护半径不宜大于150 m。

5)设有2个及以上消防水池时,宜分散布置。

6)寒冷和严寒地区的消防水池应采取防冻措施。

### 4. 室外消火栓布置要求

(1)当村庄在消防站(点)的保护范围内时,室外消火栓栓口的压力不应低于0.1 MPa。

(2)消防站(点)保护范围内时,室外消火栓应满足其保护半径内建筑最不利点灭火的压力和流量的要求。

（3）室外消火栓间距不宜大于 120 m；三、四级耐火等级建筑较多的农村，室外消火栓间距不宜大于 60 m。

（4）寒冷地区的室外消火栓应采取防冻措施，或采用地下消火栓、消防水鹤或将室外消火栓设在室内。

（5）室外消火栓应沿道路设置，并宜靠近十字路口，与房屋外墙距离不宜小于 2 m。

（6）消防栓的供水管径不得小于 75 mm。

### 四、小城镇消防站规划

小城镇应根据规模、区域条件、经济发展状况及火灾危险性等因素设置消防站和消防点。

#### 1. 消防点的设置

消防点的设置应满足以下要求。

（1）有固定的地点和房屋建筑，并有明显标识。

（2）配备消防车、手抬机动泵、水枪、水带、灭火器、破拆工具等全部或部分消防装备。

（3）设置火警电话和值班人员。

（4）有专职、义务或志愿消防队员。

（5）寒冷地区采取保温措施。

#### 2. 消防站的设置

消防站的设置应根据城镇的规模、区域位置和发展状况等因素确定，并应符合下列规定。

（1）消防站的建设和装备配备可按有关消防站建设标准执行。

（2）特大、大型镇区消防站的位置应以接到报警 5 min 内消防队到辖区边缘为准，并应设在辖区内的适中位置和便于消防车辆迅速出动的地段。

消防站的主体建筑距离学校、幼儿园、托儿所、医院、影剧院、集贸市场等公共设施的主要疏散口的距离不应小于 50 m。

（3）中、小型镇区尚不具备建设消防站时，可设置消防值班室，配备消防通信设备和灭火设施。小城镇消防站通信设备配备应符合表 9-2 的规定。

表 9-2　小城镇消防站通信设备配备

| 设备名称 | 设备数量 | 地区 小城镇 | 工矿区 |
|---|---|---|---|
| 有线通信设备 | 火警专用电话 | 1 | 1 |
| | 普通电话 | 1～3 | 1～3 |
| | 专线电话 | 1 | 1 |
| 无线通信设备 | 基地台 | 根据需要配备 | |
| | 车载台 | 根据需要配备 | |
| | 袖珍式对讲机 | 每辆消防车 1 对 | |

(4)小城镇消防站设置数量可按表 9-3 确定。

表 9-3　小城镇消防站设置数量

| 小城镇人口 | 消防站数量/个 |
|---|---|
| 常住人口不到 1.5 万人,物资集中成水陆交通枢纽 | 1 |
| 常住人口 4.5 万～5.0 万人的小城镇 | 1 |
| 常住人口 5 万人以上,工厂企业较多的小城镇 | 1～2 |

(5)小城镇消防站建设用地应根据建筑占地面积、车位数和室外训练场地面积等确定。

1)小城镇消防站的建筑面积指标应符合下列规定。

标准型普通消防站　　　1 600～2 300 m²;

小型普通消防站　　　350～1 000 m²。

2)小城镇消防站建设用地面积应符合下列规定。

标准型普通消防站　　　2400～4 500 m²;

小型普通消防站　　　400～1 400 m²。

## 五、小城镇消防通道规划

(1)消防给水管道的管径不宜小于 100 mm。

(2)消防给水管道的埋设深度应根据气候条件、外部荷载、管材性能等因素确定。

(3)镇区道路应考虑消防要求,其宽度不小于 4 m,以保证消防车辆顺利通信。

(4)考虑到消防车的高度,消防通道上部应有 4 m 以上的净高。

(5)占地面积超过 3 000 m² 的消防规范中甲、乙、丙类厂房,占地面积超过 1 500 m² 的消防规范中乙、丙类库房,大型公共建筑、大型堆场、储罐区、重要建筑物四周应设环形消防通道。

(6)消防通道转弯半径不小于 9 m,回车厂面积通常取 12 m×18 m。

## 六、小城镇消防对策

### 1. 城镇建筑物设计

(1)农村建筑的耐火等级不宜低于一、二级,建筑耐火等级的划分应符合现行国家标准《建筑设计防火规范》(GB 50016—2006)的规定。

(2)三、四级耐火等级建筑之间的相邻外墙宜采用不燃烧实体墙,相连建筑的分户墙应采用不燃烧实体墙。建筑的屋顶宜采用不燃材料,当采用可燃材料时,不燃烧体分户墙应高出屋顶不小于 0.5 m。

(3)一、二级耐火等级建筑之间或与其他耐火等级建筑之间的防火间距不宜小于 4 m,当符合下列要求时,其防火间距可相应减小。

1)相邻的两座一、二级耐火等级的建筑,当较高一座建筑的相邻外墙为防火墙且屋顶不设置天窗、屋顶承重构件及屋面板的耐火极限不低于 1 h 时,防火间距不限。

2)相邻的两座一、二级耐火等级的建筑,当较低一座建筑的相邻外墙为防火墙且屋顶不设置天窗、屋顶承重构件及屋面板的耐火极限不低于 1 h 时,防火间距不限。

3)当建筑相邻外墙上的门窗洞口面积之和小于等于该外墙面积的 10%且不正对开设时,建筑之间的防火间距可减少为 2 m。

(4)三、四级耐火等级建筑之间的防火间距不宜小于 6 m。当建筑相邻外墙为不燃烧体,墙上的门窗洞口面积之和小于等于该外墙面积的 10％且不正对开设时,建筑之间的防火间距可为 4 m。

(5)若有建筑密集区的防火间距不满足要求时,应采取下列措施。

1)耐火等级较高的建筑密集区,占地面积不应超过 5 000 m²;当超过时,应在密集区内设置宽度不小于 6 m 的防火隔离带进行防火分隔。

2)耐火等级较低的建筑密集区,占地面积不应超过 3 000 m²;当超过时,应在密集区内设置宽度不小于 10 m 的防火隔离带进行防火分隔。

(6)存放柴草等材料和农具、农用物资的库房,宜独立建造;与其他用途房间合建时,应采用不燃烧实体墙隔开。

(7)建筑物的其他防火要求应符合现行国家标准《建筑设计防火规范》(GB 50016—2006)等的相关规定。

**2. 建筑物的防火间距**

(1)表 9-4 为石油库与周围居住、工矿企业交通线等的安全距离。

表 9-4　石油库与周围居住、工矿企业交通线等的安全距离　(单位:m)

| 序号 | 名　称 | 石油库等级 | | |
| --- | --- | --- | --- | --- |
| | | 一级 | 二级 | 三、四级 |
| 1 | 居住区及公共建筑 | 100 | 90 | 80 |
| 2 | 工矿企业 | 80 | 70 | 60 |
| 3 | 国家铁路线 | 80 | 70 | 60 |
| 4 | 工业企业铁路线 | 35 | 30 | 25 |
| 5 | 公路 | 25 | 20 | 15 |
| 6 | 国家一、二级架空通信线路 | 40 | 40 | 40 |
| 7 | 架空电力线路和不属国家一、二级的架空通信线路 | 1.5 倍杆高 | 1.5 倍杆高 | 1.5 倍杆高 |
| 8 | 爆破作业场地(如采石场) | 300 | 300 | 300 |

(2)表 9-5 为汽车加油站与周围设备、建筑物、构筑物的安全距离。

表9-5　汽车加油站与周围设备、建筑物、构筑物的安全距离（单位：m）

| 序号 | 油罐建设方式 加油站等级 名称 | | | 一级 | | 二级 | | 三级 |
|---|---|---|---|---|---|---|---|---|
| | | | | 地下直埋卧式油罐 | 地上卧式油罐 | 地下直埋卧式油罐 | 地上卧式油罐 | 地下直埋卧式油罐 |
| 1 | 明火或散发火花的地点 | | | 30 | 30 | 25 | 25 | 17.5 |
| 2 | 重要公共建筑物 | | | 50 | 50 | 50 | 50 | 50 |
| 3 | 民用建筑及其他建筑 | 耐火等级 | 一、二级 | 12 | 15 | 10 | 12 | 5 |
| | | | 三级 | 15 | 20 | 12 | 15 | 10 |
| | | | 四级 | 20 | 25 | 14 | 20 | 14 |
| 4 | 主要道路 | | | 10 | 15 | 5 | 10 | 不限 |
| 5 | 架空通信线 | | 国家一、二级 | 1.5倍杆高 | 1.5倍杆高 | 1.5倍杆高 | — | — |
| | | | 一般 | 不应跨越加油站 | 不应跨越加油站 | 不应跨越加油站 | — | — |
| 6 | 架空电力线路 | | | 1.5倍杆高 | 1.5倍杆高 | 1.5倍杆高 | — | — |

（3）表9-6为汽车加油站各建筑物、构筑物的安全距离。

表9-6　汽车加油站各建筑物、构筑物的安全距离　　（单位：m）

| 序号 | 建筑物、构筑物名称 | 直埋地上卧式油罐 | 地上卧式油罐 | 加油机或油泵房 | 站房 | 独立锅炉房 | 围墙 |
|---|---|---|---|---|---|---|---|
| 1 | 直埋地下卧式油罐 | 0.5 | — | 不限 | 4 | 17.5 | 3 |
| 2 | 地上卧式油罐 | — | 0.8 | 8 | 10 | 17.5 | 5 |
| 3 | 加油机或油泵房 | 不限 | 8 | — | 5 | 15 | 见注 |
| 4 | 其他的建筑物、构筑物 | 5 | 10 | 5 | 5 | 5 | — |
| 5 | 汽车油罐的密闭卸油点 | — | — | — | 5 | 15 | — |

注：加油机或油泵与非实体围墙的安全距离不得小于5 m，与实体围墙的安全距离可不限。

（4）表9-7为室外变、配电站与建筑物、堆场、储罐的防火间距。

表 9-7　室外变、配电站与建筑物、堆场、储罐的防火间距

| 防火间距 /m<br>建筑物、堆场、储罐名称 | | | 变压器总油量/t | | |
| --- | --- | --- | --- | --- | --- |
| | | | 5~10 | >10~50 | >50 |
| 民用建筑 | 耐火等级 | 一、二级 | 15 | 20 | 25 |
| | | 三级 | 20 | 25 | 30 |
| | | 四级 | 25 | 30 | 35 |
| 丙、丁、戊类厂房及车库 | | 一、二级 | 12 | 15 | 20 |
| | | 三级 | 15 | 20 | 25 |
| | | 四级 | 20 | 25 | 30 |
| 甲、乙类厂房 | | | 25 | | |
| 甲、乙类库房 | 储量不超过 10 t 的甲类 1、2、5、6 项物品和乙类物品 | | 25 | | |
| | 储量不超过 5 t 的甲类 3、4 项物品和储量超过 10 t 的甲类 1、2、5、6 项物品 | | 30 | | |
| | 储量超过 5 t 的甲类 3、4 项物品 | | 40 | | |
| 稻草、麦秸、芦苇等易燃材料堆场 | | | 50 | | |
| 甲、乙类液体储罐 | 总储量/m³ | 1~50 | 25 | | |
| | | 51~200 | 30 | | |
| | | 201~1 000 | 40 | | |
| | | 1 001~5 000 | 50 | | |
| 丙类液体储罐 | | 5~250 | 25 | | |
| | | 251~1 000 | 30 | | |
| | | 1 001~5 000 | 40 | | |
| | | 5 001~25 000 | 50 | | |

| 防火间距/m　　变压器总油量/t　　建筑物、堆场、储罐名称 | | 5～10 | >10～50 | >50 |
|---|---|---|---|---|
| 液化石油气储罐 | | | <10 | 35 |
| | | | 10～30 | 40 |
| | | | 31～200 | 50 |
| | | | 201～1 000 | 60 |
| | | | 1 001～2 500 | 70 |
| | | | 2 501～5 000 | 80 |
| 湿式可燃气体储罐 | 总储量/m³ | | ≤1 000 | 25 |
| | | | 1 001～10 000 | 30 |
| | | | 10 001～50 000 | 35 |
| | | | >50 000 | 40 |
| 湿式氧化储罐 | | | ≤1 000 | 25 |
| | | | 1 001～50 000 | 30 |
| | | | >50 000 | 35 |

注:1. 防火间距应从距建筑物、堆场、储罐最近的变压器外壁算起,但室外变、配电构架距堆场、储罐和甲、乙类的厂房不宜小于 25 m,距其他建筑物不宜小于 10 m。

2. 室外变、配电站,是指电力系统电压为 35～500 kV,且每台变压器容量在 10 000 kVA以上的室外变、配电站,以及工业企业的变压器总油量超过 5 t 的室外总降压变电站。

3. 发电厂内的主变压器,其油量可按单台确定。

4. 干式可燃气体储罐的防火间距应按本表湿式可燃气体储罐增加 25%。

(5)表 9-8 为露天、半露天堆场与建筑物的防火间距。

表 9-8　露天、半露天堆场与建筑物的防火间距

| 防火间距/m　耐火等级<br>名称　　　一个堆场的总储量 | | 一、二级 | 三级 | 四级 |
|---|---|---|---|---|
| 粮食仓/t | 筒仓、土圆 | 10 | 15 | 20 |
| | 500～10 000 | 10 | 15 | 20 |
| | 10 001～20 000 | 15 | 20 | 25 |
| | 20 001～40 000 | 20 | 25 | 30 |
| 粮食/t　席穴囤 | 10～5 000 | 15 | 20 | 25 |
| | 5 001～20 000 | 20 | 25 | 30 |
| 棉、麻、毛、<br>化纤、百货/t | 10～500 | 10 | 15 | 20 |
| | 501～1 000 | 15 | 20 | 25 |
| | 1 001～5 000 | 20 | 25 | 30 |
| 稻草、麦秸、芦苇等<br>易燃烧材料/t | 10～5 000 | 15 | 20 | 25 |
| | 5 001～10 000 | 20 | 25 | 30 |
| | 10 001～20 000 | 25 | 30 | 40 |
| 木材等可<br>燃材料/m³ | 50～1 000 | 10 | 15 | 20 |
| | 1 001～10 000 | 15 | 20 | 25 |
| | 1 001～25 000 | 20 | 25 | 30 |
| 煤和焦炭/t | 100～5 000 | 6 | 8 | 10 |
| | ＞5 000 | 8 | 10 | 12 |

注：1. 一个堆场的总储量如超过本表的规定，宜分设堆场。堆场之间的防火间距，不应
　　小于较大堆场与四级建筑物的间距。

　　2. 不同性质物品堆场之间的防火间距，不应小于本表相应储量堆场与四级建筑物
　　间距的较大值。

　　3. 易燃材料露天、半露天堆场与甲类生产厂房、甲类物品库房以及民用建筑的防火
　　间距，应按本表的规定增加 25%，且不应小于 25 m。

　　4. 易燃材料露天、半露天堆场与明火或散发火花地点的防火间距，应按本表四级建
　　筑物的规定增加 25%。

　　5. 易燃、可燃材料堆场与甲、乙、丙类液体储罐的防火间距，不应小于本表和储罐、
　　堆场与建筑物的防火间距中相应储量堆场与四级建筑物间距的较大值。

　　6. 粮食总储量为 20 001～40 000 t 一栏，仅适用于筒仓；木材等可燃材料总储量为
　　10 001～25 000 m³ 一栏，仅适用于圆木堆场。

（6）表 9-9 为民用建筑的防火间距。

表 9-9　民用建筑的防火间距

| 防火间距/m　耐火等级 | 一、二级 | 三级 | 四级 |
|---|---|---|---|
| 一、二级 | 6 | 7 | 9 |
| 三级 | 7 | 8 | 10 |
| 四级 | 9 | 10 | 12 |

注：1. 两座建筑相邻较高的一面的外墙为防火墙时，其防火间距不限。

　　2. 相邻的两座建筑物，较低一座的耐火等级不低于二级、屋顶不设天窗、屋顶承重构件的耐火极限不低于 1 h，且相邻的较低一面外墙为防火墙时，其防火间距可适当减少，但不应小于 3.5 m。

　　3. 相邻的两座建筑物，较低一座的耐火等级不低于二级，当相邻较高一面外墙的开口部位设有防火门窗或防火卷帘和水幕时，其防火间距可适当减少，但不应小于3.5 m。

　　4. 两座建筑相邻两面的外墙为非燃烧体如无外露的燃烧体屋檐，当每面外墙上的门窗洞口面积之和不超过该外墙面积的 5%，且门窗口不正对开设时，其防火间距可按本表减少 25%。

　　5. 耐火等级低于四级的原有建筑物，其防火间距可按四级确定。

## 3. 火灾危险源控制

（1）用火。

1）设置在居住建筑内的厨房宜符合下列规定。

①靠外墙设置；

②与建筑内的其他部位采取防火分隔措施；

③墙面采用不燃材料；

④顶棚和屋面采用不燃或难燃材料。

2）用于炊事和采暖的灶台、烟道、烟囱、火炕等应采用不燃材料建造或制作。与可燃物体相邻部位的壁厚不应小于 240 mm。

烟囱穿过可燃或难燃屋顶时，排烟口应高出屋面不小于 500 mm，并应在顶棚至屋面层范围内采用不燃烧材料砌抹严密。

烟道直接在外墙上开设排烟口时，外墙应为不燃烧体且排烟口应突出外墙至少 250 mm。

3)烟囱穿过可燃保温层、防水层时,在其周围 500 mm 范围内应采用不燃材料做隔热层,严禁在闷顶内开设烟囱清扫孔。

4)多层居住建筑内的浴室、卫生间和厨房的垂直排风管,应采取防回流措施或在支管上设置防火阀。

5)柴草、饲料等可燃物堆垛较多、耐火等级较低的连片建筑或靠近林区的村庄,其建筑的烟囱上应采取防止火星外逸的有效措施。

6)燃煤燃柴炉灶周围 1.0 m 范围内不应堆放柴草等可燃物。

7)燃气灶具的设置应符合下列要求。

①燃气灶具宜安装在有自然通风和自然采光的厨房内,并应与卧室分隔;

②燃气灶具的灶面边缘和烤箱的侧壁距木质家具的净距离不应小于 0.5 m,或采取有效的防火隔热措施;

③放置燃气灶具的灶台应采用不燃材料或加防火隔热板;

④无自然通风的厨房,应选用带自动熄灭保护装置的燃气灶具,并应设置可燃气体探测报警器和与其连锁的自动切断阀和机械通风设施;

⑤燃气灶具与燃气管道的连接胶管应采用耐油燃气专用胶管,长度不应大于 2 m,安装应牢固,中间不应有接头,且应定期更换。

8)若有厨房不满足上述 1)的规定时,炉灶设置应符合下列要求。

①与炉灶相邻的墙面应作不燃化处理,或与可燃材料墙壁的距离不小于 1.0 m;

②灶台周围 1.0 m 范围内应采用不燃地面或设置厚度不小于 120 mm 的不燃烧材料隔热层;

③炉灶正上方 1.5 m 范围内不应有可燃物。

9)火炉、火炕(墙)、烟道应当定期检修、疏通。炉灶与火炕通过烟道相连通时,烟道部分应采用不燃材料。

10)明火使用完毕后应及时清理余火,余烬与炉灰等宜用水浇灭或处理后倒在安全地带。炉灰宜集中存放于室外相对封闭且避风的地方,应设置不燃材料围挡。

11)使用蜡烛、油灯、蚊香时,应放置在不燃材料的基座上,距周围可燃物的距离不应小于 0.5 m。

12)燃放烟花爆竹、吸烟、动用明火应当远离易燃易爆危险品存放地和柴草、饲草、农作物等可燃物堆放地。

13)五级及以上大风天气,不得在室外吸烟和动用明火。

(2)用电。

1)电气线路的选型与敷设应符合下列要求。

①导线的选型应与使用场所的环境条件相适应,其耐压等级、安全载流量和力学强度等应满足相关规范要求。

②架空电力线路不应跨越易燃易爆危险品仓库、有爆炸危险的场所、可燃液体储罐、可燃、助燃气体储罐和易燃、可燃材料堆场等,与这些场所的间距不应小于电杆高度的 1.5 倍;1 kV 及 1 kV 以上的架空电力线路不应跨越可燃屋面的建筑。

③室内电气线路的敷设应避开潮湿部位和炉灶、烟囱等高温部位,并不应直接敷设在可燃物上;当必须敷设在可燃物上或在有可燃物的吊顶内敷设时,应穿金属管、阻燃套管保护或采用阻燃电缆。

④导线与导线、导线与电气设备的连接应牢固可靠。

⑤严禁乱拉乱接电气线路,严禁在电气线路上搭、挂物品。

2)用电设备的使用应符合下列要求。

①用电设备不应过载使用。

②配电箱、电表箱应采用不燃烧材料制作;可能产生电火花的电源开关、断路器等应采取防止火花飞溅的防护措施。

③严禁使用铜丝、铁丝等代替保险丝,且不得随意增加保险丝的截面面积。

④电热炉、电暖器、电饭锅、电熨斗、电热毯等电热设备使用期间应有人看护,使用后应及时切断电源;停电后应拔掉电源插头,关断通电设备。

⑤用电设备使用期间,应留意观察设备温度,超温时应及时采取断电等措施。

⑥用电设备长时间不使用时,应采取将插头从电源插座上拔出等

断电措施。

3)照明灯具的使用应符合下列要求。

①照明灯具表面的高温部位应与可燃物保持安全距离,当靠近可燃物时,应采取隔热、散热等防火保护措施;

②卤钨灯和额定功率超过 100 W 的白炽灯泡的吸顶灯、槽灯、嵌入式灯,其引入线应采用瓷管、矿棉等不燃材料作隔热保护;

③卤钨灯、高压钠灯、金属卤灯光源、荧光高压汞灯、超过 60 W 的白炽灯等高温灯具及镇流器不应直接安装在可燃装修材料或可燃构件上。

(3)用气。

1)沼气的使用应符合下列要求。

①沼气池周围宜设围挡设施,并应设明显的标志,顶部应采取防止重物撞击或汽车压行的措施;

②沼气池盖上的可燃保温材料应采取防火措施,在大型沼气池盖上和储气缸上,应设置泄压装置;

③沼气池进料口、出料口及池盖与明火散发点的距离不应小于25 m;

④当采用点火方式测试沼气时,应在沼气炉上点火试气,严禁在输气管或沼气池上点火试气;

⑤沼气池检修时,应保持通风良好,并严禁在池内使用明火或可能产生火花的器具;

⑥水柱压力计 U 形管上端应连接一段开口管并伸至室外高处;

⑦沼气输气主管道应采用不燃材料,各连接部位应严密紧固,输气管应定期检查,并应及时排除漏气点。

2)瓶装液化石油气的使用应符合下列要求。

①严禁在地下室存放和使用;

②液化石油气钢瓶不应接近火源、热源,应防止日光直射,与灶具之间的安全距离不应小于 0.5 m;

③液化石油气钢瓶不应与化学危险物品混放;

④严禁使用超量罐装的液化石油气钢瓶,严禁敲打、倒置、碰撞钢

瓶,严禁随意倾倒残液和私自灌气;

　　⑤存放和使用液化石油气钢瓶的房间应通风良好。

　　3)管道燃气的使用应符合下列要求。

　　①燃气管道的设计、敷设应符合国家标准《城镇燃气设计规范》(GB 50028—2006)的要求,并应由专业人员设计、安装、维护;

　　②进入建筑物内的燃气管道应采用镀锌钢管,严禁采用塑料管道,管道上应设置切断阀,穿墙处应加设保护套管;

　　③燃气管道不应设在卧室内,燃气计量表具宜安装在通风良好的部位,严禁安装在卧室、浴室等场所;

　　④使用燃气场所应通风良好,发生火灾应立即关闭阀门,切断气源。

　　(4)用油(可燃液体)。

　　1)汽油、煤油、柴油、酒精等可燃液体不应存放在居室内,且应远离火源、热源。

　　2)使用油类等可燃液体燃料的炉灶、取暖炉等设备必须在熄火降温后充装燃料。

　　3)严禁对盛装或盛装过可燃液体且未采取安全置换措施的存储容器进行电焊等明火作业。

　　4)使用汽油等有机溶剂清洗作业时,应采取防静电、防撞击等防止产生火花的措施。

　　5)严禁使用玻璃瓶、塑料桶等易碎或易产生静电的非金属容器盛装汽油、煤油、酒精等甲、乙类液体。

　　6)室内的燃油管道应采用金属管道并设有事故切断阀,严禁采用塑料管道。

　　7)含有有机溶剂的化妆品、充有可燃液体的打火机等应远离火源、热源。

　　8)销售、使用可燃液体的场所应采取防静电和防止火花发生的措施。

# 第三节　防洪规划

## 一、小城镇防洪规划的内容

（1）收集小城镇地区的水文资料，如江、河、湖泊的年平均最高水位，年平均最低水位，历史最高水位，年降水量，包括年最大、月最大、日最大降雨量，地面径流系数等。

（2）调查城市用地范围内，历史上洪水灾害的情况，绘制洪水淹没地区图和了解经济上损失的数字。

（3）平原地区有较大江河流经的城市应拟定防洪规划，包括确定防洪的标高、警戒水位、修建防洪堤、排洪闸门、排内涝工程的规划等。

（4）在山区城市，应结合所在地区河流的流域规划全面考虑，在上游修筑蓄洪水库、水土保持工程，城区附近的疏导河道、修筑防洪堤岸，在城市外围修建排洪沟等。

（5）有的城镇位于较大水库的下方，应考虑泄洪沟渠，考虑溃坝时洪水淹没的范围及应采取的工程措施。

## 二、小城镇防洪工程等级与级别

### 1. 小城镇防洪工程等级

有防洪任务的城镇，其防洪工程的等级应根据防洪保护对象的社会经济地位的重要程度和人口数量按表 9-10 的规定划分为四等。

表 9-10　城镇防洪工程等级划分

| 城镇防洪工程等别 | 指　　标 | |
| --- | --- | --- |
| | 防洪保护对象的重要程度 | 防洪保护区人口/万人 |
| Ⅰ | 特别重地 | ≥150 |
| Ⅱ | 重要 | ≥50 且＜150 |
| Ⅲ | 比较重要 | ＞20 且＜50 |
| Ⅳ | 一般重要 | ≤20 |

注：防洪保护区人口是指城市防洪工程保护区的常住人口。

### 2. 小城镇防洪工程级别

防洪建筑物的级别,应根据城镇防洪工程等级、防洪建筑物的防洪工程体系中的作用和重要性按表 9-11 的规定划分。

表 9-11　防洪建筑物级别划分

| 城镇防洪工程等别 | 设计标准/年 | | | |
| --- | --- | --- | --- | --- |
| | 洪水 | 涝水 | 海潮 | 山洪 |
| Ⅰ | ≥200 | ≥20 | ≥200 | ≥50 |
| Ⅱ | ≥100 且<200 | ≥10 且<20 | ≥100 且<200 | ≥30 且<50 |
| Ⅲ | ≥50 且<100 | ≥10 且<20 | ≥50 且<100 | ≥25 且<30 |
| Ⅳ | ≥20 且<50 | ≥5 且<10 | ≥20 且<50 | ≥10 且<20 |

注:1. 主要建筑物是指失事后使城镇遭受严重灾害并造成重大经济损失的堤防、防洪闸等建筑物。

　　2. 次要建筑物是指失事后不致造成城镇灾害或经济损失不大的堤坝、护坡、谷坊等建筑物。

　　3. 临时性建筑物是指防洪工程施工期间使用的施工围堰等建筑物。

### 三、小城镇防洪标准

(1)镇域防洪规划应与当地江河流域、农田水利、水土保持、绿化造林等的规划相结合,统一整治河道,修建堤坝、圩垸和蓄、滞洪区等工程防洪措施。

(2)镇域防洪规划应根据洪灾类型(河洪、海潮、山洪和泥石流)选用相应的防洪标准及防洪措施,实行工程防洪措施与非工程防洪措施相结合,组成完整的防洪体系。

(3)镇域防洪规划应按现行国家标准《防洪标准》(GB 50201—1994)的有关规定执行;镇区防洪规划除应执行防洪标准外,尚应符合现行国家标准《城市防洪工程设计规范》(GB/T 50805—2012)的有关规定。

邻近大型或重要工矿企业、交通运输设施、动力设施、通信设施、文物古迹和旅游设施等防护对象的镇,当不能分别进行设防时,应按就高不就低的原则确定设防标准及设置防洪设施。

（4）修建围埝、安全台、避水台等就地避洪安全设施时，其位置应避开分洪口、主流顶冲和深水区，其安全超高值应符合表 9-12 的规定。

表 9-12　就地避洪安全设施的安全超高值

| 安全设施 | 安置人口/人 | 安全超高/m |
|---|---|---|
| 围埝 | 地位重要、防护面大、人口≥10 000 的密集区 | ＞2.0 |
| | ≥10 000 | 2.0～1.5 |
| | 1 000～＜10 000 | 1.5～1.0 |
| | ＜1 000 | 1.0 |
| 安全台、避水台 | ≥1 000 | 1.5～1.0 |
| | ＜1 000 | 1.0～0.5 |

注：安全超高是指在蓄、滞洪时的最高洪水位以上，考虑水面浪高等因素，避洪安全设施需要增加的富余高度。

（5）各类建筑和工程设施内设置安全层或建造其他避洪设施时，应根据避洪人员数量统一进行规划，并应符合现行国家标准《蓄滞洪区建筑工程技术规范》(GB 50181—1993)的有关规定。

（6）易受内涝灾害的镇。其排涝工程应与排水工程统一规划。

（7）防洪规划应设置救援系统。包括应急疏散点、医疗救护、物资储备和报警装置等。

### 四、洪峰流量计算

洪水流量的计算方法有以下几种。

（1）推理公式。

$$Q=0.278\times\frac{\omega\cdot S}{T^n}\cdot F \tag{9-1}$$

式中　$Q$——设计洪水流量(L/s)；

$S$——暴雨雨力，即与设计重现期相应的最大一小时降雨量(mm/h)；

    $\omega$——洪峰径流系数；

    $F$——流域面积($km^2$)；

    $T$——流域的集流时间(h)；

    $n$——暴雨强度衰减指数。

当流域面积为 $40\sim50\ km^2$ 时，用此推理公式效果较好。公式中各参数的确定方法，需要较多基础资料，计算过程较复杂，参数确定详见相关资料。

(2)经验公式。在缺乏水文直接观测资料的地区，可采用经验公式。常见的经验公式以流域面积为参数，如以下经验公式。

$$Q=K\cdot F^n \tag{9-2}$$

式中　$Q$——设计洪水流量(L/s)；

    $F$——流域面积($km^2$)；

    $K$、$n$——随地区及洪水频率而变化的系数和指数，当 $F\leqslant1\ km^2$ 时，$n=1$。

此经验公式适用于流域面积 $F\leqslant10km^2$，该法使用方便，计算简单，但地区性较强。参数的确定详见水文有关资料和地区水文手册。

(3)洪水调查法。按下列公式计算出调查的洪峰流量。

$$Q=Av \tag{9-3}$$

式中　$A$——过水断面面积($m^2$)。

其中

$$v=\frac{1}{n}R^{\frac{2}{3}}I^{\frac{1}{2}} \tag{9-4}$$

式中　$n$——河槽壁粗糙系数；

    $R$——水力半径(m)；

    $I$——水面比降，可用河底平均比降代替。

### 五、小城镇防洪对策

(1)修筑防洪堤岸。根据拟定的城镇防洪标准，应在常年洪水位以下的城镇用地范围的外围修筑防洪堤。防洪堤的工程标准断面，视城镇的具体情况而定：土堤占地较大；混凝土占地小，但工程费用较高。堤岸在迎江河的一面应加石块铺砌防浪护堤,背面植草保护。在堤顶上加修防特大洪水的小堤。在通向江河的支流,或沿支流修防洪堤或设防洪闸门,在汛期时用水泵排堤内侧积水,排涝泵进水口应修在堤内侧最低处。

(2)整修河道。有些地区,降雨量集中,洪水量大且势猛,但平时河床干涸,这样对城镇用地的使用和组织,道路桥梁的建造均不利,应该对河道加以整治。修筑河堤以束流导引,变河滩地为城镇建设用地或改造为农田。把平浅的河床加以竣深,把过于弯曲的河床加以截弯取值,可以增加对洪水的宣泄能力,降低洪水位。

有些城镇地区,根据水文资料估计的洪水位很高,以及由于城镇的重要性,确定的防洪标准很高,因而预留的排洪沟过宽,占地很大,平时河床内也无法利用,可以采取在河道两边按一般常年洪水位或较低的防洪标准修筑防洪堤,然后按应采取的较高的防洪标准,在其两侧修建备用的防洪堤。在这两条堤之间的用地,可以加以利用,或作为农田,或作为一些不是永久性的建筑或场地使用。同时,也要注意在预留的排洪沟中不要随意占用,以免必要排洪时宣泄不畅造成灾害。

(3)加固河岸。有的城镇用地高出常年洪水位,一般不修筑防洪堤,但应对河岸整治加固。防止被冲刷崩塌,以致影响沿河的城镇用地及建筑。对河岸可以做成垂直,一级斜坡、二级斜坡,从工程量大小作比较方案。在凹形的易受冲刷的地段,堤岸底脚基础更应予加固。

沿河岸可以规划为滨河路,设一些绿化带,增加城镇的美观及居民休息地点。滨河路的功能性质应按照在城镇总体规划中的位置来确定。滨河路不宜有过多的机动交通,否则会影响居民对河岸绿化带的接近。

(4)整治湖塘洼地。湖塘洼地对洪水的调节作用非常重要,但往往被人忽略。在有些城镇中,由于城镇管理不好,垃圾废渣没有妥善处理,填没湖塘;也有以城镇卫生为理由,填没湖塘结果减少了湖塘对洪水的积蓄作用,发生积水淹没城市用地。

应当结合城镇总体规划,对一些湖塘洼地加以保留及利用整治,有的改为公园绿地,有的也可以养鱼增加经济收入,有些零星湖塘与洼地,可结合排水规划加以连通,如能与河道连接,则蓄水的作用将更为显著。

(5)修建蓄洪水库。在一些城镇用地的上游,可修筑蓄洪水库。可以调节径流,减少洪水威胁。有时,因为城镇供水水源的需要,也要建水库。水库周围,风景优美,常常可以作为城市休养及游览地区。水库还可以用来发展渔业,也可以用作水力发电,增加城镇能源供应。

根据地形、水文、地质等等条件,可以在干流的上游修建大型水库,也可以在支流上修建若干小型水库。

但是,修建水库要考虑城镇的安全问题。特别是在主要城镇和工业点的上游修建大中型水库,要避免造成城市"头顶一盆水"的局面。水库不应距离城市过近,水库的泄洪道应在城市用地外围通过,并在汛期到来前先期放水,降低水库水位,以便增加蓄洪量。

在重要城镇或工矿企业的上游或在地震区修建水库,其防洪标准及水坝的工程标准,应当提高,要按特大型考虑,要防止由于自然灾害的原因造成溃坝,造成下游城镇的严重损失。但也不能因为曾偶然有过类似的事件而盲目的提高工程标准,而造成工程费用过大。应当设想如果上游水库溃坝时,对下游城镇的淹没情况,绘出淹没范围图,以便在制定城镇规划时,不要将一些重要的单位放在淹没区内。

(6)修建截洪沟。如果城镇用地靠近山坡地,为了避免山洪泄入城镇,增加城镇排水的负担,或淹没城镇中的局部地区,可以在城镇用地较高的一侧,修建截洪沟,将上游的洪水引入其他河流。或在城镇用地下游方向排入城镇邻近的江河中。

(7)综合解决城镇防洪。制定城镇防洪规划,不应孤立的进行,应当与所在地区的河流流域规划以及城市郊区用地的农田水利规划结合起来,统一解决。农田排水沟渠可以分散排放降水,而减少洪水对城市的威胁。大面积的造林既有利于自然环境的保护,也有利于保护水土。防洪规划也应与航道规划相配合。

# 第四节　抗震防灾规划

## 一、地震类型、震级

### 1. 地震类型

(1)按产生方式分类。按产生方式分为构造地震、火山地震、陷落地震。

1)构造地震。由于地下深处岩层错动、破裂所造成的地震。这类地震发生的次数最多,破坏力也最大,约占全球地震数的90%。如印度洋大地震就属于构造地震。

2)火山地震。由于火山作用,如岩浆活动、气体爆炸等引起的震动。火山地震一般影响范围较小,发生得也较少,约占全球地震数的7%。

3)陷落地震。由于地层陷落引起的地震,例如,当地下溶洞或矿山采空区支撑不住顶部的压力时,就会塌陷,引起震动。这类地震更少,大约不到全球地震数的3%,引起的破坏力也较小。

(2)按震级大小分类。按震级大小分为弱震、有感地震、中强震、强震。

1)弱震。震级小于3级的地震。

2)有感地震。震级等于或大于3级、小于或等于4.5级的地震。

3)中强震。震级大于4.5级,小于6级的地震。

4)强震。震级等于或大于6级的地震。其中,震级大于或等于8级的又称为巨大地震。

(3)按破坏性分类。按破坏性分为非破坏性地震和破坏性地震。其中,破坏性地震一般为5级以上或烈度为7度的地震。

### 2. 震级

震级是指地震的大小,是表示地震强弱的量度,是以地震仪测定的每次地震活动释放的能量多少来确定的,震级通常用字母 $M$ 表示。地震越大,所释放的能量越大,震级也越高。表9-13为地震震级和能力对应表。

表 9-13　地震震级和能力对应表

| 震级($M_L$) | 能量(erg) | 震级($M_L$) | 能量(erg) |
|---|---|---|---|
| 0 | $6.3 \times 10^{11}$ | 5 | $2 \times 10^{19}$ |
| 1 | $2 \times 10^{13}$ | 6 | $6.3 \times 10^{20}$ |
| 2 | $6.3 \times 10^{14}$ | 7 | $2 \times 10^{22}$ |
| 2.5 | $3.55 \times 10^{15}$ | 8 | $6.3 \times 10^{23}$ |
| 3 | $2 \times 10^{16}$ | 8.5 | $3.55 \times 10^{24}$ |
| 4 | $6.3 \times 10^{17}$ | 8.9 | $1.4 \times 10^{25}$ |

## 二、小城镇抗震设施规划

小城镇抗震设施主要指避震和震时疏散通道及疏散场地。

(1)疏散通道。小城镇避震疏散道路应确保疏散通道及出口,并满足道路抗震设防和避震疏散相关的技术要求。

1)地震区的道路工程及重要的附属构筑物应按国家工程所在地区的设防烈度,进行抗震设防。道路工程以设计地震烈度表示的设防起点为 8 度。以下 3 种情况设防起点应为 7 度:

①高填方路基边坡或深挖方路堑边坡,地震时可能产生大规模滑坡、塌方的重要路段;

②重要附属构筑物,如高挡土墙、高护坡、高护岸;

③软土层或可液化土层上的道路工程。7 度以下不设防。

2)居住(小)区道路规划,在地震不低于 6 度的地区,应考虑抗震防灾救灾的要求。

3)居住(小)区道路红线宽度不宜小于 20 m,小区路路面宽 5~8 m,建筑控制线之间的宽度,采暖区不宜小于 14 m,非采暖区不宜小于 10 m;组团路路面宽 3~5 m,建筑控制线之间的宽度,采暖区不宜小于 10 m,非采暖区不宜小于 8 m;宅间小路路面宽不宜小于 2.5 m。

4)在地震设防地区,居住区内的主要道路,宜采用柔性路面。

(2)疏散场地。避震疏散场地应根据疏散人口的数量规划,疏散场地应与广场、绿地等综合考虑,并应符合下列规定。

1)应避开次生灾害严重的地段,并应具备明显的标志和良好的交通条件。

2)镇区每一疏散场地的面积不宜小于 4 000 m²。

3)人均疏散场地面积不宜小于 3 m²。

4)疏散人群至疏散场地的距离不宜大于 800 m。

5)主要疏散场地应具备临时供电、供水并符合卫生要求。

### 三、小城镇抗震对策

(1)在抗震设防区进行规划时,应符合现行国家标准《中国地震动参数区划图》(GB 18306—2001)和《建筑抗震设计规范》(GB 50011—2010)等的有关规定,选择对抗震有利的地段,避开不利地段,严禁在危险地段规划居住建筑和人员密集的建设项目。

(2)工程抗震应符合下列规定。

1)新建建筑物、构筑物和工程设施应按国家和地方现行有关标准进行设防。

2)现有建、构筑物和工程设施应按现行国家和地方标准进行鉴定,提出抗震加固、改建和拆迁的意见。

(3)生命线工程和重要设施。包括交通、通信、供水、供电、能源、消防、医疗和食品供应等进行统筹规划,并应符合下列规定。

1)道路、供水、供电等工程应采取环网布置方式。

2)镇区人员密集的地段应设置不同方向的四个出入口。

3)抗震防灾指挥机构应设置备用电源。

(4)生产和贮存具有发生地震的次生灾害源。包括产生火灾、爆炸和溢出剧毒、细菌、放射物等单位,应采取以下措施。

1)次生灾害严重的,应迁出镇区和村庄。

2)次生灾害不严重的,应采取防止灾害蔓延的措施。

3)人员密集活动区不得建有次生灾害源的工程。

# 第五节　抗风减灾与地质灾害工程规划

## 一、小城镇抗风减灾工程规划

### 1. 小城镇抗风减灾规划内容

（1）历史风灾分析。

（2）明确小城镇抗风设防区划，确定抗风设防标准、等级。

（3）抗风设防的用地与设防布局的确定。

（4）抗风减灾的主要对策与措施。

### 2. 小城镇抗风减灾对策

（1）易形成风灾地区的镇区选址应避开与风向一致的谷口、山口等易形成风灾的地段。

（2）易形成风灾地区的镇区规划，建筑物的规划设计除应符合现行国家标准《建筑结构荷载规范》（GB 50009—2012）的有关规定外，尚应符合下列规定。

1）建筑物宜成组成片布置。

2）迎风地段宜布置刚度大的建筑物，体型力求简洁规整，建筑物的长边应同风向平行布置。

3）不宜孤立布置高耸建筑物。

（3）易形成风灾地区的镇区应在迎风方向的边缘选种密集型的防护林带。

（4）易形成台风灾害地区的镇区规划应符合下列规定。

1）滨海地区、岛屿应修建抵御风暴潮冲击的堤坝。

2）确保风后暴雨及时排除，应按国家和省、自治区、直辖市气象部门提供的年登陆台风最大降水量和日最大降水量，统一规划建设排水体系。

3）应建立台风预报信息网。配备医疗和救援设施。

（5）宜充分利用风力资源，因地制宜地利用风能建设能源转换和能源储存设施。

## 二、小城镇地质灾害工程规划

### 1. 小城镇地质灾害工程规划的内容

（1）区域地质灾害发育历史分析、发育类型。

（2）地质灾害的危害程度、设防区划、设防等级。

（3）工程地质场地评价，抗地质灾害用地布局和技术规定。

（4）抗地质灾害的主要对策与措施。

### 2. 小城镇地质灾害对策

（1）建立和完善易受地质灾害地区小城镇抗地质灾害管理体制，包括机构、管理权限和工作任务在内的管理体系。

（2）小城镇抗地质灾害工程规划应作为易受地质灾害地区小城镇防灾减灾规划不可缺少的重要组成部分。

（3）小城镇规划建设用地地质应避开不良地质条件地段。对于需经工程基础处理地段的建设、建、构筑物和工程设施必须符合国家现行相关标准规范的规定要求。

（4）针对小城镇地质灾害的特点、危害程度、影响范围，重点研究和推广设防区常见地质灾害防治的有效方法与技术措施。如排水工程、挡土墙工程、河流整治工程等。

（5）针对不同地区、不同地质灾害，因地制宜加固生命线工程设施，采用多源、环路等不同方法提高生命线工程设施运行的可靠性和抗地质灾害的能力。

# 第十章　小城镇环保环卫规划

## 第一节　概　述

### 一、小城镇环保环卫规划原则

(1)在小城镇总体规划和环境保护规划的基础上,进行小城镇环境卫生工程系统规划,合理确定小城镇环境卫生设施布局与规模。

(2)坚持"环境卫生设施建设与小城镇建设同步发展"的原则,根据小城镇发展总体目标和现代化小城镇的发展水平,合理规划、安排环卫建设项目,使环卫设施的数量、规模、功能、水平与小城镇现代化发展、生态平衡及人民生活水平改善相适应。

(3)坚持有效控制固体废物污染,达到减量化、资源化、无害化的目标。积极推进小城镇垃圾分类收集、发展废品回收,加强废物综合利用,开发二次资源。

(4)坚持"全面规划、统筹兼顾、合理布局、美化环境、方便使用、整洁卫生、有利排运"的原则,按照小城镇生活垃圾收集、运输、处置系统的实际需要,合理配备各类环卫设施,数量充足、布局合理、相互配套。

(5)坚持"规划先行,建管并重"的原则。超前规划,搞好建设项目融资集资,搞好环卫设施建设与管理,正确认识环卫设施特点,要遵循"先建后拆"的原则。充分发挥各类环卫设施的功能,取得较好的环境效益、社会效益及经济效益。

(6)坚持"科学设计,适当超前"的原则。适当提高垃圾处置建设标准、提高垃圾处置环保水平。

(7)收集、储存、运输、利用固体废物,必须采取防扬散、防流失、防渗漏或者其他防止污染环境的措施。

### 二、小城镇环保环卫工程规划内容

(1)小城镇环保环卫工程总体规划包括下列主要内容。

1)测算小城镇固体废弃物产量,分析其组成和发展趋势,提出污染控制目标。

2)确定小城镇固体废弃物的收运方案。

3)选择小城镇固体废弃物处理和处置方法。

4)布局各类环境卫生设施,确定服务范围、设置服务范围、设置规模、设置标准、运作方式、用地指标等。

5)进行可能的技术经济方案比较。

(2)小城镇环境卫生设施工程详细规划包括下列主要内容。

1)估算小城镇固体废弃物产量。

2)提出规划区的环境卫生控制要求。

3)确定垃圾收运方式。

4)布局废物箱、垃圾箱、垃圾收集点、垃圾转运站、公厕、环卫管理机构等,确定其位置、服务半径、用地、防护隔离措施等。

# 第二节 小城镇环境保护规划

## 一、小城镇水体环境保护规划

### 1. 小城镇环境保护

(1)从保护水资源的角度来安排城镇用地布局,特别是污染工业的用地布局。

(2)尽量保持河道的自然特征及水流的多样性,禁止裁弯取直,为水生动植物创造良好的栖息环境,保护河道水生态环境,提高河流自净能力。

(3)在河流两岸建设林带绿地,在水边种植湿生树林、挺水植物、沉水植物等水生植物,恢复水生态系统,改善水环境质量。

(4)水利工程调度要由传统的城市防洪功能向兼顾保护水生态系

统功能转变,要兼顾河流水生态系统和防洪安全,统筹考虑。

## 2. 小城镇污水处理

(1)小城镇生活污水治理,首先应完善排水系统,采取集中与分散相结合的处理方式,建设污水处理设施,对于地理位置比较集中的小城镇,生活污水处理设施以集中处理为主,对于地理位置相对分散的小城镇,如山区,则以分散处理为主,就地回用,逐步提高城镇生活污水处理率。对于经济较发达的小城镇,还可因地制宜地考虑污水的深度处理,进一步减少污染物的排放总量,还可以建立再生水回用系统,将污水处理后再利用。对生活污水排放进行严格管理,避免未经处理直接排入环境中。

(2)加强对小城镇工业污染源和乡镇企业的管理,限制污染严重企业的发展,关停或升级改造规模小、技术工艺落后、经济效益差、污染严重且没有污水处理能力的企业。加强对工业企业污水排放的监督管理,贯彻执行"三同时"制度,使工业废水达标排放。鼓励工业企业内部开展水资源循环利用及梯级利用,减少工业废水排放量。加快城镇污水管网的铺设,对工业废水集中处理。企业排污口的设置应符合国家法律、法规的要求,严禁私设暗管或者采取其他规避监管的方式排放水污染物。

(3)在农业生产中减少或控制农药、化肥的施用量,提高农业生产科技水平,实行科学合理施肥,发展生态农业,从源头控制农业资源污染。对于化肥、农药施用带来的农业资源污染,可利用微区域集水技术、人工水塘技术、植被缓冲技术等一系列技术,使污染物在水塘得到相对富集,并构建湿地生态系统,延长水流滞留时间,通过沉淀、过滤、吸附、离子交换、植物吸收和微生物分解来实现对污水的高效净化。

(4)畜禽养殖行业生产过程中会产生大量的废水和粪尿,如不经处理排入水体中,会加重水体的富营养化程度,污染水体水质。将小城镇畜禽养殖业纳入环保监督管理的范围,合理布局,严禁在集中饮用水源地、生态环境敏感区建设畜禽养殖场。支持畜禽粪便、废水的综合利用,化废为宝,将养殖行业所产生的粪便用于种植业或渔业,作为肥料或鱼饵。建设畜禽养殖粪便、废水无害化处理设施,使污水达标排放。

（5）在规划建设小城镇污水管网和处理设施时，应突出工程设施的共享，避免重复建设。在城镇化程度较高、乡镇分布密集、经济发展和城镇建设同步性强的地区，可在大的区域内统一进行污水工程规划，统筹安排、合理配置污水工程设施，通过建造区域性污水收集系统和集中处理设施来控制城镇群的污染问题。

（6）提高节水意识，减少污水排放量，并积极推广污水回用技术和措施，特别是在农业方面的回用。

**3. 小城镇水体环境保护规划技术指标**

小城镇水体环境保护的规划目标宜包括水体质量，饮用水源水质达标率、工业废水处理率及达标排放空气、生活污水处理率等。地面水环境质量标准应符合表 10-1 规定。

表 10-1　地面水环境质量标准

| 序号 | 基本要求 | Ⅰ类 | Ⅱ类 | Ⅲ类 | Ⅳ类 | Ⅴ类 |
|---|---|---|---|---|---|---|
| | | 所有水体不应有非自然原因所致的下述物质：<br>（1）凡能沉淀而形成令人厌恶的沉积物；<br>（2）漂浮物，如碎片、浮渣、油类或者其他的一些引起感官不快的物质；<br>（3）产生令人厌恶的色、臭、味或者混浊度的物质；<br>（4）对人类、动物或植物有损害、毒性或不良生理反应的物质；<br>（5）易滋生令人厌恶的水生生物的物质 | | | | | |
| 1 | 水温 | 人为造成的环境水温变化应限制在：夏季周平均最大温升 $<1\ ℃$，冬季周平均最大温降 $<2\ ℃$ | | | | |
| 2 | pH | 6.5～8.5 | | | | 6～9 |
| 3 | 硫酸盐[①]（以 $SO_4^{-2}$ 计） | <250 以下 | <250 | <250 | <250 | <250 |
| 4 | 氯化物[①]（以 $Cl^{-1}$ 计） | <250 以下 | <250 | <250 | <250 | <250 |
| 5 | 溶解性铁[①] | <0.3 以下 | <0.3 | <0.5 | <0.5 | <1.0 |
| 6 | 总锰[①] | <0.1 以下 | <0.1 | <0.1 | <0.5 | <1.0 |
| 7 | 总铜[①] | <0.01 以下 | <1.0 | <1.0 | <1.0 | <1.0 |

| 序号 | 基本要求 | Ⅰ类 | Ⅱ类 | Ⅲ类 | Ⅳ类 | Ⅴ类 |
|---|---|---|---|---|---|---|
|  |  | 所有水体不应有非自然原因所致的下述物质：<br>(1)凡能沉淀而形成令人厌恶的沉积物；<br>(2)漂浮物，如碎片、浮渣、油类或者其他的一些引起感官不快的物质；<br>(3)产生令人厌恶的色、臭、味或者混浊度的物质；<br>(4)对人类、动物或植物有损害、毒性或不良生理反应的物质；<br>(5)易滋生令人厌恶的水生生物的物质 | | | | |
| 8 | 总锌① | <0.05 | <1.0 | <1.0 | <2.0 | <2.0 |
| 9 | 硝酸盐(以 N 计) | <10 以下 | <10 | <20 | <20 | <25 |
| 10 | 亚硝酸盐(以 N 计) | <0.06 | <0.1 | <0.15 | <1.0 | <1.0 |
| 11 | 非离子氨 | <0.02 | <0.02 | <0.02 | <0.2 | <0.2 |
| 12 | 凯氏氮 | <0.5 | <0.5 | <1 | <2 | <2 |
| 13 | 总磷(以 P 计) | <0.02 | <0.1 | <0.1 | <0.2 | <0.2 |
| 14 | 高锰酸钾指数 | <2 | <4 | <6 | <8 | <10 |
| 15 | 溶解氧 | >饱和90% | >6 | >5 | >3 | >2 |
| 16 | 化学需氧量($DOD_{cr}$) | <15 以下 | <15 以下 | <15 | <20 | <25 |
| 17 | 生化需氧量($BOD_5$) | <3 以下 | <3 | <4 | <6 | <10 |
| 18 | 氟化物(以 $F^{-1}$计) | <1.0 以下 | <1.0 | <1.0 | <1.5 | <1.5 |
| 19 | 硒(四价) | <0.01 以下 | <0.01 | <0.01 | <0.02 | <0.02 |
| 20 | 总砷 | <0.05 | <0.05 | <0.05 | <0.1 | <0.1 |
| 21 | 总汞② | <0.000 05 | <0.000 5 | <0.000 1 | <0.001 | <0.001 |
| 22 | 总镉② | <0.001 | <0.005 | <0.005 | <0.005 | <0.01 |
| 23 | 铬(六价) | <0.01 | <0.05 | <0.05 | <0.05 | <0.1 |
| 24 | 总铅② | <0.01 | <0.05 | <0.05 | <0.05 | <0.1 |
| 25 | 总氰化物 | 0.005 | <0.05 | <0.2 | <0.2 | <0.2 |
| 26 | 挥发酚② | <0.002 | <0.002 | <0.005 | <0.01 | <0.1 |
| 27 | 石油类②(石油醚萃取) | <0.05 | <0.05 | <0.05 | <0.5 | <1.0 |
| 28 | 阴离子表面活性剂 | <0.2 以下 | <0.2 | <0.2 | <0.3 | <0.3 |
| 29 | 总大肠菌群③/(个/L) |  |  | <10 000 |  |  |
| 30 | 苯并(a)芘③/(μg/L) | <0.002 5 | <0.002 5 | <0.002 5 |  |  |

① 允许根据地方水域背景值特征适当调整的项目。

② 规定分析检测方法的最低检出限，达不到基准要求。

③ 试行标准。

## 二、小城镇大气环境保护规划

### 1. 大气功能区划分的原则及注意事项

(1)大气环境功能区的划分应遵循以下原则。

1)应充分利用现行行政区界或自然分界。

2)宜粗不宜细。

3)既要考虑空气污染状况,又要兼顾城市发展规划。

4)不能随意降低已划定的功能区类别。

划分大气环境功能区,首先分析区域或城市发展规划,确定范围,准备底图;通过综合分析,确定每一单元的功能区;然后将单元连片,绘出污染物日平均等值线图,经过反复审核,确定最终的功能区。

(2)在划分大气环境功能区过程中,应注意以下几点。

1)每个功能区不得小于 4 $km^2$。

2)三类区中的生活区,应根据实际情况和可能,有计划地迁出。

3)三类区不应设在一、二类功能区的主导风向的上风向。

4)一、二类之间,一类与三类之间,二类与三类之间设置一定宽度的缓冲带,一般一类与三类之间的缓冲带宽度不小于 500 m,其他类别功能区之间缓冲带的宽度不小于 300 m。

5)位于缓冲带内的污染源,应根据其对环境空气质量要求高的功能区影响情况,确定该污染源执行排放标准的级别。

### 2. 小城镇大气环境保护措施

(1)优化调整乡镇企业的工业结构,积极引进和发展低能耗、低污染、资源节约型的产业,严格控制主要大气污染源,如电厂、水泥厂、化肥厂、造纸厂等项目的建设,并加快对现有重点大气污染源的治理,对大气环境敏感地区划定烟尘控制区。

(2)根据当地的能源结构、大气环境质量和居民的消费能力等因素,选择适宜的居民燃料。

(3)应采取有效措施提高汽车尾气达标率。控制汽车尾气排放量,积极推广使用高质量的油品和清洁燃料,如液化石油气、无铅汽油和低含硫量的柴油等。

### 3. 小城镇大气环境保护规划技术指标

小城镇大气环境保护规划目标包括大气环境质量、小城镇汽化率、工业废气排放达标率、烟尘控制区覆盖率等。小城镇大气环境质量标准分为三级,空气污染物的三级标准浓度限值应符合表 10-2 的有关规定。

表 10-2　空气污染三级标准浓度限值

| 污染物名称 | 深度限值/(mg/m³) | | | |
|---|---|---|---|---|
| | 取值时间 | 一级标准 | 二级标准 | 三级标准 |
| 总悬浮微粒 | 日平均 | 0.15 | 0.30 | 0.50 |
| | 任何一次 | 0.30 | 1.00 | 1.50 |
| 飘尘 | 日平均 | 0.05 | 0.15 | 0.25 |
| | 任何一次 | 0.15 | 0.50 | 0.70 |
| 氮氧化合物 | 日平均 | 0.05 | 0.10 | 0.15 |
| | 任何一次 | 0.10 | 0.15 | 0.30 |
| SO₂ | 年日平均 | 0.02 | 0.06 | 0.10 |
| | 日平均 | 0.05 | 0.15 | 0.25 |
| | 任何一次 | 0.15 | 0.50 | 0.70 |
| CO | 日平均 | 4.00 | 4.00 | 6.00 |
| | 任何一次 | 10.0 | 10.0 | 20.0 |
| 光化学氧化剂($O_3^-$) | 1h 平均 | 0.12 | 0.16 | 0.20 |

注:1. 日平均——任何一日的平均浓度不许超过的限值;年日平均——任何一年的日平均浓度;任何一次——任何一次采样测定不许超过的限值,不同污染物"任何一次"采样时间见有关规定。

2. 表 10-2 引自《环境空气质量标准》(GB 3095—2012)。

## 三、小城镇噪声环境保护规划

小城镇的主要噪声源为交通噪声、工业噪声、建筑施工噪声、社会生活噪声等;小城镇的主要噪声规划控制指标为区域环境噪声和交通干线噪声。

### 1. 小城镇噪声环境治理措施

小城镇噪声环境综合治理主要措施包括以下几个方面。

(1)小城镇道路交通规划与小城镇环境保护规划同步实施,交通系统建设与外部系统协调共生。

交通噪声、振动严重危及人们的生理与心理健康，为减少小城镇交通噪声危害，必须从整体上对小城镇相关交通系统、空间布局环境保护全面考虑，实现交通系统与外部系统协调共生可持续发展的生态交通目标。

（2）过境公路与小城镇道路分开，过境公路不得穿越镇区，对原穿越镇区的过境公路段应采取合理手段改变穿越段公路的性质与功能，在改变之前应按镇区道路的要求控制道路红线和两侧用地布局，并严格限制现过境公路两侧发展建设。

（3）小城镇用地布局应考虑工业向工业园区集聚，居住向居住小区集聚，加强规划管理，非工业园区和工业用地不得新建、扩建工厂和工业项目。结合旧镇改造逐步解决工业用地和居住用地混杂现象。

（4）噪声严重的工厂选址除结合工业园区选址外，尚应考虑噪声影响小的边缘地区，酌情考虑噪声缓冲带，也可利用小城镇地形条件，如山冈、土坡阻断、屏蔽噪声传播。

（5）产生较高噪声的声源建筑和设施与小城镇居民点的防噪距离应按表 10-3 规定控制。

表 10-3　不同噪声级生源与小城镇居民点之间防噪距离要求

| 声源点噪声级/dB | 与居民点防噪距离/m |
| --- | --- |
| 100～110 | 110～300 |
| 90～100 | 90～100 |
| 80～90 | 80～90 |
| 70～80 | 30～100 |
| 60～70 | 20～50 |

（6）穿越居住区、文教区的车辆，应采取限速、禁止鸣笛等措施降低噪声，高噪声车辆不得在镇区内行驶。

（7）建筑施工作业时间应避开居民的正常休息时间，在居住密集区施工作业时，应尽可能采用低噪声施工机械和作业方式。

**2. 小城镇噪声环境保护规划技术指标**

小城镇噪声环境保护规划目标主要为小城镇各类功能区环境噪

声平均值与干线交通噪声平均值,并应符合表 10-4 的规定。

表 10-4　小城镇各类功能环境噪声标准等效率级　　　（单位:dB）

| 适用区域 | 昼间 | 夜间 |
|---|---|---|
| 特殊居民区 | 45 | 35 |
| 居民、文教区 | 50 | 40 |
| 工业集中区 | 65 | 55 |
| 一类混合区 | 55 | 45 |
| 二类混合区<br>商业中心区 | 60 | 50 |
| 交通干线<br>道路两侧 | 70 | 55 |

注:1. 特殊住宅区:需特别安静的住宅区;居民、文教区:纯居民和文教、机关区;一类混合区:一般商业与居民混合区;二类混合区:工业、商业、少量交通与居民混合区;商业中心区:商业集中的繁华地区;交通干线道路两侧:车流量每小时 100 辆以上的道路两侧。

　2. 表 10-4 参照《声环境质量标准》(GB 3096—2008)。

### 四、小城镇固体废弃物规划

#### 1. 小城镇固体废物的分类

小城镇环境卫生工程系统规划所涉及的小城镇固体废物主要有以下几类。

(1)生活垃圾。生活垃圾是指小城镇日常生活中或者为小城镇日常生活提供服务的活动中产生的固体废物,以及相关法规规定视为生活垃圾的固体废物。小城镇生活垃圾处理是环境卫生工程系统规划的主要内容。小城镇生活垃圾的产量与成分随当地燃料结构、居民生活水平、消费习惯和消费结构、经济发展水平、季节和地域等不同而变化。生活垃圾中除了易腐烂的有机物与炉灰、灰土外,其他废品基本可以回收利用。

(2)普通工业垃圾。普通工业垃圾为允许与生活垃圾混合收运处理的服装棉纺类、皮革类、塑料橡胶类等工业废弃物。

(3)建筑垃圾。建筑垃圾是指城镇建设工地上拆建和新建过程中产生的固体废物,随着小城镇建设步伐加快,建筑垃圾产量也有较大增长。建筑垃圾也属工业固体废物。

(4)一般工业固体废物。一般工业固体废物是指在生产过程中和加工过程中产生的废渣、粉尘、碎屑、污泥等。其对环境产生的毒害比较小,基本上可以综合利用。

(5)危险固体废物。危险固体废物是指列入国家危险物名录或者根据国家规定的危险物鉴别标准和方法认定的具有危险性的废物。主要来源于冶炼、化工、制药等行业,以及医院、科研机构等。由于危险固体废物对环境危害性很大,规划中在明确生产者作为治理污染的责任主体外,应有专门的机构集中控制。

**2. 小城镇固体废物的环境影响评价**

小城镇固体废物环境影响评价采用全过程评分法,评价对象包括各类污染物中占总排放量 80% 以上的污染源。评分准则,即性质标准分、数量标准分、处理处置标准分和污染事故标准分。各类标准分划分为若干等级,并给予不同的分值。在此基础上进行评分排序。

**3. 小城镇固体废物量的预测**

(1)小城镇生活垃圾量预测。小城镇生活垃圾量预测主要有人均指标法和增长率法。

1)人均指标法。按有关资料,我国小城镇目前人均生活垃圾产量为 $0.6 \sim 1.2 \ \mathrm{kg/(人 \cdot d)}$ 左右。比较于世界发达国家小城镇生活垃圾的产量情况,我国小城镇人均生活垃圾规划预测人均指标以 $0.9 \sim 1.4 \ \mathrm{kg/(人 \cdot d)}$ 为宜,具体取值结合当地燃料结构、居民生活水平、消费习惯和消费结构及其变化、经济发展水平、季节和地域情况,分析比较选定。由人均指标乘以规划人口数则可以得到小城镇生活垃圾总量。

2)增长率法。由递增系数,基准年数据测算规划年的小城镇生活垃圾总量。即:

$$W_t = W_0 (1+i)^t \tag{10-1}$$

式中　　$W_t$——规划年小城镇生活垃圾产量;

　　　　$W_0$——现状基年小城镇生活垃圾产量;

　　　　$i$——小城镇生活垃圾年增长率;

　　　　$t$——预测年限。

(2)小城镇工业固体废物量预测。

1)单位产品法。即根据各行业的统计资料,得出每单位原料或产品的产废量。规划时,若明确了工业性质和计划产量,则可预测出产生的工业固体废物量。

2)万元产值法。根据规划的工业产值乘以每万元的工业固体废物产生系数,则可得出工业固体废物产量。参照我国部分相关走势的规划指标,可选用 0.04~0.1 t/万元的指标。当然最好先根据历年资料进行推算。

3)增长率法。由式(10-1)计算。根据历史资料和小城镇产业发展规律,确定了增长率后计算。

### 4. 小城镇固体废弃物处理和处治

(1)固体废弃物对环境的危害。固体废弃物集中了许多污染物成分,含有有害微生物、无污染物、有机污染物以及其他放射性物质,产生色、臭物质等。其中有害成分会转入大气、水体、土壤,参与生态系统的物质循环,造成潜在的、长期的危害性。

固体废弃物对环境的危害主要表现在以下几个方面。

1)侵占土地。随着城镇的发展与生活水平的提高,小城镇生活垃圾问题日益突出。据有关资料统计:20 世纪 90 年代以来,我国小城镇生活垃圾每年以 8%~10%的速度递增。全国小城镇垃圾存量,现已达 60 亿 t,致使占全国小城镇总容量 2/3 的小城镇周围形成大量的垃圾山。目前全国小城镇垃圾所压占的土地面积高达 5 亿 $m^2$。而我国的人均耕地面积不足 2 亩,远远低于世界人均耕地面积 4.75 亩的水平。

2)污染土壤。废物堆置,容易使其中的有害成分污染土壤。固体废弃物能破坏土壤的正常功能,导致"渣化"。若土壤富集了有害物质,它们会通过食物链转移,影响人体健康。另外,土壤中堆积的固体废物中若含有致病微生物,各种病菌将通过直接或间接途径,传染给人。

3)污染水体。固体废物引起水体污染的途径有:随天然降水径流进入河流、湖泊;或因较小颗粒随风飘迁,落入水体而污染地面水;固体废物的渗沥水渗入土壤,污染地下水;固体废物直接倾倒河流、湖泊、海洋,造成污染。

4)污染大气。固体废物在收运堆放过程中,颗粒物随风扩散;固体废物的有机物质在堆放时会分解,放出有害气体;另外,固体废物在处理过程中,会产生有害气体和粉尘,而污染大气。

5)影响环境卫生。固体废物在城乡堆放,妨碍市容,又容易传染疾病。特别是生活垃圾易发酵腐化,产生恶臭,滋生蚊、蝇、鼠及其他害虫。

(2)固体废弃物处治。固体废弃物的处治通常是指通过物理、化学、生物、物化及生化方法把固体废物转化为适于运输、贮存、利用或处置的过程,这是一个固体废物减量化、无害化、稳定化和安全化,加速废物在环境中的再循环,减轻或消除对环境污染的方法。

固体废弃物的处置方法有以下几点。

1)自然堆放。指把垃圾倾卸在地面上或水体内,如弃置在荒地洼地或海洋中,不加防护措施,使之自然腐化发酵。这种方式是城市发展初期通常用的方式,对环境污染极大,现在已被许多国家禁止,我国部分城市还在使用。不过这种方式对于不溶或极难溶,不飞散,不腐烂变质,不产生毒害,不散发臭气的粒状和块状废物,如废石、炉渣、尾矿、部分建筑垃圾等,还是可以使用的。

2)土地填埋。将固体废弃物填入确定的谷地、平地或废沙坑等,然后用机械压实后覆土,使其发生物理、化学、生物等变化,分解有机物质,达到减容化和无害化的目的。土地填埋也是固体废物最终处置方法,主要分两类,即卫生土地填埋,用于生活垃圾;安全土填埋,适于工业固体废弃物,特别是有害废物,比卫生土地填埋建造要求更严格。

土地填埋适于各种废物,如生活垃圾、粉尘、废渣、污泥、一般固化块等。土地填埋的优点是技术比较成熟、操作管理简单,处置量大,投资和运行费用低,还可以结合小城镇地形、地貌开发利用填埋物。其缺点是垃圾减容效果差,占用大量土地;因产生渗沥水造成水体和环境污染,产生的沼气易爆炸或燃烧,所以选址受到地理和水文地质条件的限制。也是我国小城镇处理固体废弃物的主要途径和首选方法。

3)焚烧。焚烧是指通过高温燃烧,使可燃固体废物氧化分解,转换成惰性残渣,焚烧可以灭菌消毒,回收能量。焚烧可以达到减容化、无害化和资源化的目的。焚烧可以处理城镇生活垃圾、工业固体废物、污泥、危险固体废物等。焚烧处理的优点是:能迅速而大幅度地减少容积,体积可减少 85%~95%,质量减少 70%~80%;可以有效地消除有害病菌和有害物质;所产生的能量可以供热、发电。另外,焚烧法占地面积小,选址灵活。焚烧法的不足之处是:投资和运行管理费用高,管理操作要求高;所产生的废气处理不当,容易造成二次污染;对固体废物有一定的热值要求。近年来,我国垃圾成分中的可燃物比例不断增大,热值提高,部分地区已达到焚烧工艺的要求。我国已有个别城镇已建或正在建设焚烧厂,随着城镇实力的增强,焚烧将成为固体废物的一种主要处理方式。目前焚烧也是许多其他国家固体废物处理的主要方式。

4)海洋处置。海洋处置主要分为海洋倾倒与远洋焚烧两种方法。

①海洋倾倒是将固体废弃物直接投入海洋的一种处置方法。海洋是一个庞大的废弃物接受体,对污染物质有极大的稀释能力。进行海洋倾倒时,首先要根据有关法律规定,选择处置场地,然后再根据处置区的海洋学特性、海洋保护水质标准、处置废弃物的种类及倾倒方式进行技术可行性研究和经济分析,最后按照设计的倾倒方案进行投弃。

②海洋焚烧,是利用焚烧船将固体废弃物进行船上焚烧的处置方法。废物焚烧后产生的废气通过净化装置与冷凝器,冷凝液排入海中,气体排入大气,残渣倾入海洋。这种技术适于处置易燃性废物,如含氯的有机废弃物。

5)生物处理技术。生物处理技术是利用微生物对有机固体废物的分解作用使其无害化。可以使有机固体废物转化为能源、食品、饲料和肥料,还可以用来从废品和废渣中提取金属,是固体废物资源化的有效技术方法。目前应用比较广泛的有:堆肥化、沼汽化、废纤维素糖化、废纤维饲料化、生物浸出等。

高温堆肥是指在有控制的条件下,利用生物将固体废弃物中的有机物质分解,使之转化成为稳定的腐殖质的有机肥料,这一过程可以灭活垃圾中的病菌和寄生虫卵。堆肥化是一种无害化和资源化的过程。固体废弃物经过堆肥化,体积可缩减至原有体积的 50%~70%。堆肥化的优点是投资较低,无害化程度较高,产品可以用作肥料;缺点是占地较大,卫生条件差。

# 第三节 小城镇环境卫生规划

## 一、小城镇环境卫生规划要求

### 1. 村镇用地的卫生要求

(1)村镇规划用地应首先考虑对原有村庄、集镇的改造,新选用地要选择自然景观较好、向阳、高爽、易于排水、通风良好、土地未受污染或污染已经治理或自净、放射性本底值符合卫生要求、地下水位低的地段,并充分利用荒地,尽量少占或不占耕地。

(2)村镇用地必须避开地方病高发区、重自然疫源地,必须避开强风、山洪、泥石流等的侵袭。

(3)村镇应选在有水质良好、水量充足、便于保护的水源的地段。

### 2. 村镇各类建筑用地布局的卫生要求

村镇用地要按各类建筑物的功能(如住宅、工业生产、农副业生产、公共建筑、集贸市场等)划分合理的功能区。功能接近的建筑要尽量集中,避免功能不同的建筑混杂布置。对旧区的布局,要在充分利用的基础上逐步改造。

(1)住宅建筑用地。

1)住宅建筑应布置在村镇自然条件和卫生条件最好的地段;选择在本地大气主要污染源常年夏季最小风向频率的下风侧和水源污染段的上游。

2)要有足够的住宅建筑用地,其中应有一定数量的公共绿地面积和基本卫生设施。

3)住宅设计要符合《农村住宅卫生规范》(GB 9981—2012),并使尽量多的居室有最好的朝向,以保证其良好日照和通风。

4)住宅用地与产生有害因素的乡镇工业、农副业、饲养业、交通运输及农贸市场等场所之间应设卫生防护距离。

5)卫生防护距离见表10-5。

表 10-5　卫生防护距离

| 产生有害因素的企业、场所和规模 | | 卫生防护距离/m |
| --- | --- | --- |
| 养鸡场/只 | 2 000~10 000 | 100~200 |
| | 10 000~200 000 | 200~600 |
| 养猪场/头 | 500~10 000 | 200~800 |
| | 10 000~25 000 | 800~1 000 |
| 小型肉类加工厂, 吨/年 | 1500 | 100 |
| 小型化工厂/(吨/年) | | |
| 　排氯化工厂 | 用氯 600 | 300 |
| 　磷肥厂 | 40 000 | 600 |
| 　氮肥厂 | 25 000 | 800 |
| 冶炼厂/(吨/年) | | |
| 　小钢铁厂 | 10 000 | 300 |
| 　铅冶炼厂 | 3 000 | 800 |
| 交通 | | |
| 　铁路 | | 100 |
| 　一~四级道路 | | 100 |
| 　四级以下机动车道 | | 50 |
| 镇(乡)医院、卫生院 | | 100 |
| 集贸市场(不包括大牲口市场) | | 50 |
| 粪便垃圾处理场 | | 500 |
| 垃圾堆肥场 | | 300 |
| 垃圾卫生填埋场 | | 300 |
| 小三格化粪池集中设置场 | | 30 |
| 大三、五格化粪池 | | 30 |

注:1. 卫生防护距离是指产生有害因素的企业、场所的主要污染的边缘至住宅建筑用
　　　地边界的最小距离。

　　2. 在严重污染源的卫生防护距离内应设置防护林带。

　　3. 养鸡场、养猪场和肉类加工厂应采用暗沟或管道排污,应设置不透水的储粪池,
　　　最好就近采用沼气或其他适宜的方式进行无害化处理。

　　4. 凡生产规模不足或超过本标准规定的上述企业(场所)或有其他特殊情况者,其
　　　卫生防护距离由当地卫生监督部门参照表 10-5 准确定。

（2）工业、农副业用地。工业、农副业用地应布置在本地夏季最小风向频率的上风侧，污染严重的工、副业要布置在离住宅用地的最远端。

（3）公共建筑用地。

1）公共建筑主要指行政管理、教育、文化科学、医疗卫生、商业服务和公用事业等设施，上述设施应按各自功能合理布置。

2）中、小学校要布置在安静的独立地段，教室离一～四级道路距离不得小于 100 m。

3）医院、卫生院应设在水源的下游，靠近住宅用地，交通方便，四周便于绿化，自然环境良好的独立地段，并应避开噪声和其他有害因素的影响，病房离一～四级道路距离不得小于 100 m。

（4）集贸市场。

1）集贸市场要选在交通方便、避免对饮用水造成污染的地方。

2）集贸市场要有足够的面积，以平常日累计赶集人数计，人均面积不得少于 0.7 m²，其中包括人均 0.15 m² 的停车场。

3）集贸市场必须设有公厕，应有给排水设施，有条件的地方应设自来水，暂无条件者，应因地制宜供应安全卫生饮用水。

4）市场地面应采用硬质或不透水材料铺面，并有一定坡度，以利于清洗和排水。

**3. 给水、排水的卫生要求**

（1）村镇给水应尽量采用水质符合卫生标准、量足、水源易于防护的地下水源，给水方式尽量采用集中式。以地面水为水源的集中式给水，必须对原水进行净化处理和消毒。

（2）村镇应逐步建立和完善适宜的排水设施，镇（乡）医院、卫生院传染病房的污水必须进行处理和消毒。

（3）工厂和农副业生产场（所）要对本厂（场、所）的污水进行适当的处理，符合国家有关标准后才能排放。

**二、小城镇垃圾收运、处理**

城镇生活垃圾的收集与运输是指生活垃圾产生以后，由容器将其收集起来，集中到收集站后，用清运车辆运至转运站或处理场。垃圾的收运是城镇垃圾处理系统中的重要环节,影响着垃圾的处理方式。其过程复杂,耗资巨大,通常占整个处理系统费用的 $60\%\sim80\%$。垃圾的收集运输方式受到城镇地理、气候、经济、建筑及居民的文明程度和生活习惯的影响,因此,应结合城市的具体情况,选择节省投资、高效合理的方式。

**1. 生活垃圾的收集**

生活垃圾的收集是指将产生的垃圾用一定的设施和方法将其集中起来,以便于后续的运输和处理。各地的集体情况不同,则垃圾的收集方法也有很多种,并且随着社会和技术进步,不断变化。

(1)生活垃圾收集的方法。现行的小城镇垃圾收集方式主要分为混合收集与分类收集两种类型。

1)混合收集。混合收集是指将生产的各种垃圾混合在一起收集,这种方法简单、方便,对设施和运输的条件要求低,是我国小城镇常用的垃圾收集方法。生活垃圾的混合收集导致生活垃圾的高有机物含量、高水分、低热值、垃圾成分复杂等特点,致使出现垃圾的焚烧处理热值低、堆肥处理产品质量差、填埋处理污染大等问题,不便于垃圾后期处理与回收,提高了处理费。

2)分类收集。分类收集是指按垃圾的处理利用方式或不同产生源区域对垃圾进行分类收集。许多国家和我国部分城镇垃圾处理发展的历程表明:通过垃圾的分类收集,不仅回收了大量的资源,使垃圾资源得到充分的利用,而且大大地减少了垃圾的运输费用,简化了垃圾处理工艺,降低了垃圾的处理成本。

(2)生活垃圾收集的方式。垃圾收集过程通常有以下几种方式。

1)垃圾箱(桶)收集。这是最常用的方式。垃圾箱置于居住小区楼幢旁、街道、广场等范围内,用户自行就近向其中倾倒垃圾。在小区内的垃圾箱一般应置于垃圾间内。现在城市的垃圾箱一般是封闭的,并有一定规格,便于清运车辆机械作业。以前的垃圾台式收集方式因污染环境和不便操作,逐渐被淘汰。采用不同标志的垃圾箱可以实现垃圾的分类收集。

2)垃圾管道收集。在多层或高层建筑物内设置垂直的管道,每层设倒口,底层垃圾间里设垃圾容器。这种方式不必使居民下楼倾倒垃圾,比较方便。但常因设计和管理上的问题,产生管道堵塞、臭气、蚊蝇滋生等现象。当然若设计合理和管理严格,还是有较好效果的。这是混合收集方式。不过,现在出现了一种在投入口就可以控制楼下不同接受容器的分类收集方式。

3)袋装化上门收集。居民将袋装垃圾放置在固定地点,由环卫人员定时将垃圾取走,送至垃圾站或垃圾压缩站,将垃圾压缩后,集装运走。这种方式目前在我国小城镇大为推广,具有明显效益。这种方式减少了散装垃圾的污染与散失,基本消除了居住小区、街道上的垃圾箱以及垃圾间,大大节省占地面积,有利于后续的清运,改善城镇卫生环境。

4)厨房垃圾自行处理。厨房垃圾通常占居民日常生活垃圾的50%左右,主要成分为有机物。在一些国家和我国个别小城镇采用厨房粉碎机,将厨房有机垃圾粉碎成较小颗粒,排入排水管道,送至污水处理厂。在能保证不堵塞管道和排水系统完善的小城镇采用此法,有利于垃圾的分类回收,并减少了垃圾总量。

5)垃圾气动系统收集。利用压缩空气或真空作动力,通过敷设在住宅区和城镇道路下的输送管道,把垃圾传送至集中点。这种方式主要用于高层公寓楼房和现代住宅密集区,具有自动化程度高、方便卫生的优点,大大节省了劳动力和运输费用,但一次性投资很高。

**2. 生理垃圾的处理**

生活垃圾的运输是指从生活垃圾的收集点(站)把垃圾装运到转运站、加工厂或处理(置)场的过程。

垃圾清运应实现机械化,例如专有车辆、船只等。所以规划时,应保证清运机械通达垃圾收集点。清运车辆有小型(0.5 t左右)、中型(2~3 t)、大型(4 t)、超大型(8 t)等。各城镇应根据具体情况选用清运车辆。我国城镇垃圾管理要求日收日清,即每日收集一次。清运车辆的配置数量根据垃圾产量、车辆载重、收运次数、车辆的完好率等确定。根据经验,一般大、中型(2 t以上)环卫车辆可按每5 000人估算。

随着小城镇环境保护要求的提高,垃圾处理厂为解决垃圾运输车辆不足、道路交通拥挤、储运费用高等问题,在垃圾清运过程中设置转运站。转运站按功能可分为单一性和综合性转运站。单一性转运站只起到更换车型转运垃圾的作用,综合性转运站,可具备压缩打包、分选分类、破碎等一种或几种功能。通常生活垃圾经压实后,体积可减少 $60\% \sim 70\%$ ,从而大大提高了运输量。转运站的设置与位置的选定,应进行技术经济比较。从经济上讲,要保证中转运费小于直接运费,还要考虑交通条件、车辆设备配置等因素。

　　规划时,除了按要求布置收集点外,应考虑便于清运,使清运路线合理,发挥人力、物力作用。路线设计问题是一个优化问题,根据道路交通情况、垃圾产量、垃圾收集点分布、车辆情况、停车场位置等,考虑如何便于收集车辆在收集区域内行程距离最小,根据道路情况要做到以下几点。

　　1)收集路线的出发点尽可能接近车辆停放场。垃圾产量大和交通拥挤地区的收集点要在开始工作前清运,而离处置场或中转站近的收集点应最后收集。

　　2)路线的开始与结束应邻近小城镇主要道路,便于出入,并尽可能地拥有地形和自然疆界作为线路疆界。

　　3)在陡峭地区,应空车上坡、下坡收集,以利于节省燃料,减少车辆损耗。

　　4)路线应使每日清运的垃圾量、运输路程、话费时间尽可能相同。

## 三、小城镇环境卫生设施规划

### (一)小城镇环境卫生公共设施规划

　　小城镇环境卫生公共设施是设在公共场所,为公众提供服务的设施,环境卫生公共设施包括公共厕所、生活垃圾收集点、废物箱、粪便污水前端处理设施等。

### 1. 公共厕所规划

　　公共厕所是社会公众使用、一般设置在道路旁或公共场所的厕所,是小城镇公共建筑的一部分,是小城镇中最重要的环境卫生设施。

　　(1)公共厕所设施位置。公共厕所位置应符合下列要求。

　　1)设置在人流较多的道路沿线、大型公共建筑及公共活动场所附近。

　　2)独立式公共厕所与相邻建筑物间宜设置不小于 3 m 宽绿化隔离带。

3)附属式公共厕所应不影响主体建筑的功能,并设置直接通至室外的单独出入口。

4)公共厕所宜与其他环境卫生设施合建。

5)在满足环境及景观要求条件下,城镇绿地内可以设置公共厕所。

(2)公共厕所设置标准。各类城镇用地公共厕所的设置标准,见表10-6。

表10-6 公共厕所设置标准

| 城市用地类别 | 设置密度/(座/km²) | 设置间距/m | 建筑面积/(m²/座) | 独立式公共厕所用地面积/(m²/座) | 备　　注 |
|---|---|---|---|---|---|
| 居住用地 | 3~5 | 500~800 | 30~60 | 60~100 | 旧城区宜取密度的高限,新区宜取密度的中、低限 |
| 公共设施用地 | 4~11 | 300~500 | 50~120 | 80~170 | 人流密集区域取高限密度、下限间距,人流稀疏区域取低限密度、上限间距。商业金融业用地宜取高限密度、下限间距。其他公共设施用地宜取中、低限密度,中、上限间距 |
| 工业用地仓储用地 | 1~2 | 800~1 000 | 30 | 60 | — |

注:1. 其他各类城市用地的公共厕所可按下列规定设置。

1)结合周边用地类别和道路类型综合考虑,若沿路设置,可按以下间距确定。

主干路、次干路、有辅道的快速路:500~800 m;

支路、有人行道的快速路:800~1 000 m。

2)公共厕所建筑面积根据服务人数确定。

3)独立式公共厕所用地面积根据公共厕所建筑面积按相应比例确定。

2. 用地面积中不包含与相邻建筑物间的绿化隔离带用地。

(3)公共厕所的建筑标准。小城镇公共厕所的建筑标准可参考城市公共厕所的建筑标准,即商业区、重要公共设施、重要交通客运设施、公共绿地及其他环境要求高的区域的公共厕所不低于一类标准;主、次干路及行人交通量较大的道路沿线的公共厕所不低于二类标准;其他街道及区域的公共厕所不低于三类标准。

公共厕所的粪便严禁排入雨水管道、河流或水沟内。有污水管道的地方,应排入污水管道,没有污水管道的地区,应配建化粪池、贮粪池等粪便污水前端处理设施。

**2. 生活垃圾收集点规划**

(1)生活垃圾收集点设置位置。生活垃圾收集点位置应固定,既要方便居民使用、不影响城镇卫生和景观环境,又要便于分类投放和分类清运。

生活垃圾收集点应满足日常生活和日常工作中产生的生活垃圾的分类收集要求,生活垃圾分类收集方式应与分类处理方式相适应。

(2)生活垃圾收集点设置数量。生活垃圾收集点的服务半径不宜超过 70 m,服务半径超过 70 m 时,应由清洁工人上门收集垃圾,居民小区多层住宅一般每 4 幢设一处垃圾收集点。

(3)生活垃圾日排出量及垃圾容器设置数量计算。

1)生活垃圾收集点收集范围内的生活垃圾日排出量。即:

$$Q = RCA_1A_2 \tag{10-2}$$

式中　$Q$——生活垃圾日排出量(t/d);

　　　$R$——收集范围内居住人口数量(人);

　　　$C$——实测的人均生活垃圾日排出量[t/(人·d)];

　　　$A_1$——生活垃圾日排出重量不均匀系数 $A_1 = 1.1 \sim 1.5$;

　　　$A_2$——居住人口变动系数 $A_2 = 1.02 \sim 1.05$;

2)生活垃圾收集点收集范围内的生活垃圾日排出体积。即:

$$V_{ave} = \frac{Q}{D_{ave}A_3} \tag{10-3}$$

$$V_{max} = KV_{ave} \tag{10-4}$$

式中　$V_{ave}$——生活垃圾平均日排出体积(m³/d);

　　　$A_3$——生活垃圾密度变动系数 $A_3 = 0.7 \sim 0.9$;

　　　$D_{ave}$——生活垃圾平均密度(t/m³);

　　　$K$——生活垃圾高峰日排出体积的变动系数 $K = 1.5 \sim 1.8$;

　　　$V_{max}$——生活垃圾高峰日排出最大体积(m³/d)。

3)生活垃圾收集点所需设置的垃圾容器数量。即：

$$N_{\mathrm{ave}}=\frac{V_{\mathrm{ave}}A_4}{EB} \tag{10-5}$$

$$N_{\mathrm{max}}=\frac{V_{\mathrm{max}}A_4}{EB} \tag{10-6}$$

式中　$N_{\mathrm{ave}}$——平时所需设置的垃圾容器数量(个)；

$E$——单只垃圾容器的容积（$\mathrm{m}^3/$只）；

$B$——垃圾容器填充系数 $B=0.75\sim0.9$；

$A_4$——生活垃圾清除周期（d/次）；当每日清除 1 次时，$A_4=1$；每日清除 2 次时，$A_4=0.5$；每 2 日清除 1 次时，$A_4=2$，以此类推；

$N_{\mathrm{max}}$——生活垃圾高峰日所需设置的垃圾容器数量(个)。

## 3. 废物箱规划

小城镇废物箱是设置在公共场合，供行人丢弃垃圾的容器。废物箱的设置应满足行人生活垃圾的分类收集要求，行人生活垃圾分类收集方式应与分类处理方式相适应。一般在道路两侧以及各类交通客运设施、公共设施、广场、社会停车场等的出入口附近应设置废物箱。

设置在道路两侧的废物箱，其间距按下列道路功能划分。

商业、金融业街道：50～100 m；

主干路、次干路、有辅道的快速路：100～200 m；

支路、有人行道的快速路：200～400 m。

## 4. 粪便污水前端处理设施规划

城镇污水管网和污水处理设施尚不完善的区域，可采用粪便污水前端处理设施；如果城镇污水管网和污水处理设施较为完善的区域，可不设置粪便污水前端处理设施，应将粪便污水纳入城镇污水处理厂统一处理。规划城镇污水处理设施规模及污水管网流量时，应将粪便污水负荷计入其中。

粪便污水前端处理设施距离取水构筑物不得小于 30 m，离建筑物净距不宜小于 5 m；粪便污水前端处理设施设置的位置应便于清淘和运输。

### (二)小城镇环境卫生工程设施规划

环境卫生工程设施是指具有生活废弃物运转、处理及处置功能的较大规模的环境卫生设施。

环境卫生工程设施的选址应满足小城镇环境保护和城镇景观要求,并应减少其运行时产生的废气、废水、废渣等污染物对城镇的影响。生活垃圾处理、处置设施及二次转运站宜位于城镇规划建成区夏季最小频率风向的上风侧及城镇水系的下游,并符合城镇建设项目环境评价的要求。

对环境卫生工程设施运行中产生的污染物应进行处理并达到有关环境保护标准的要求。

### 1. 垃圾转运站规划

垃圾转运站是把用中、小型垃圾收集运输车分散收集到的垃圾集中起来,并借助机械设备转载到大型运输工具的中转设施。

生活垃圾转运站宜靠近服务区域中心或生活垃圾产量多且交通运输方便的地方,不宜设在公共设施集中区域和靠近人流、车流集中地区。当生活垃圾运输距离超过经济运距且运输量较大时,宜在城镇建成区以外设置二次转运站并可跨区域设置。生活垃圾转运站设置标准应符合表 10-7 的规定。

**表 10-7　生活垃圾转运站设置标准**

| 转运量/(t/d) | 用地面积/m² | 与相邻建筑间距/m | 绿化隔离带宽度/m |
|---|---|---|---|
| >450 | ≥8 000 | >30 | ≥15 |
| 150~450 | 2 500~10 000 | ≥15 | ≥8 |
| 50~150 | 800~3 000 | ≥10 | ≥5 |
| <50 | 200~1 000 | ≥8 | ≥3 |

注:1. 表内用地面积不包括垃圾分类和堆放作业用地。

2. 用地面积中包括沿周边设置的绿化隔离带用地。

3. 当选用的用地指标为两个档次的重合部分时,可采用下档次的绿化隔离带指标。

4. 二次转运站宜偏上限选取用地指标。

垃圾转运量,应根据服务区域内垃圾高产月份平均日产量的实际数据确定。无实际数据时,按下式计算。

$$Q=\delta nq/1\,000 \qquad (10\text{-}7)$$

式中　$Q$——转运站的日转运量(t/d);

　　　$n$——服务区域内的实际人数;

　　　$q$——服务区域内居民垃圾平均日产量[kg/(人·d)],按当地实际资料采用。无当地实际资料时,垃圾人均日产量可按 0.9~1.4 kg/(人·d)计,汽化率低的地方取高值;汽化率高的地方取低值;

　　　$\delta$——垃圾产量变化系数。按当地实际资料采用。无当地实际资料时,$\delta$ 可取 1.3~1.4。

**2. 水上环境卫生工程设施**

垃圾码头的设置应符合下列规定。

(1)在临近江河、湖泊、海洋和大型水面的小城镇,可根据需要设置以清除水生植物、漂浮垃圾和收集船舶垃圾为主要作业的垃圾码头,以及为保证码头正常运转所需的岸线。

(2)在水运条件优于陆路运输条件的小城镇,可设置以水上转运生活垃圾为主的垃圾码头和为保证码头正常运转所需的岸线。

(3)垃圾码头应设置在人流活动较少及距居住区、商业区和客运码头等人流密集区较远的地方,不应设置在镇中心区域和用于旅游观光的主要水面,并注意与周围环境的协调。

(4)垃圾码头综合用地按每米岸线配备不少于 15~20 m² 的陆上作业场地,周边还应设置宽度不小于 5 m 的绿化隔离带。码头应有防尘、防臭、防散落下河(海)的设施。

垃圾、粪便码头所需要的岸线长度应根据装卸量、装卸生产率、船只吨位、河道允许船只停泊挡数确定。码头岸线由停泊岸线和附加岸线组成。当日装卸量在 300 t 以内时,按表 10-8 选取。

表 10-8　垃圾、粪便码头岸线计算表

| 船只吨位/t | 停泊挡数 | 停泊岸线/m | 附加岸线/m | 岸线折算系数/(m/t) |
|---|---|---|---|---|
| 30 | 二 | 110 | 15~18 | 0.37 |
| 30 | 三 | 90 | 15~18 | 0.30 |

| 船只吨位/t | 停泊挡数 | 停泊岸线/m | 附加岸线/m | 岸线折算系数/(m/t) |
|---|---|---|---|---|
| 30 | 四 | 70 | 15～18 | 0.24 |
| 50 | 二 | 70 | 18～20 | 0.24 |
| 50 | 三 | 50 | 18～20 | 0.17 |
| 50 | 四 | 50 | 18～20 | 0.17 |

注:作业制按每日一班制;附加岸线是拖轮的停泊岸线。

当日装卸量超过 300 t 时,码头岸线长度计算采用式(10-8),并与表 10-8 结合使用。

$$L = Qq + I \qquad (10\text{-}8)$$

式中　$L$——码头岸线计算长度(m);

$Q$——码头的垃圾(或粪便)日装卸量(t);

$q$——岸线折算系数(m/t),参见表 10-8;

$I$——附加岸线长度(m),参见表 10-8。

### 3. 粪便处理厂

在污水处理率低、大量使用旱厕及粪便污水处理设施的城镇可设置粪便处理厂。粪便处理厂应设置在城镇规划建成区边缘并宜靠近规划城镇污水处理厂,其周边应设置宽度不小于 10 m 的绿化隔离带,并与住宅、公共设施等保持不小于 50 m 的间距,粪便处理厂用地面积根据粪便日处理量和处理工艺确定。

### 4. 生活垃圾卫生填埋场

卫生填埋场是生活垃圾处理必不可少的最终处理手段,也是现阶段我国垃圾处理的主要方式。生活垃圾卫生填埋场规划应注意以下几点。

(1)生活垃圾卫生填埋场应位于城镇规划建成区以外、地质情况较为稳定、取土条件方便、具备运输条件、人口密度低、土地及地下水利用价值低的地区,并不得设置在水源保护区和地下落矿区内。

(2)生活垃圾卫生填埋场距大、中城镇城镇规划建成区应大于 5 km,距小城镇规划建成区应大于 2 km,距居民点应大于 0.5 km。

(3)生活垃圾卫生填埋场用地,绿化隔离带宽度不应小于 20 m,并沿周边设置。

（4）生活垃圾卫生填埋场四周宜设置宽度不小于 100 m 的防护绿地或生态绿地。

（5）生活垃圾卫生填埋场使用年限不应小于 10 年，填埋场封场后应进行绿化或其他封场手段。

### 5. 生活垃圾焚烧厂

当生活垃圾热值大于 5 000 kJ/kg 且生活垃圾卫生填埋场选址困难时宜设置生活垃圾焚烧厂。生活垃圾焚烧厂规划应满足下列要求。

（1）生活垃圾焚烧厂宜位于城镇规划建成区边缘或以外。

（2）最好靠近电网和热负荷需求中心地区，有利于能源的开发和出售，提高垃圾焚烧厂的经济效益。

（3）场址处应有较好的供水、排水、供电及通信条件。附近具有较充足的水源，能满足用水需要。

（4）尽可能选择人口密度低、土地利用价值小、场地开阔平整、地质条件好、征地费用小、施工方便的厂址。

（5）最好能靠近填埋场、堆肥厂等垃圾处理设施处。

（6）满足净空要求，工程选址应尽可能避开机场等有净空限制要求的控制范围。

（7）生活垃圾焚烧厂综合用地指标采用 50～200 m²/t·d，并不应小于 1 hm²，其中绿化隔离带宽度应不小于 10 m 并沿周边设置。

### 6. 生活垃圾堆肥厂

生活垃圾中可生物降解的有机物含量大于 40% 时，设置生活垃圾堆肥厂。

生活垃圾堆肥厂应位于城镇规划建成区以外，生活垃圾堆肥厂综合用地指标采用 85～300 m²/t·d，并不应小于 1 hm²，其中绿化隔离带宽度应不小于 10 m 并沿周边设置。

### （三）其他环境卫生设施

### 1. 车辆清洗站

机动车辆（客车、货车、特种车等）进入镇区或在镇区行驶时，必须保持外形完好、整洁。凡车身有污迹、有明显浮土，车底、车轮附有大量泥沙,影响镇区环境卫生和镇容的,必须对其清洗。通常大、中城镇的主要对外交通道路进城侧应设置进城车辆清洗站并宜设置在城镇规划建成区边缘,用地宜为 1 000~3 000 m²。

在城镇规划建成区内应设置车辆清洗站,其选址应避开交通拥挤路段和交叉口,并宜与城市加油站、加气站及停车场等合并设置,服务半径一般为 0.9~1.2 km。

### 2. 环境卫生车辆停车场

大、中城镇应设置环境卫生车辆停车场,环境卫生车辆停车场的用地指标可按环境卫生作业车辆 150 m²/辆选取,环境卫生车辆数量指标可采用 2.5 辆/万人。环境卫生车辆停车场应设置在环境卫生车辆的服务范围内并避开人口稠密和交通繁忙区域。

### 3. 环境卫生车辆通道

小城镇居住小区等道路规划应考虑环境卫生车辆通道的要求。

(1)新建小区和旧镇区的改造相关道路应满足 5 t 载重车通行。

(2)旧镇区至少要满足 2 t 载重车通行。

(3)生活垃圾运转站的通道应满足 8~15 t 载重车通行。各种环境卫生设施作业车辆吨位范围见表 10-9。

表 10-9　　各种环境卫生设施作业车辆吨位

| 设施名称 | 新建小区/t | 旧城区/t | 设施名称 | 新建小区/t | 旧城区/t |
|---|---|---|---|---|---|
| 化粪池 | ≥5 | 2~5 | 垃圾转运站 | 8~15 | ≥5 |
| 垃圾容器设置点 | 2~5 | ≥2 | 粪便转运站 | — | ≥5 |
| 垃圾管道 | 2~5 | ≥2 | | | |

通向环境卫生设施的通道应满足环境卫生车辆进出通行和作业的需要;机动车通道宽度不得小于 4 m,净高不得小于 4.5 m;非机动车通道宽度不得小于 2.5 m,净高不得小于 3.5 m。

机动车回车场地不得小于 12 m×12 m,非机动车回车场地不小于 4 m×4 m,机动车单车道尽端式道路不应长于 30 m。

## 四、小城镇环境卫生基层机构及工作场所规划

城镇规划必须考虑环卫机构和工作场所的用地要求,环境卫生基层机构为完成其承担的管理和业务职责需要的各种场所称为环境卫生基层机构的场所。

### 1. 环境卫生基层机构的用地

环境卫生基层机构的用地面积和建筑面积按管辖范围和居住人口确定,并设有相应的生活设施。

环境卫生基层机构的用地指标可参考表 10-10 确定。

表 10-10 环境卫生基层机构的用地面积指标

| 基层机构设置数 /(个/万人) | 万人指标/(m²/万人) | | |
|---|---|---|---|
| | 用地规模 | 建筑面积 | 修理工棚面积 |
| 1/(1～5) | 310～470 | 160～204 | 120～170,100～200 |

注:表中"万人指标"中"万人"是指居住地区的人口数量。

### 2. 环卫工作场所

(1)基层环卫管理办公用房。基层环卫管理办公用房是指用作清洁队所的管理用房及附属设施。其用地面积含清洁车辆停车场面积,建筑面积为 80 m²/辆,用地面积不少于 200 m²/辆。

(2)废弃物综合利用和环境卫生专业用品厂。废弃物综合利用和环境卫生专业用品工厂可根据需要确定建设项目,其用地应纳入小城镇总体规划。

### 3. 环境卫生清扫、保洁人员作息场所

在露天、流动作业的环境卫生清扫、保洁人员工作区域内,必须设置工人作息场所,以供工人休息、更衣、淋浴和停放小型车辆、工具等。作息场所的面积和设置数量,一般以作业区域的大小和环境卫生工人的数量计算指标,应符合表 10-11 的规定。

表 10-11　环境卫生清扫、保洁工人作息场所设置指标

| 作息场所设置数<br>/(个/万人) | 环境卫生清扫、保洁工人平均占有建筑面积<br>/(m²/人) | 每处空地面积/m² |
|---|---|---|
| 1/(0.8～1.2) | 3～4 | 20～30 |

注:表中"万人"是指工作地区范围内的人口数量。

### 4. 水上环境卫生工作场所

水上环境卫生工作场所按生产管理需要设置,应有水上岸线和陆上用地。水上专业运输应按港道或行政区域设立船队,船队规模根据废弃物运输量等因素确定,每队使用岸线为 200～250 m,陆上用地面积为 1 200～1 500 m²,且内设生产和生活用房。

水上环境卫生管理机构应按航道分段设管理站。环境卫生水上管理站每处应有趸船、浮桥等。使用岸线每处为 150～180 m,陆上用地面积不少于 1 200 m²。

### 五、小城镇粪便处理规划

粪便是城镇中主要的固体废物,其量大面广,对城镇的影响很大,对粪便的处理、收集是城镇环境卫生工作的一项重要内容。

### 1. 粪便收运

城镇粪便主要有两种方式运出城镇:第一种是直接或间接(经过化粪池)排入城镇污水管道、进入污水处理厂处理;第二种是由人工或机械清淘粪井和化粪池的粪便,再由粪车汇集到城市粪便收集站,最后运往粪便处理场或农用。

由于我国目前小城镇污水管网与处理系统还不完善,所以第二种方式还将长期存在并发挥作用。小城镇粪便收运主要有吸粪车和人工淘粪两种形式。有条件的小城镇粪便收运应采用吸粪车形式。

### 2. 小城镇粪便收运处理设施规划

(1)化粪池。化粪池功能是去除生活污水中可沉淀和悬浮的污物(主要是粪便),并储存和厌氧消化沉淀在池底的污泥。化粪池有圆形和矩形之分,实际使用以矩形为多,规定长、宽、深分别不得小于 1.0 m、

0.75 m 和 1.3 m。化粪池多设在楼幢背侧靠卫生间的一边,公共厕所的化粪池也宜设在背面或人们不经常停留、活动之处。化粪池设置的位置应便于机械清淘。化粪池距地下水取水构筑物不得小于 30 m,化粪池壁距其他建筑物外墙不宜小于 5 m。在没有污水管道的地区,必须建化粪池。有污水管道的地区,是否建化粪池视当地情况而定。

(2)贮粪池。一般建在郊区,周围应设绿化隔离带。贮粪池应封闭,并防止渗漏、防爆和沼气燃烧。贮粪池的数量、容量及分布,应根据粪便日储存量、储存周期和粪便利用等因素确定。

(3)粪便码头。设置要求同垃圾码头,但粪便码头周边还应设置宽度不小于 10 m 的绿化隔离带。

(4)粪便处理厂。粪便处理厂选址应考虑下列因素:位于城镇水体下游和主导风向下风侧;有良好的工程地质条件;有良好的排水条件,便于粪便、污水、污泥的排放和利用;有便捷的交通运输条件和水、电、通信条件;不受洪水威胁;远离城镇居住区和工业区,有一定的卫生防护距离;拆迁少,不占或少占良田,有远期扩展的可能。

### 六、环境卫生规划存在的主要问题

(1)目前小城镇环境卫生设施落后,缺乏基本的收集、运输与处理设施,无法满足环境卫生需求。特别需要说明的是,村镇环卫基础设施建设相当薄弱。许多地方的村镇环卫设施基本上是空白。

(2)生活垃圾处理量占生活垃圾清运量的比例小,而生活垃圾无害化处理量占处理总量的比例更小。

(3)在生活垃圾无害处理方式方面,我国小城镇仍以卫生填埋为主。

(4)粪便无害化处理量占粪便清运量的比例小,且地区差别较大。公厕的数量远不能满足居民需求。

(6)环卫建设资金投入不足。长期以来,我国对环卫设施固定资产投资水平过低,加之历史欠账较多,垃圾处理费收缴率低,使得垃圾处理设施建设与运营无稳定、规范的投资渠道。

# 第十一章　小城镇工程管线综合规划

## 第一节　概　　述

### 一、小城镇管线工程综合的意义

为了满足工业生产及人民生活需要,所敷设的管道和线路工程,简称管线工程。管线工程综合规划是搜集镇区规划范围内各项管线工程的规划设计及现状资料,加以分析研究,进行统筹安排,发现并解决管线之间以及管线工程与其他各项工程之间的矛盾,使其在用地上占有合理的位置,并指导单项工程下一阶段的设计,同时为管线工程的施工以及今后的管理工作创造有利条件。

### 二、小城镇工程管线分类

(1)按性能和用途分类。根据性能和用途的不同,小城中的管线工程,大体可以分为以下几类。

1)铁路。包括铁路线路、专用线、铁路站场以及桥涵、地下铁路以及战场等。

在管线工程综合中,将铁路、道路以及与其有关的车站、桥涵都包括在线路范围内。因此,综合工作中所称的管线比一般所称的管线含义要广一些。

2)道路。包括小城镇道路、公路、桥梁、涵洞等。

3)给水管道。包括工业给水、生活给水、消防给水等管道。

4)排水沟管。包括工业污水(废水)、生活污水、雨水、管道和沟道。

5)电力线路。包括高压输电、生产用电、生活用电、电车用电等线路。

6)电信线路。包括镇内电话、长途电话、电报、广播等线路。

7)热力管道。包括蒸汽、热水等管道。

8)可燃或助燃气体管道。包括燃气、乙炔、氧气等管道。

9)空气管道。包括新鲜空气、压缩空气等管道。

10)液体燃料管道。包括石油、酒精等管道。

11)灰渣管道。包括排泥、排灰、排渣、排尾矿等管道。

12)地下人防工程。

13)其他管道主要是工业生产上用的管道,如氯气管道以及化工用的管道等。

(2)按敷设形式分类。根据敷设形式不同,工程管线可以分为地下埋设、地表敷设、空中架设三大类。

给水、排水、煤气等管道绝大部分埋在地下;铁路、道路多设在地表面;在工业区、大型企业和一些居住区,其热力、燃气、原料、废料等管道既可埋在地下,也可敷设在地面和架设在空中,其敷设形式主要取决于生产、生活、维护维修要求和工程造价;电力电信管线目前多架设在空中,但在城镇市区,低压电力、电信管线有向地下发展的趋势。

地下埋管线,根据覆土深度不同又可分为深埋和浅埋两类。覆土厚度大于1.5 m属于深埋,我国北方土壤冰冻线较深,一般给水、排水、煤气、热力等管道均需要深埋,以防冰冻;而电力、电信、弱电管线等不受冰冻影响,可浅埋。另外,我国南方大部分地区土壤不冰冻或冰冻较浅,故给水、排水管道等一般都不深埋。

(3)按输送方式分类。根据输送方式不同,管道又可分为压力管道和重力自流管道。给水、燃气、热力等通常采用压力管道,排水管道一般采用重力自流管道。

管线工程的分类方法很多,主要是根据管线的不同用途和性能加以划分。

### 三、小城镇管线工程综合的工作阶段

在城镇规划的不同工作阶段,对管线工程综合有不同的要求,一般可分为规划综合、初步设计综合、施工详图检查。各阶段相互联系,内容逐步具体化。

(1)规划综合。规划综合主要以各项管线工程的规划资料为依据,进行总体布置。主要任务是解决各项工程干线在系统布置上的问题。例如,确定干管的走向,找出它们之间有无矛盾,各种管线是否过

分集中在某一干道上。对管线的具体位置,除有条件的必须定出个别控制点外,一般不作肯定。经过规划综合,可以对各单项工程的规划提出修改意见,有时也可以对道路的横断面提出修改建议。

(2)初步设计综合。初步设计综合相当于城镇的详细规划阶段,根据各单项管线工程的初步设计进行综合。设计综合不但确定各种管线的平面位置,而且还确定其控制标高。将管线综合在规划图上,可以检查管线之间的水平间距和垂直间距是否合适,在交叉处有无矛盾。经过初步设计综合,对各单项工程的初步设计提出修改意见,有时也可以对市区道路的横断面提出修改建议。

(3)施工详图检查。经过初步设计的综合,一般的矛盾已解决,但是各单项工种的技术设计和施工详图,由于设计工作进一步深入,或由于客观情况变化,也可能对原来的初步设计有修改,需要进一步将施工详图加以综合核对。在一些复杂的交叉口,对各管线之间的垂直标高上的矛盾及解决的工程技术措施,需要加以校核综合。

# 第二节　管线工程综合布置原则与编制内容

## 一、小城镇管线工程布置的一般原则

(1)厂界、道路、各种管线的平面位置和竖向位置应采用城镇统一的坐标系统和标高系统,避免发生混乱和互不衔接。如果有几个坐标系统和标高系统时,需加以换算,取得统一。

(2)充分利用现状管线,只有当原有管线不适应生产发展的要求或不能满足居民生活需要时,才考虑废弃和拆迁。

(3)对于基建期间施工用的临时管线,也必须予以妥善安排,尽可能使其和永久性管线结合起来,成为永久性管线的一部分。

(4)安排管线位置时,应考虑今后的发展,留有余地,但也要节约用地。在满足生产、安全、检修的条件下,技术、经济比较合理时应共架共沟布置。

(5)在不妨碍今后的运行、检修和合理占有土地的情况下,应尽可能缩短管线长度以节省建设费用。但需避免随便穿越和切割可能作为工业企业和居住区的扩展备用地,避免布置凌乱,造成今后管理和维修不便。

(6)居住区内的管线,首先考虑在街坊道路下布置,其次在次干道下,尽可能不要将管线布置在交通频繁的主干道的车行道下,以避免施工或检修时开挖路面和影响交通。

(7)埋设在道路下的管线,一般应和道路中心线或建筑红线平行。同一管线不宜自道路的一侧转到另一侧,以免多占用地和增加管线交叉的可能。靠近工厂的管线,最好和厂边平行布置,便于施工和今后的管理。

(8)在道路横断面中安排管线位置时,首先考虑布置在人行道下与非机动车道下,其次才考虑将修理次数较少的管线布置在机动车道下。往往根据当地情况,预先规定哪些管线布置在道路中心线的左侧或右侧,以利于管线的设计综合和管理。但在综合过程中,为了使管线安排合理和改善道路交叉口中管线的交叉情况,可能在个别道路中会变换预定的管线位置。

(9)工程管线在道路下面的规划位置应相对固定。从道路红线向道路中心线方向平行布置的次序,应根据工程管线的性质、埋设深度等确定。分支线少、埋设深、检修周期短和可燃、易燃以及损坏时对建筑物基础安全有影响的工程管线应远离建筑物。

布置次序由近及远宜应为:电力电缆、电信电缆、燃气配气、给水配水、热力干线、燃气输气、给水输水、雨水排水、污水排水。

垂直次序由浅及深应为:电信管线、热力管、小于 10 kV 电力电缆、大于 10 kV 电力电缆、煤气管、给水管、雨水管、污水管。

(10)编制管线工程综合时,应使道路交叉口的管线交叉点越少越好,这样可减少交叉管线在标高上发生矛盾。

(11)管线发生冲突时,要按具体情况来解决,一般如下。

1)新建设管线让已建成管线。

2)临时管线让永久管线。

3)小管道让大管道。

4)压力管道让重力自流管道。

5)可弯曲的管线让不易弯曲的管线。

(12)沿铁路敷设的管线,应尽量和铁路线路平行;与铁路交叉时,尽可能成直角交叉。

(13)可燃、易燃的管道,通常不允许在交通桥梁上跨越河流。在交通桥梁上敷设其他管线,应根据桥梁的性质、结构强度,并在符合有关部门规定的情况下加以考虑管线。穿越通航河流时,不论架空或在河道下通过,均须符合航运部门的规定。

(14)电信线路和供电线路通常不合杆架设,在特殊情况下,征求有关部门同意,采取相应措施后(如电信线路采用电缆或皮线等),也可合杆架设。同一性质的线路应尽可能合杆,如高低压供电线等。高压输电线路和电信线路平行架设时,要考虑干扰的影响。一般将电力电缆布置在道路的东侧或南侧,电信管、缆在道路的西侧或北侧。

(15)在交通运输繁忙和管线设施多的快车道、主干道以及配合兴建地下铁道、立体交叉等工程地段,不允许随时挖掘路面的地段、广场或交叉口处,道路下需同时敷设两种以上管道;在多回路电力电缆的情况下,道路与铁路或河流的交叉处,开挖后难以修复的路面下以及某些特殊建筑物下,应将工程管线采用综合管沟敷设。综合管沟敷设应符合以下规定。

1)热力管不应与电力、通信电缆和压力管道共沟。

2)排水管道应布置在沟底,而沟内有腐蚀性介质管道时,排水管道则应位于其上面。

3)腐蚀性介质管道的标高应低于沟内其他管线。

4)火灾危险性属甲乙丙类的液体、液化石油气、可燃气体、毒性气体和液体以及腐蚀性介质管道,不应共沟敷设,并严禁与消防水管共沟敷设。

5)凡有可能产生互相影响的管线,不应共沟敷设。敷设主管道的综合管沟应在车行道下,其中覆土深度必须根据道路施工和行车荷载的要求,综合管沟的结构强度以及当地的冰冻深度等确定。敷设支管的综合管沟,应在人行道下,其埋设深度可较浅。

(16)工程管线之间及其与建(构)筑物之间的最小水平净距应符合表11-1的规定。当受道路宽度、断面以及现状工程管线位置等因素限制难以满足要求时,可根据实际情况采取安全措施后减少其最小水平净距。

表 11-1　工程管线之间及其与建（构）筑物之间的最小水平净距　　（单位：m）

| 序号 | 管线名称 | | 1 建筑物 | 2 给水管 d≤200mm | 2 给水管 d>200mm | 3 污水、雨水排水管 | 4 燃气管 低压 | 4 中压B | 4 中压A | 4 高压B | 4 高压A | 5 热力管 直埋 | 5 地沟 | 6 电力电缆 直埋 | 6 缆沟 | 7 电信电缆 直埋 | 7 管道 | 8 乔木 | 9 灌木 | 10 地上杆柱 通信照明及<10 kV | 10 高压铁塔基础边 ≤35 kV | 10 >35 kV | 11 道路侧石边缘 | 12 铁路钢轨（或坡脚） |
|---|---|---|---|---|---|---|---|---|---|---|---|---|---|---|---|---|---|---|---|---|---|---|---|
| 1 | 建筑物 | | | 1.0 | 3.0 | 2.5 | 0.7 | 1.5 | 2.0 | 4.0 | 6.0 | 2.5 | 0.5 | 0.5 | | 1.0 | 1.5 | 3.0 | 1.5 | * | * | 3.0 | | 6.0 |
| 2 | 给水管 | d≤200mm | 1.0 | | | 1.0 | 0.5 | | | | | 1.5 | | 0.5 | | 1.0 | | 1.5 | 1.5 | 0.5 | | 1.5 | 1.5 | 5.0 |
| | | d>200mm | 3.0 | | | 1.5 | | | | 1.0 | 1.5 | | | | | 1.0 | | | | | 3.0 | | | |
| 3 | 污水、雨水排水管 | | 2.5 | 1.0 | 1.5 | | 1.0 | 1.2 | 1.2 | 1.5 | 2.0 | 1.5 | | 0.5 | | 1.0 | | 1.5 | 1.5 | 0.5 | | | 1.5 | |
| 4 | 燃气管 低压 p≤0.005 MPa | | 0.7 | 0.5 | | 1.0 | | | | | | 1.0 | | 0.5 | | 0.5 | 1.0 | | | 1.0 | | | 1.5 | 5.0 |
| | 中压 0.005 MPa<p≤0.2 MPa | | 1.5 | | | 1.2 | DN≤300 mm 0.4 | | | | | | | | | | | 1.2 | 1.2 | | 1.0 | 5.0 | | |
| | 0.2 MPa<p≤0.4 MPa | | 2.0 | | | | DN>300 mm 0.5 | | | | | | | | | | | | | | | | | |
| | 高压 0.4 MPa<p≤0.8 MPa | | 4.0 | | | 1.5 | | | | | | | | | | | | | | | | | 1.5 | |
| | 0.8 MPa<p≤1.6 MPa | | 6.0 | | | 2.0 | | | | | | | | | | | | | | | | | 2.5 | |
| 5 | 热力管 直埋 | | 2.5 | 1.5 | | 1.5 | 1.0 | 1.5 | 1.5 | 2.0 | 4.0 | | | 2.0 | | 1.0 | 1.5 | 1.5 | 1.5 | 1.0 | 2.0 | 3.0 | 1.5 | |
| | 地沟 | | 0.5 | 1.5 | | 2.0 | 1.0 | 1.5 | 1.5 | 2.0 | 4.0 | | | 2.0 | | 1.5 | 2.0 | | | 2.0 | 2.0 | 3.0 | 1.0 | 1.0 |

续表

| 序号 | 管线名称 | | 1 建筑物 | 2 给水管 d≤200mm | 2 给水管 d>200mm | 3 污水雨水排水管 | 4 燃气管 低压 | 4 中压 B | 4 中压 A | 4 高压 B | 4 高压 A | 5 热力管 直埋 | 5 热力管 地沟 | 6 电力电缆 直埋 | 6 电力电缆 缆沟 | 7 电信电缆 直埋 | 7 电信电缆 管道 | 8 乔木 | 9 灌木 | 10 地上杆柱 通信照明 <10 kV | 10 高压铁塔基础边 ≤35 kV | 10 高压铁塔基础边 >35 kV | 11 道路侧石边缘 | 12 铁路钢轨(或坡脚) |
|---|---|---|---|---|---|---|---|---|---|---|---|---|---|---|---|---|---|---|---|---|---|---|---|---|
| 6 | 电力电缆 | 直埋 | 0.5 | 0.5 | 0.5 | 0.5 | 0.5 | 0.5 | 0.5 | 1.0 | 1.5 | 2.0 | 1.0 | | | 0.5 | 0.5 | 1.0 | 1.0 | 0.5 | 0.6 | 0.6 | 1.5 | 3.0 |
| | | 缆沟 | 1.0 | 1.0 | 1.0 | 1.0 | | | | | | 1.0 | | | | 1.0 | | 1.0 | | | | | 1.5 | 2.0 |
| 7 | 电信电缆 | 直埋 | 1.5 | 1.5 | 1.5 | 1.5 | | 0.5 | 1.0 | 1.0 | 1.5 | 1.5 | | 0.5 | | | | 1.0 / 1.5 | 1.5 | 1.5 | 0.6 | 0.5 | 1.5 | 2.0 |
| | | 管道 | | | | | | | | | | | | | | | | | | | | | | |
| 8 | 乔木(中心) | | 3.0 | 3.0 | | 1.5 | | | 1.2 | | | 1.5 | 1.0 | 1.0 | | 1.0 | | | | | 1.5 | | 0.5 | |
| 9 | 灌木 | | 1.5 | | | | | | 1.0 | | | 1.0 | | | | 1.0 | | | | | | | | |
| 10 | 地上杆柱 | 通信照明 | * | 3.0 | | 1.5 | | | 1.0 | | | 2.0 | 0.6 | | | 0.6 | | | 0.5 | | | 0.5 | |
| | | 高压铁塔基础边 ≤35 kV | | | | | | | 5.0 | | | 3.0 | | | | | | | 1.5 | | | | |
| | | 高压铁塔基础边 >35 kV | | | | | | | | | | | | | | | | | | | | | |
| 11 | 道路侧石边缘 | | 1.5 | 1.5 | | 1.5 | | 1.5 | | 2.5 | | 1.5 | 1.5 | | | 1.5 | | 0.5 | | | | | 0.5 | |
| 12 | 铁路钢轨(或坡脚) | | 6.0 | 1.5 | | 1.5 | | 5.0 | | | | 1.0 | 3.0 | | | 2.0 | | | | | | | | |

注: * 见表11-4。

(17)工程管线在交叉点的高程应根据排水管线的高程确定。工程管线交叉时的最小垂直净距,应符合表 11-2 的规定。

表 11-2　工程管线交叉时的最小垂直净距　　　　(单位:m)

| 序号 | 上面的管线名称 ＼ 下面的管线名称 | | 1 | 2 | 3 | 4 | 5 | | 6 | |
|---|---|---|---|---|---|---|---|---|---|---|
| | | | 给水管线 | 污、雨水排水管线 | 热力管线 | 燃气管线 | 电信管线 | | 电力管线 | |
| | | | | | | | 直埋 | 管沟 | 直埋 | 管沟 |
| 1 | 给水管线 | | 0.15 | | | | | | | |
| 2 | 污、雨水排水管线 | | 0.40 | 0.15 | | | | | | |
| 3 | 热力管线 | | 0.15 | 0.15 | 0.15 | | | | | |
| 4 | 燃气管线 | | 0.15 | 0.15 | 0.15 | 0.15 | | | | |
| 5 | 电信管线 | 直埋 | 0.50 | 0.50 | 0.15 | 0.50 | 0.25 | 0.25 | | |
| | | 管沟 | 0.15 | 0.15 | 0.15 | 0.15 | 0.25 | 0.25 | | |
| 6 | 电力管线 | 直埋 | 0.15 | 0.50 | 0.50 | 0.50 | 0.50 | 0.50 | 0.50 | 0.50 |
| | | 管沟 | 0.15 | 0.50 | 0.50 | 0.50 | 0.50 | 0.50 | 0.50 | 0.50 |
| 7 | 沟渠(基础底) | | 0.50 | 0.50 | 0.50 | 0.50 | 0.50 | 0.50 | 0.50 | 0.50 |
| 8 | 涵洞(基础底) | | 0.50 | 0.50 | 0.50 | 0.50 | 0.25 | 0.25 | 0.50 | 0.50 |
| 9 | 电车(轨底) | | 1.00 | 1.00 | 1.00 | 1.00 | 1.00 | 1.00 | 1.00 | 1.00 |
| 10 | 铁路(轨底) | | 1.00 | 1.20 | 1.20 | 1.20 | 1.00 | 1.00 | 1.00 | 1.00 |

注:大于 35 kV 直埋电力电缆与热力管线最小垂直净距应为 1.00 m。

(18)架空管线与建(构)筑物等的最小水平净距应符合表 11-3 的规定。

表 11-3　架空管线之间及其与建(构)筑物之间的最小水平净距

(单位:m)

| 名称 | | 建筑物(凸出部分) | 道路(路缘石) | 铁路(轨道中心) | 热力管线 |
|---|---|---|---|---|---|
| 电力 | 10 kV 边导线 | 2.0 | 0.5 | 杆高加 3.0 | 2.0 |
| | 35 kV 边导线 | 3.0 | 0.5 | 杆高加 3.0 | 4.0 |
| | 110 kV 边导线 | 4.0 | 0.5 | 杆高加 3.0 | 4.0 |

续表

| 名称 | 建筑物<br>（凸出部分） | 道路<br>（路缘石） | 铁路<br>（轨道中心） | 热力管线 |
|---|---|---|---|---|
| 电信杆线 | 2.0 | 0.5 | 4/3 杆高 | 1.5 |
| 热力管线 | 1.0 | 1.5 | 3.0 | — |

(19)架空管线之间与建(构)筑物之间交叉时的最小垂直净距应符合表 11-4 规定。

表 11-4　架空管线之间及其与建(构)筑物之间交叉时的最小垂直净距

（单位：m）

| 名称 | | 建筑物<br>（顶端） | 道路<br>（地面） | 铁路<br>（轨顶） | 电信线 | | 热力<br>管线 |
|---|---|---|---|---|---|---|---|
| | | | | | 电力线有<br>防雷装置 | 电力线无<br>防雷装置 | |
| 电力<br>管线 | 10 kV 以下 | 3.0 | 7.0 | 7.5 | 2.0 | 4.0 | 2.0 |
| | 65～110 kV | 4.0 | 7.0 | 7.5 | 3.0 | 5.0 | 3.0 |
| 电信线 | | 1.5 | 4.5 | 7.0 | 0.6 | 0.6 | 1.0 |
| 热力管线 | | 0.6 | 4.5 | 6.0 | 1.0 | 1.0 | 0.25 |

注：横跨道路或与无轨电车馈电线平行的架空电力线距地面应大于 9 m。

## 二、小城镇管线工程综合的编制内容

(1)管线工程综合规划图。图纸的比例尺与成熟总体规划图的比例尺相同，一般 1：5 000～1：10 000，图中内容包括下列主要内容。

1)自然地形。主要的地物、地貌，以及表明地势的等高线。

2)现状。现有的工厂、建筑物、铁路、道路、给水、排水等各种管线以及它们的主要设备和构筑物(如铁路站场、自来水厂、污水处理厂、泵房等)。

3)规划的工业企业厂址、规划的居住区、道路网、铁路等。

4)各种规划管线的布置和它们的主要设备及构筑物，有关的工程设施，如防洪堤、防洪沟等。

5)标明道路横断面的所在地段等。

(2)道路标准横断面图。图纸比例通常采用1∶200。图中主要内容包括。

1)道路的各组成部分,如机动车道、非机动车道(自行车道、大车道)、人行道、分车带、绿化带等。

2)现状和规划设计的管线在道路中的位置,并注有各种管线与建筑红线之间的距离。目前还没有规划而将来要修建的管线,在道路横断面中为它们预留出位置。

3)道路横断面的编号。

# 第三节　管线综合规划

## 一、小城镇管线综合控制性详细规划

### 1. 工程管线综合控制规划的基础资料

小城镇工程管线综合详细规划的基础资料收集有以下几类。

(1)城镇发展状况、自然状况。了解城镇的地形、地貌、地面特性、河流水系等情况,工程管线综合中的排水与防洪管渠是重力自流管,而且排水与防洪管渠一般管径比较大,其布置受城镇所在地自然地形、地势影响,自然地形不但影响城镇排水走向,排水分区,还影响排水灌区的大小。

(2)城镇土地使用状况及人口分布资料。城镇的各类用地远期规划布局方面的资料可与控制性详细规划设计者沟通后获得,现状用地状况及城镇分区现状、人口分布情况需要规划设计人员做详细的现场调查,掌握规划居住区、商业区、工业区及市政公用设施用地分布,初步确定综合管线主干管位置、走向,还可初步确定。例如,城镇市政供水水源地、高位水池、区域加压泵站、污水处理厂、城镇煤气供应站、市政供热管网换热站、热电厂、集中供热锅炉房、电厂、变电所等公用事业用地的位置。

(3)各种工程管线现状和规划资料。给水、排水、供电、通信、供热、燃气等城镇工程管线综合规划所需收集的基础资料主要内容有。

1)给水工程基础资料。城镇现有、在建和规划的水厂,地面、地下取水工程的现状和规划资料,包括水厂的规模、位置、用地范围,地下取水构筑物的规模、位置,以及水源卫生防护带区域输配水工程管网现状和规划,包括配水管网的布置形式(枝状、环状等)、给水干管的走向、管径及在城镇道路中的平面位置和埋深情况。

2)排水工程基础资料。城镇现状和排水工程总体规划确定的排水体制(即采用雨污分流制还是雨污合流制)。现状和规划的雨水、污水工程管网,包括雨水、污水干管的走向,管径及在城镇道路中的平面位置,雨水干渠的截面尺寸和敷设方式,雨水、污水的干管埋深情况,雨水、污水泵站的位置,排水口位置,中途加压提升泵站位置及现状或规划建设污水处理厂的位置。

3)供电工程基础资料。城镇现状和规划电厂、变电所的位置、容量、电压等级和分布形式(地上、地下)。城镇现状和规划的高压输配电网的布局,包括高压电力线路的走向、位置、敷设方式、高压走廊位置与宽度、高压输配电线路的电压等级、电力电缆的敷设方式(直埋、管路等)及其在城镇道路中的平面位置和埋深要求。

4)通信工程基础资料。城镇现状和规划的邮电局所的规模及分布。现状和规划电话网络布局,包括城镇内各种电话(市区电话、农村电话、长途电话)干线的走向、位置、敷设方式,电话主干电缆、中继电缆的断面形式,通信光缆和电话电缆在城镇道路中的平面位置和埋深情况。有线电视台的位置、规模,有线电视干线的走向、位置、敷设方式。有线电视主干电缆的断面形式,在城镇道路中的平面位置和埋深要求等。

5)供热工程基础资料。城镇现状和规划的热源状况,包括热电厂、区域锅炉房、工业余热的分布位置和规模,地热的分布位置、热能储量、开采规模。现状和规划的热力网布局,包括热网的供热方式(蒸汽供热,热水供热),蒸汽管网的压力等级,蒸汽、热水干管的走向、位置、管径,热力干管的敷设方式(架空、地面、地下)及在城镇道路中的平面位置,地下敷设供热干管的埋深要求。

6)燃气工程基础资料。城镇现状和规划燃气气源状况,包括城镇采用的燃气种类(天然气、各种人工煤气、液化石油气),天然气的分布位置,储气站的位置、规模。煤气制气厂的位置和规模,对置储气站的位置和规模,液化石油气汽化站的位置及规模等。现状和规划的城镇燃气系统的布局,包括城镇中各种燃气的供应范围,燃气管网的形式(单级系统、二级系统、多级系统)和各级系统的压力等级,燃气干管的走向、位置、敷设方式,以及在城镇道路中的平面位置和埋深情况,各级调压设施的位置。

### 2. 工程管线总体协调

工程管线综合控制规划的第二阶段工作是对所收集的基础资料进行汇总,将各项内容汇总到管线综合平面图上,检查各工程管线规划自身是否有矛盾,提出管线综合总体协调方案,组织相关专业共同讨论,确定符合工程管线综合敷设规范,基本满足各专业工程管线规划的综合控制规划方案。在工程管线控制协调规划阶段,可按下列步骤进行规划设计。

(1)制作工程管线综合控制规划底图。底图的制作通常有两种方法:手绘法与机绘法。

1)手绘法。全部抄绘由手工完成,其具体操作步骤如下。

①描绘自然地形。在硫酸纸上打好坐标高格网,然后把地形图垫在下面描绘,选择性地绘出主要河流、湖泊及表明地势的等高线和主要标高。

②描绘规划地形。将总体规划的土地使用图垫在硫酸纸下面,并对准坐标,把规划的工业仓储、居住、公共设施等各类用地、道路网、铁路等先以铅笔绘入底图,后用墨线绘制。

③根据现状和规划资料。将各种现状和规划工程管线主要工程设施,以及防洪堤、防洪沟等以铅笔绘入图中。

2)机绘法。将基础资料输入电子计算机,经过筛选完成底图制作,通过绘图仪器输出底图。其具体操作步骤如下。

①将现状地形图通过扫描仪、数码像机或数字化仪输入计算机,转化成 CAD 状态下的 DWG 文件。扫描仪与数码相机输入迅速,一般输入的文件先转化成 JPG 或 BMP 格式的图像文件,应用相应软件

如 PHOTOSHOOP 等,将输入的零碎图形进行整理,删减多余的信息后再转化成 CAD 状态下的 DWG 文件。分块扫描的地形图应用相关软件完成地形图的拼合的过程,经拼合的地形图,合并成一个图形文件,就得到了一份完整的地形底图,储存在计算机中。数字化仪输入较慢,甚至比手绘图还慢,但可做到取舍得当,重要的是可以边输入资料边归纳分层,为后续工作提供方便,例如可将地形、河流、等高线、地面高程、规划道路网及各种工程管线等分层输入。一般小城镇的工程管线输入量较少,故只需将现状地形图和总体规划道路网、工业仓储、居住、公共设施等各类用地以及河流、铁路等通过数字化仪输入计算机,而工程管线可依据各种工艺管线规划和环状路直接落到计算机中的规划平面图上即可,规模较大的城镇,地形复杂,工程管线繁多,用数字化仪直接输入,是效率较高的方式。

　　②输入计算机的底图信息量庞大,可根据河流、路网、标高、等高线、分区界、各类工程管线、主要工程设施的不同图层进行分层处理;逐一归类,当同一工程管线的现状与规划矛盾时,以规划为准,删除多余的信息,使底图尽量简明、清晰。

　　机绘法和手绘法对各类资料的取舍是完全一致的,区别在于前者的成果存储在计算机中,便于分层抽调和组合,后者的成果直接反映在图纸上,不易抽调组合。但从长远的观点来看,随着计算机的广泛应用,机绘底图在工管线综合规划中应予推广。

　　(2)综合协调方案。通过制作底图的工作,工程管线在平面上相互的位置关系一目了然,下一步骤就是确定工程管线综合的基本原则,如在道路的一侧设采暖管线及给水管线,而道路的另一侧设置煤气管线、电力、电信管线,可设置污水管线在高程上略比雨水管线深一些等。这些原则符合规范的规定,又应与这一工程的实际情况紧密结合。

　　另一方面,工程管线综合的基本原则还是在与城镇建设(规划)部门以及各单项工程规划设计人员不断沟通、协商的条件下确定的。每项工程管线综合的基本原则都贯穿于工程规划设计的整个过程。从规划综合草图的设计到邀请有关单位、设计人员讨论定案,直到工程管线综合规划成果的编制。

在工程管线综合原则的指导下,检查各工程管线规划自身是否符合规范,各管线之间是否有矛盾,制订综合方案,组织专业人员共同进行研究磋商,确定或完善综合方案。综合方案确定后在底图上用墨线绘出或计算机上调整定案后,输出工程管线综合规划图,标注必要的数据,并附注扼要的说明。

**3. 小城镇工程管线综合控制性详细规划成果**

小城镇工程管线综合控制性详细规划成果有图纸和说明书两部分,图纸部分包括城镇管线综合总体规划平面布置图及工程管线道路标准横断面图,这两份内容的图纸可在一张工程管线综合总图上表示,图中还应有图例并附简明扼要的说明,规划综合平面图比例通常采用1∶5 000~1∶10 000,比例尺的大小随城镇规模的大小、管线的复杂程度等情况而有所变更,但应尽可能与城镇控制性详细规划图的比例尺一致。

小城镇工程管线综合控制性详细规划成果随委托方式不同而略有差异,如果委托方委托规划设计部门作城镇控制性详细规划,工程管线综合规划包括在城镇总体规划成果中,说明书部分作为城镇控制性详细规划说明中的一个章节应简明,出图比例应与控制性详细规划相一致;若委托方只委托规划设计部门作城镇工程管线综合控制性详细规划设计,则须有详细的综合规划设计说明书。另外,管线综合控制性详细规划图为便于存档、携带,往往除了要完成大比例的彩色挂图外,还可能出成 A3 纸幅面大小的小比例图纸,这时道路中的各工程管线可能因比例太小而无法看清其各种的位置关系。这里就需作局部街道及交叉路口的平面放大节点详图。附在管线综合平面图后,图例及说明也可另出图。

**二、小城镇管线综合修建性详细规划**

**1. 小城镇工程管线综合修建性详细规划的基础资料**

小城镇工程修建性管线综合详细规划所需的基础资料,比编制控制性详细规划的内容更详尽。

1)自然地形资料。规划区内地形、地貌、地物,地面高程(等高

线),河流水系等。这些资料一般由规划委托方提供的最新地形图
(1：500～1：2 000)上取得。

2)土地使用状况资料:规划区修建性详细规划总平面图(1：500～
1：2 000),规划区内现有的和规划的各类单位用地建筑物、构筑物、
铁路、道路、铺装硬地、绿化用地等分布。

3)道路系统资料。规划区内现状和规划道路系统平面图(1：500～
1：2 000),各条道路横断面图(1：100～1：200),道路控制点标高等。

4)小城镇总体规划资料以及部分控制性详细规划的资料,还包括
城镇工程管线排列原则与规定,本规划区内各种工程设施布局,各种
工程管线干管的走向、位置、管径等。

5)各专业工程现状和规划资料。规划区内现状各类工程设施和
工程管线分布,各专业工程详细规划的设计成果,以及相应有关技术
规范。城镇给水、排水、供电、电信、供热、燃气等城镇常有工程管线综
合详细规划需收集的基础资料。其主要内容如下。

①给水工程管线综合资料。本规划区的供水水源,包括现有、在
建和规划的地表水水厂、地下取水和净水构筑物的规模、位置,以及水
源卫生防护带范围。本区现状和规划的高位水池、水塔、泵站等输配
水工程设施的规模、位置,与管网系统的衔接方式。城镇给水总体规
划确定在本区内的输配水干管走向、管径。本区现状给水详细规划的
输配水管线的走向、平面位置、管径、控制点标高,以及各条给水管在
道路横断面的排列位置。

②排水工程管线综合资料。本规划区内现状和规划的排水体制
(雨水分流制,或雨污水合流制)。城镇排水总体规划布局的雨、污水
干管渠的走向、管径。本区排水工程详细规划的雨污水管道沟渠的位
置、管径(或沟渠截面)、控制点标高与埋深;以及各条排水管道、沟渠
在道路横断面的排列位置。

③供电工程管线综合资料。本规划区现状和规划的电源(电厂,
变电所)、配电所、开闭所等供电设施的位置、规模、容量、平面布置等。
区内高压架空电力线路的走向、位置、用地要求等。本规划区供电详
细规划的输配电网布局,各种电力线路敷设方式(架空,直埋,管道

等),线路回数,电缆管道孔数与断面形式,电缆或管道的控制点标高与埋深。

④通信工程管线综合资料。本规划区内现状和规划的电话局、所的数量、规模、容量、位置。本区电话网络规划布局与接线方式(架空、直埋、管道)、电话电缆管道孔数与断面形式、电缆或管道控制点标高与埋设方式。电缆接续设备(交换机,接线箱等)的数量、位置、容量。有线电视台、有线广播站台的布置,有线电视线路的分布、位置、敷设方式(架空,电缆直埋,光缆共用等)、线路数量、线路控制点标高与埋深。

⑤供热工程管线综合资料。本规划区内现状和规划的热电厂、集中锅炉房、热力站的位置与规模。热力网的形式与规划网络结构。本区详细规划的蒸汽、热水管道的压力等级、敷设方式(架空、地敷、地埋)、走向、管径、断面形式、控制点标高与埋深。

⑥燃气工程管线综合资料。本区现状和规划的燃气气源种类(人工煤气、天然气、石油液化气、沼气等)、气源厂位置与规模,城镇燃气网压力等级。本区燃气详细规划的供气工程设施(储气站、调压站等)的位置,规模、压力等级。燃气管网的布局,各种压力等级的燃气管道走向、管径、压力等级、敷设方式(一般均为地埋)与埋深。

## 2. 城镇工程管线详细综合协调

工程管线综合修建性详细规划的第二阶段是对基础资料进行归纳汇总,将各专业工程详细规划的初步设计成果按一定的排列次序汇总到管线综合平面图上。找出管线之间的矛盾,组织相关专业讨论调整方案,确定工程管线综合详细规划。第二阶段的工作可按以下步骤进行。

(1)准备底图。操作过程和工程管线综合控制性详细规划的阶段相似,并且将图纸比例放大,深度加强。

(2)工程管线平面综合。通过前一步骤制作底图的工作,管线在平面上相互的位置与关系,管线与建筑物、构筑物的关系一目了然。第二步骤就是在工程管线综合原则的指导下,检验各工程管线水平排列是否符合有关规范要求,发现问题,组织专业人员共同进行研究和处理,制订平面综合的方案,从平面和系统上调整各专业工程详细规划。

（3）工程管线竖向综合。前一步骤基本解决了管线自身及管线之间，管线和建筑物、构筑物之间平面上的矛盾，本阶段是检查路段和道路交叉口工程管线在竖向上分布是否合理，管线交叉时垂直净距是否符合有关规范要求。若有矛盾，需制订竖向综合调整方案，经过与各专业工程详细规划设计人员共同研究、协调，修改各专业工程详细规划，确定工程管线综合修建性详细规划。

1）路段检查主要在道路横断面上进行，逐条逐段地检核每条道路横断面中已经确定平面位置的各类管线有无垂直净距不足的问题。依据收集的基础资料，绘制各条道路横断面图，根据各工程详细规划初步设计成果中的工程管线的截面尺寸、标高检查两条管道垂直净距是否符合规范，在埋深允许的范围内给予调整，从而调整各专业工程详细规划。

2）道路交叉口是工程管线分布最复杂的地区，多个方向的工程管线在此交叉，同时交叉口又将是工程管线各种管井密集的地区。因此，交叉口的管线综合是工程管线综合详细规划的主要任务。有些工程管线埋深虽相近，但在路段不易彼此干扰，而到了交叉口就容易产生矛盾。交叉口的工程管线综合是将规划区内所有道路（或主要道路）交叉口平面放大至一定比例（1∶500～1∶1 000），按照工程管线综合的有关规范和当地关于工程管线净距的规定，调整部分工程管线的标高，使各条工程管线在交叉口能安全有序地敷设。

**3. 小城镇工程管线综合修建性详细规划成果**

小城镇工程管线综合修建性详细规划的成果主要有图纸和文本两个部分。

（1）工程管线综合修建性详细规划平面图。图纸比例通常采用1∶1 000，图中内容和编制方法，基本上和管线综合修建性详细规划图相同，而在内容的深度上有所差别。编制综合修建性详细平面图时，需确定管线在平面上的具体位置，道路中心线交叉点，管线的起讫点、转折点以及工厂管线的进出口注上坐标数据。

（2）管线交叉点标高图。此图的作用主要是检查和控制交叉管线的高程——竖向位置。图纸比例较综合详细规划平面图有所放大（在综合详细平面图上复制而成,但不绘地形,也可不注坐标。放大比例,分区域或道路交叉点进行绘制),并在道路的每个交叉口编上号码,便于查对。

(3)修订道路标准横断面图。在编制工程管线综合修建性详细规划时,有时由于管线的增加或调整规划所做的布置,需根据综合详细平面图,对原来配置在道路横断面中的管线位置进行补充修订。道路标准横断面的数量较多,通常是分别绘制汇成册。

在现状道路下配置管线时,一般应尽可能保留原有的路面,但需根据管线拥挤程度、路面质量、管线施工时对交通的影响以及近远期结合等情况作方案比较,而后确定各种管线的位置。同一道路的现状横断面和规划横断面均应在图中表示出来,表示的方法,或用不同的图例和文字注释绘在一个图中,或者将两者分上下两行(或左右并列)绘制。

管线交叉点标高的表示方法有以下几种。

1)在每一个管线交叉点处画一垂距简表(表11-5),然后把地面标高、管线截面大小、管底标高以及管线交叉处的垂直净距等项填入表中。如果发现交叉管线发生冲突,则将冲突情况和原设计的标高在表下注明,而将修正后的标高填入表中,表中管线截面尺寸单位一般用mm,标高等均用 m。这种表示方法的优点是使用起来比较方便,缺点是管线交叉点较多时往往在图中绘制不下。

表 11-5　垂距简表

| 名称 | 截面 | 管底标高 |
|---|---|---|
|  |  |  |
| 净距 | 地面标高 | |

2)先将管线交叉点编上号码,而后依照编号将管线标高等各种数据填入另外绘制的交叉管线垂距表(表11-6,以下简称垂距表)中,有关管线冲突和处理的情况则填入垂距表的附注栏内,修正后的数据填入相应各栏中。这种方法的优点是可以不受管线交叉点标高图图面

大小的限制,缺点是使用起来不如前一种方便。

3)一部分管线交叉点以垂距简表表示,另一部分交叉点编上号码,并将数据填入垂距表中。当道路交叉口中的管线交叉点很多而无法在标高图中注清楚时,通常又用较大的比例(1∶1 000 或 1∶500)把交叉口画在垂距表的第一栏内(表 11-6)。采用此法时,往往把管线交叉点较多的交叉口,或者管线交叉点虽少但在竖向发生冲突等问题的交叉口,列入垂距表中。用垂距表表示的管线,管线的交叉点既少,而且不易出现问题。

**表 11-6　交叉管线垂距表**

| 交叉口编号 | 管线交点编号 | 交点处的地面标高 | 上面 | | | | 下面 | | | | 垂直净距/m | 附注 |
|---|---|---|---|---|---|---|---|---|---|---|---|---|
| | | | 名称 | 管径/mm | 管底标高 | 埋设深度/m | 名称 | 管径/mm | 管底标高 | 埋设深度/m | | |
| 3 | 1 | | 给水 | | | | 污水 | | | | | |
| | 2 | | 给水 | | | | 雨水 | | | | | |
| | 3 | | 给水 | | | | 雨水 | | | | | |
| | 4 | | 雨水 | | | | 污水 | | | | | |
| | 5 | | 给水 | | | | 污水 | | | | | |
| | 6 | | 电信 | | | | 给水 | | | | | |
| 4 | 1 | | 给水 | | | 污水 | | | | | | |
| | 2 | | 给水 | | | 雨水 | | | | | | |
| | 3 | | 给水 | | | 雨水 | | | | | | |
| | 4 | | 雨水 | | | 污水 | | | | | | |
| | 5 | | 给水 | | | 污水 | | | | | | |
| | 6 | | 雨水 | | | 污水 | | | | | | |
| | 7 | | 电信 | | | 给水 | | | | | | |
| | 8 | | 电信 | | | 雨水 | | | | | | |
| 5 | 1 | | | | | | | | | | | |
| | 2 | | | | | | | | | | | |

4)不绘制交叉管线标高图,而将每个道路交叉口用较大的比例(1:1 000或1:500)分别绘制,每个图中附有该交叉口的垂距表。此法的优点是由于交叉口图的比例较大,比较清晰,使用起来也比较灵活,缺点是绘制时较费工时,如果要看管线交叉点的全面情况,不及第一种方法方便。

5)不采用管线交叉点垂距表的形式,而将管道直径、地面控制高程直接注在平面图上(图纸比例1:500)。然后将管线交叉点两管相邻的外壁高程用线分出,注于图纸空白处。这种方法适用于管线交叉点较多的交叉口,优点是既能看到管线的全面情况,绘制时也较简便灵活。

表示管线交叉点标高的方法较多,采用何种方法应根据管线种类、数量,以及当地的具体情况而定。总之,管线交叉点标高应具有简单明了、使用方便等特点,不拘泥于某种表示方法,其内容可根据实际需要而有所增减。

(4)工程管线综合修建性详细规划说明书。工程管线综合修建性详细规划说明书的内容,包括所综合的各专业工程详细规划的基本布局,工程管线的布置,国家和当地城镇对工程管线综合的技术规范和规定,本工程管线详细规划的原则和规划要点,以及必须叙述的有关事宜;对管线综合详细规划中所发现的目前还不能解决、但又不影响当前建设的问题提出处理意见,并提出下阶段工程管线设计应注意的问题等。

关于所作图纸的种类,应根据城镇的具体情况而有所增减,如管线简单的地段,或图纸比例较大,可将现状图和规划图合并在一张图上。管线情况复杂的地段,可增绘辅助平面图等。另外,根据管线在道路中的布置情况,采用较大的比例,按道理逐条逐条地进行综合和绘制图纸。总之,应根据实际需要,并在保证质量的前提下尽量简化综合规划工作量。

# 第十二章 小城镇用地的竖向规划

## 第一节 概 述

### 一、小城镇竖向规划的任务

（1）解决规划范围内各项用地的竖向设计标高和坡向，确定地面排水方式和相应的构筑物，使之能畅通地排除雨水。

（2）决定小城镇建筑物、构筑物、室外场地以及道路、铁路、防洪、水系的主要控制点（道路交叉点、桥梁、排水出口等）的标高和坡度，并使之相互间协调。

（3）通过竖向设计，充分发挥各种地形的特点，增加可以利用的小城镇用地，如冲沟、破碎地等，经过适当的工程措施后加以利用。

（4）通过竖向设计调整平面布局和各类建筑安排，使之最能体现出地段特色，丰富小城镇空间艺术，并使土石方工程量最小。

（5）确定道路交叉口坐标、标高，相邻交叉口间的长度、坡度，道路围合街坊汇水线，分水线和排水坡向。主次干道的标高一般应低于小区场地的标高，以方便地面水的排除。

（6）确定计算土石方工程量和场地土方平整方案，选定弃土或取土场地。避免填土无土源，挖方土无出路或土石方运距过大。

（7）合理确定小城镇中由于挖、填方而必须建造的工程构筑物，如护坡、挡土墙、排水沟等。

（8）在旧区改造竖向设计中，应注意尽量利用原有建筑物与构筑物的标高。

### 二、小城镇竖向规划设计前所需要的资料

在进行小城镇竖向规划设计时，需要收集下列资料。

（1）地形测量图，比例 1∶500 或 1∶1 000，图上有 0.25～1.00 m 高程的地势等高线及每 100 m 间距的纵横坐标、沼地、高丘、削壁等地形情况。

（2）建设场地的自然条件、地质构造和地下水位情况。

（3）房屋及构筑物的平面布置图。

（4）各种工业管道平面图及城市管道平面布置图。

（5）城市规划中的街道中心标高、坡度、距离。最好是纵断面图和横断面图。如设计工厂时，要根据工艺过程和房屋要求设计街道的纵横断面。

（6）地表面雨水的排除流向。如流向低洼地、雨水总管、城市渠道等。必须了解洪水或高地雨水冲向基地，而且影响基地的情况。

（7）填土时弄清土源，并考虑挖土时，余土填在何处。

上述资料，应尽可能与有关单位取得协议文件。这些资料，可以根据设计阶段的内容，陆续取得。

### 三、小城镇竖向规划设计的形式、步骤

#### 1. 竖向规划设计的形式

（1）连续式。用于建筑密度大、地下管线多、有密集道路的地区。连续式又分为平坡式和台阶式两种。平坡式用于≤2%坡度的平原地和虽有 3%～4% 坡度而占用地段面积不大的情况。台阶式适用自然坡度≥4%、用地宽度较小、建筑物之间的高差在 1.5 m 以上的地段。

（2）重点式。在建筑密度不大、地面水能顺利排除的地段，只是重点地在建筑物附近进行平整，其他部分都保留自然地形地貌不变。这种形式适用于独立的单幢建筑或成组建筑用地（组与组之间距离较远时的情况）。

（3）混合式。建筑用地的主要部分是连续式，其余部分用重点式。这是一种灵活处理的手法。

#### 2. 竖向规划设计的步骤

这里主要介绍的是设计等高线法应用于平坡式竖向布置。其步骤如下：

(1)首先了解和熟悉所取得的各种资料,并检查其质量。

(2)勘测现场,对现场地形深入了解。

(3)在总平面图上把城市街道系统的标高、坡度等注在图上。用设计等高线绘出各种断面的等高点至建筑红线。

(4)确定排水方向并划分水岭和排水区域,确定出地面排水的组织计划。

(5)根据以下几点画出街坊内部设计等高线。

1)方向:要求能迅速排除地面雨水,由分水岭及排水区域构成设计地面。

2)位置:要求土方工程量最少。设计等高线与选择标高时,尽可能接近自然地面。

3)距离:根据技术规定,确定排水坡度和道路坡度。

4)建筑红线:建筑红线所确定的高程。

(6)以最合理的情况确定街道与房屋的关系,如图 12-1 所示,房屋外地坪标高应高于街道中心 170 mm,以免形成积水的低洼地段。

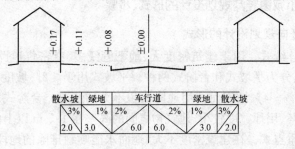

**图 12-1　街道与房屋之间的高程关系**

(7)画出设计等高线通过街道和散水坡的等高点。

(8)根据设计等高线,用插入法求出街道各转折点标高及房屋四角标高。

(9)根据房屋的使用性质,定出室内地坪与室外地坪的最小差额,也就是室内地坪标高等于室外地坪标高加上最小差额。一般外地坪最小差额如下。

1)普通车间(无特殊的要求) 150 mm。

2)电石仓库 300 mm。

3)有站台的仓库 1 000 mm。

4)办公用行政房屋 500~600 mm。

5)宿舍和住宅 300~600 mm。

6)学校与医院 450~900 mm。

7)有关纪念性的建筑物根据建筑设计师的要求而定。

在确定内地坪时,必须保证在内外地坪最小差额时,能使外门从屋内向外开得出去。

(10)根据地形测量图与设计等高线计算土方工程量,如果土方工程量太大,超过技术经济指标时,应修改设计等高线,使土方接近平衡。

(11)在地形过陡,高地有雨水冲向房屋的情况下,应设计截水明沟,指出在截水后,水流向何处;或确定出集水井位置,与城市管道接合处标高或集水井井底标高。

(12)算出房屋所有进入口的踏步高低,并画出房屋的纵横断面,供建筑师考虑立面处理并作其他建筑参考。

# 第二节 小城镇总体规划阶段的竖向规划

## 一、小城镇总体规划阶段竖向规划的内容

需要对小城的用地进行竖向规划,可以编制城市用地竖向规划示意图。图纸的比例尺与总体规划图相同,一般为 1：10 000～1：5 000,图中应标明下列内容。

(1)城镇用地组成及城市干道网。

(2)城镇干道交叉点的控制标高,干道的控制纵坡度。

(3)城镇其他一些主要控制点的控制标高,铁路与城市干道的交叉点、防洪堤、桥梁等标高。

(4)分析地面坡向,分水岭、汇水沟、地面排水走向。还应有文字说明及对土方平衡的初步估算。

### 二、小城镇总体规划阶段竖向规划应注意的问题

在城镇用地评定分析时,就应同时注意竖向规划的要求,要尽量做到利用配合地形,地尽其用。要研究工程地质及水文地质情况,如地下水位的高低,河湖水位和洪水位及受淹地区。对那些防洪要求高的用地和建筑物不应选在低地,以免提高设计标高,而使填方过多、工程费用过大。

竖向规划,首先要配合利用地形,而不要把改造地形、土地平整看作是主要目的。

在城镇干道选线时,要尽量配合自然地形,不要追求道路网的形式而不顾起伏变化的地形。要对自然坡度及地形进行分析,使干道的坡度既符合道路交通的要求而又不致填挖土方太多,不要追求道路的过分平直,而不顾地形条件。地形坡度大时,道路一般可与等高线斜交,而避免与等高线垂直。也要注意干道不能没有坡度或坡度太小,以免路面排水困难,或对埋设自流管线不利。干道的标高宜低于附近居住区用地的标高,干道如沿汇水沟选线,对于排除地面水和埋设排水管均有利。

对一些影响城镇总体规划方案关系较大的控制点的标高,要全面综合的研究,必要时要放大比例尺,作一些规划方案的草图,以进行比较。

# 第三节　小城镇详细规划阶段的竖向规划

### 一、小城镇详细规划阶段竖向规划的内容

(1)确定各项建设用地的平整标高。

(2)确定建筑物、构筑物、室外场地、道路、排水沟等的设计标高,并使相互间协调。

(3)确定地面排水的方式和相应的排水构筑物。

(4)确定土(石)方平衡方案。

### 二、小城镇详细规划阶段竖向规划的方法

详细规划的竖向规划的方法，一般采用高程箭头法、纵横断面法、设计等高线法等。

#### 1. 高程箭头法

根据竖向规划设计原则，确定出区内各种建筑物、构筑物的地面标高，道路交叉点、变坡点的标高，以及区内地形控制点的标高，将这些点的标高注在居住区竖向规划图上，并以箭头表示各类用地的排水方向。

高程箭头法的规划设计工作量较小，图纸制作较快，且易于变动与修改，为居住区竖向设计常用的方法。缺点是比较粗略，确定标高要有丰富经验，有些部位的标高不明确，且准确性差。

#### 2. 纵横断面法

纵横断面法是先在规划的居住区平面图上。根据需要的精度绘出方格网，然后在方格网的每一交点上注明原地面标高和设计地面标高。沿方格网长轴方向者称为纵断面，沿短轴方向者称为横断面。此法的优点是对规划设计地区的原地形有立体的形象概念，易于考虑地形改造。缺点是工作量大，花费时间多(图 12-2)。此法多用于地形比较复杂地区的规划。

纵横断面法工作步骤如下。

1)在所规划设计的居住区(或街坊或更小的范围)的地形图上，以适当边长(如 10 m、20 m 或 40 m)绘制方格网。方格网尺寸的大小随规划的比例和所需的精度而异。图纸比例大(如 1:500～1:1 000)，方格网尺寸小；反之，图纸比例小(1:1 000～1:2 000)，则方格网尺寸大。

2)根据地形图中自然等高线，用内插法求出各方格点的自然标高。

3)选定一标高作为基线标高，此标高应低于图中所有自然标高值。

4)在另外的纸上放大绘制方格网，并以此基线标高为底，采用适当比例绘出方格网原地形的立体图。

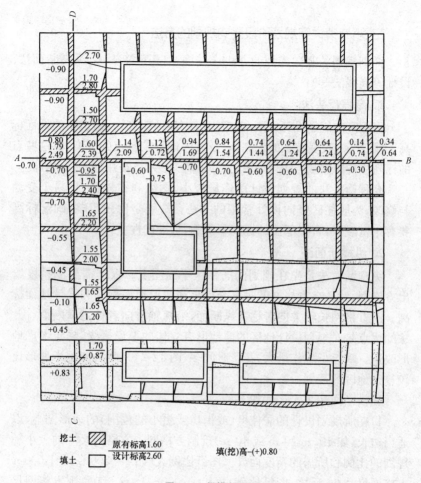

**图 12-2　纵横断面法**

5)根据立体图所示自然地形起伏的情况,考虑地面排水、建筑排列及土方平衡等因素,确定地面的设计坡度和方格网顶点的设计标高。

6)设计土方量。

7)在土方平衡中,若填挖方总量不大,且填挖量接近平衡时,则可认为所确定的设计标高和各地的设计坡度恰当。否则需要修改设计标高,改变设计坡度,按上述方法重新计算,直至达到要求为止。

⑧根据最后确定的设计标高,另用一张纸把各方格网顶点的设计标高抄注在图上,并按适当比例绘出规划设计的地面线。

**3. 设计等高线法**

设计等高线法,多用于地形变化不太复杂的丘陵地区的规划设计。其优点是能较完整地将任何一块设计用地或一条道路与原来的自然地貌作比较,随时一目了然地看出设计的地面或路(包含路口的中心点)的挖填方情况,以便于调整。设计等高线低于自然等高线为挖方,高于自然等高线为填方,所填、挖的范围也清楚地显示出来。

这种方法在判断设计地段四周路网的路口标高、道路的坡向坡度,以及路与两旁地高差关系时,更为有用。路口标高调整将影响到道路的坡度,也影响到路的两旁用地的高差,所以调整设计地段的标高时,这种方法能起到整体的设计效果。

这种方法,是一种整体性强、可以和规划平面设计同步进行的竖向设计方法,而不是先将规划设计做好后再做竖向设计。也就是在规划设计平面图上,在考虑平面使用功能的布置时,设计者不只考虑纵、横轴的平面关系,还要考虑垂直地面的($z$)轴的竖向功能关系。设计等高线法成为设计者在图纸中进入三度空间的思维和设计时的一种手段,它是一种较科学的竖向设计方法。

用设计等高线法进行居住区的竖向规划的步骤如下(图 12-3)。

(1)根据居住区规划,在已确定的干道网中确定居住小区的道路线路,定出道路红线。

(2)对居住区每一条道路作纵断面设计,以已确定的城市干道的交叉点的标高及变坡点的标高,定出支路与干道交叉点的设计标高,并求出每一条道路的中心线设计标高。

(3)以道路的横断面求出红线的设计标高。有时,道路红线的设计标高与居住区内自然地形的标高相差较大,在红线内可以做一段斜坡,不必要将居住区内地的设计标高普遍压低,以免挖方太多。

(4)居住小区内部的车行道由外面道路引入,起点标高根据相接的城市道路的车行道边的设计标高而定。因为在交通上要求不高,允许坡度可以大一些(8%以下)。这样就能更好地配合自然地形,减少土石方,定出沿线的设计标高。

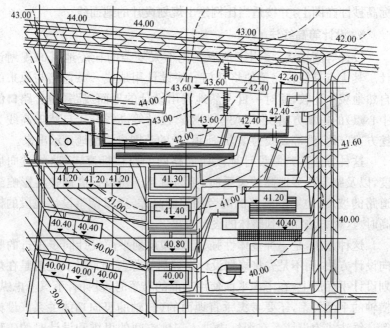

**图 12-3　一个居住小区设计等高线法进行竖向规划**

(5)用插入法求出街道各转折点及建筑物四角的设计标高。

(6)居住小区内用地坡度较大时,可以建一些挡土墙,形成台地,注明标高。

(7)居住小区的人行通道、坡度及线型可以更加灵活地配合自然地形,在某些坡度大的地段,例如大于10%,人行通道不一定设计成连续的坡面,可以加一些台阶,台阶一侧做坡道,以便推自行车上下坡道。

(8)根据不同的地形条件,居住小区内的地面排水可采用不同方式。要进行地形分析,划分为几个排水区域,分别向邻近的道路排水。地面坡度大时要用石砌以免冲刷,有的也可以用沟管,在低处设进水口。

经过上述步骤,便初步确定了居住区四周的红线标高和内部车行道、房屋四角的设计标高,就可以联结成大片地形的设计等高线。联结时要尽量与自然等高线相合,这就意味着该部分用地完全可以不改动原地形。全部作出设计等高线后,便可对经过竖向规划后的全部地形及建筑的空间布局,使之一目了然。在实际应用中,可以按此原理去简化具体做法,即在地面上多标示一些设计标高,而不必联结成设计等高线。

### 三、小城镇详细规划阶段的地面排水

建设用地排水方式的选择应通过对建设用地条件的深入分析,并经过技术经济论证后确定,建设用地的排水方式,主要有以下四种。

(1)自然排水。不使用管沟汇集雨水,而通过设计地形的坡向使雨水在地表流出场地的方式为自然排水。一般较少采用,仅适用于下列情况。

1)降雨量较小的气候条件。

2)渗水性强的土壤地区。

3)雨水难以排入管沟的局部小面积地段。

(2)明沟排水。主要适宜于下列情形。

1)规划整平后有适于明沟排水的地面坡度。

2)建设用地边缘地段,或多尘易堵、雨水夹带大量泥沙和石子的场地。

3)采用重点平土方式的用地或地段(只是重点地在建筑物附近进行整平,其他部分都保留自然地形不变)。

4)埋设下水管道不经济的岩石地段。

5)没有设置雨、污水管道系统的郊区或待开发区域。

(3)暗管排水。建设用地最常见的一种排水方式,通常适用于下述几种情况。

1)用地面积较大、地形平坦,不适于采用明沟排水者。

2)采用雨水管道系统与城市管道系统相适应者。

3)建筑物和构筑物比较集中、交通线路复杂或地下工程管线密集的用地。

4)大部分建筑屋面采用内排水的。

5)建设用地地下水位较高的。

6)建设用地环境美化或建设项目对环境洁净要求较高的。

(4)混合排水。暗管与明沟相结合的排水方式。可根据建设用地的具体情况,分别对不同区域灵活采用不同的排水方式,并使两者有机结合起来,迅速排除地面雨水。

# 第四节· 小城镇建筑用地和建筑竖向布置

小城镇由工业用地、居住建筑用地、公共建筑用地、道路用地和公共绿地等所组成。用地又可分为生活用地和生产用地两大类,建筑同样可分为居住建筑、公共建筑和生产建筑及构筑物。地形起伏的山区丘陵地影响着各项用地的建筑和构筑物的布置。

## 一、小城镇与道路的竖向关系

城镇用地被道路和自然条件分割成块。有时也存在自然界线,如谷地和山峦以及冲沟和河流等。由道路和自然条件所围成的大小不同的用地,一般出现以下状况,将影响建筑布置和地面排水。

**1. 斜坡面用地**

斜坡面用地最为普遍。用地与道路之间出现高于道路的正坡面和低于道路的负坡面,两者皆有不同的坡度。从图 12-4(a)中可见,斜坡用地将使道路出现不同纵坡向和坡度,正坡面的地表水将排至路上。这类用地与道路之间出现一个夹角。

**2. 分水面用地**

分水线把用地分割成两个大小不同、坡向各异的用地,四周道路中的两条出现纵坡的转折点,两个斜坡面的地表水排泄各成体系,各排至分水线两侧的道路上[图 12-4(b)]。在详细规划中往往可以利用分水线设计成步行道。

**3. 汇水面用地**

汇水面用地与道路的关系同分水面用地有共同处,即将用地分成两块坡向不同的斜坡面;所不同的是其中两条道路的纵坡转折点在低处[图 6-14(c)]。此种用地有时须设置涵洞或桥,以便四周道路所围成的用地上地表水的排泄。详细规划设计中利用汇水线作步行道时,其两旁须设置排水沟。

**4. 山丘形用地**

这种类型用地常见于道路环绕山丘。山丘四周道路将出现多处纵坡转折点,山丘形用地的地表水将排泄至四周的环山道路上[图 12-4(d)]。

**5. 盆地形用地**

被四周道路所围的低洼盆地[图 12-4(e)],除非有较大的汇水面形成自然水塘,增添生活环境美,否则,低洼处的积水对环境不利,只得采用回填的竖向规划措施提高用地标高或疏导地表水的排泄。

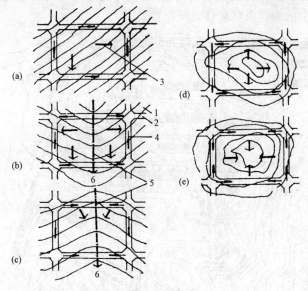

**图 12-4 小城镇道路与用地关系**

(a)斜坡面用地;(b)分水面用地;(c)汇水面用地;(d)山丘形用地;(e)盆地形用地
1—等高线;2—道路;3—坡向;4—道路坡向;5—脊线、谷线;6—分水线

## 二、小城镇建筑与地形的竖向关系

根据建筑的使用功能及地区的气候因素不同,建筑与地形竖向关系将出现几种不同的竖向布置。

**1. 建筑半垂直等高线布置**

这类建筑的竖向布置一般出现在东南坡、西南坡、西北坡、东北坡面的用地上。即当建筑需要最佳南朝向时,会出现建筑与等高线成不同程度的半垂直状况,如图 12-5 中的点状居住建筑布置。

**2. 建筑平行等高线布置**

当建筑布置于南坡、北坡面时,都会出现建筑与地形等高线平行。如图 12-5 中幼儿园、中学等建筑布置。

**3. 建筑垂直等高线布置**

建筑布置于东坡面、西坡面时,建筑与地形等高线垂直或斜交,如图 12-5 中的一组条状居住建筑布置。

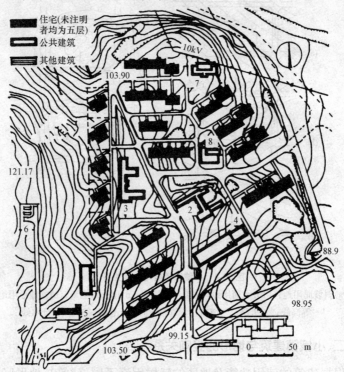

**图 12-5  建筑与地形的竖向关系**
1—中学;2—托儿所;3—幼儿园;4—理发室、浴室;5—热交换站;
6—液化气调压站;7—粮店;8—副食品店

### 三、小城镇建筑竖向布置方式

由于建筑布置与地形之间出现半垂直等高线、平行等高线和垂直等高线三种关系,因此,便产生以下几种建筑竖向布置方式。

**1. 平坡式建筑布置竖向法**

当丘陵地的坡面为纵坡小于 2% 的大片缓坡地时,常出现建筑的平坡式竖向布置。这时坐落于地表上的建筑常抬高建筑四周的勒脚,来适应地面的变化。它是对自然地貌改变最少的一种竖向布置法。

**2. 台阶式建筑布置竖向法**

台阶式用地的建筑布置,适用于纵坡面坡度为 2%～4% 的用地。即当 1.0 m 长的用地中地面升高 2～4 m 时,就须结合挖取部分土方与填出部分土方形成台阶用地,每个台阶用地之间,用自然放坡或挡土墙分隔,各台阶用地仍有最小的排水纵坡。

### 四、小城镇道路竖向设计

从建筑用地与道路网的关系来说,建筑物室外标高,一般应高于周围次要道路的标高,次要道路的标高要高于主干道中心标高,标高差值为 150～300 mm。

道路纵向坡度的确定要根据地形情况来考虑,一般最大纵坡度在干道为 6%,一般道路为 8%。大量自行车行驶的坡段在 3% 以下的坡度比较舒适。至 4% 以上、坡长超过 200 m 时,非机动车行驶就比较困难。另外,为利于地面水的排除和地下管道的埋设,道路的最小纵坡度不宜小于 0.3%。

相邻两个纵坡,坡度差大于 2% 的凸形交点,或大于 0.5% 的凹形交点,必须设置圆形竖曲线,最小半径分别为 300 m 或 100 m。

人行道的纵坡不能大于 8%,大于 8% 的应设置踏步。对于我国北方严寒地区,积雪时间较长的小城镇控制人行道纵坡还可再低一些。

车行道的横坡一般都是双向的,坡向两侧排水沟,一般横坡控制为 1%～2%。镇区停车场的坡度最大不应超过 4%,一般以 0.3%～3% 为宜。

# 第五节　土方工程

## 一、竖向布置对整平场地的土方工程的要求

竖向布置对整平场地的土方工程有以下要求：

(1)计算填土和挖土的工程量。

(2)使土方工程经济合理。

(3)使填方与挖方接近平衡。

## 二、计算土方的方格网法

土方量计算，采用方格网法的较多，具体步骤如下。

(1)划分方格，并绘制土方量计算方格网。根据地形复杂情况和规划阶段的不同要求，将居住区划分为若干个边长为 10 m、20 m、40 m或边长大于 40 m 的正方形，并用适当比例绘制土方量计算方格网，如图 12-6 示。

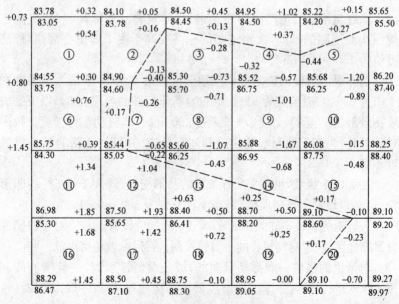

图 12-6　土方量计算方格图

（2）标注地形图和竖向规划设计图。用插入法计算各方格角点的自然标高和设计标高,并标注在土方量计算方格图上:$\dfrac{\text{设计标高}}{\text{自然标高}}$。

（3）设计施工高度。计算各方格角点的施工高度,并标注在土方量计算方格图上。

$$\text{施工高度}＝\text{设计标高}－\text{自然标高}$$

上式“＋”表示填方,“－”表示挖方。

（4）找出“零”点,确定填挖分界线。在计算方格网中,某一方格内相邻两角,一侧为填方一侧为挖方时,其间必有“零”点存在。将方格中各零点连接起来,即可得出填挖分界线。

“零”点的求法,有数解法和图解法两种。无论采用何种方法求“零”点时,均假定原地面线是直线变化的。

1）数解法。从图 12-7(a)所示两相似三角形得

$$\frac{x}{h_1}=\frac{a-x}{h_2} \tag{12-1}$$

经整理后得

$$x=\frac{ah_1}{h_1+h_2} \tag{12-2}$$

将图中各值代上式,则得 $x=\dfrac{20\times0.16}{0.16+0.24}=\dfrac{3.20}{0.4}=8\ \text{m}$

2）图解法。在图 12-7 (b)上,根据相邻两角点的填挖数值,在不同方向量取相应的单位数,以直线相连,则该直线与方格的交点即为“零”点。

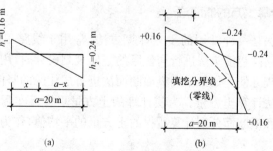

(a)　　　　　　　　　　(b)

**图 12-7　求土方量“零”点线图**

（5）土方量计算根据每个方格的填挖情况分别计算土方量，然后，将各方格的填方和挖方量汇总，即得整个居住区的填方量和挖方量。计算时最好采用列表计算，以便于检查、校对，表 12-1 为计算表格的一种形式。根据计算方法不同，还可以制成其他的表格形式。

各方格的填挖方量计算采用平均高度法。即：

$$V_{f(c)} = F_{f(c)} \cdot h_{f(c)} \tag{12-3}$$

式中　$V_{f(c)}$——方格中填方体积（$V_f$）或挖方体积（$V_c$）（m³）；

　　　$F_{f(c)}$——方格中填方面积（$F_f$）或挖方面积（$F_c$）（m²）；

　　　$h_{f(c)}$——方格中填方（或挖方）部分的平均填方（或挖方）高度（m）。

表 12-1　方格网土方量计算表

| 方格编号 | 平均填挖高度/m | | 填挖面积/m² | | 土方量/m³ | | 备　注 |
|---|---|---|---|---|---|---|---|
| | 填（＋） | 挖（－） | 填（＋） | 挖（－） | 填（＋） | 挖（－） | |
| | | | | | | | |
| | | | | | | | |
| | | | | | | | |
| | | | | | | | |

### 三、计算土方的断面法

断面法是一种常用的土方计算方法，常用于线路工程的土方计算。当采用高程箭头法进行居住区的竖向规划设计时，用断面法计算土方量比较方便。如果采用纵横断面法进行居住区的竖向规划时，也可采用此法计算土方量。为使计算的土方量更接近实际情况，此时，以纵断面和横断面分别计算所得的土方量的平均值，作为居住区的土方量。

用断面法计算土方量，具体步骤如下。

（1）布置断面根据地形变化和竖向规划的情况，在居住区竖向规划图上画出断面的位置。断面的走向,一般以垂直于地形等高线为宜。断面位置,应设在地形(原自然地形)变化较大的部位。断面数量、地形变化情况对计算结果的准确程度有影响。地形变化复杂时,应多设断面;地形变化较均匀时,可减少断面。要求计算的土方量较准确时,断面应增多;作初步估算时,断面可少一些。

(2)作断面图 根据各断面的自然标高和设计标高,在坐标纸上按一定比例分别绘制各断面图。绘图时垂直方向和水平方向的比例可以不相同,一般垂直方向放大 10 倍。

(3)计算各断面的填挖面积,可由坐标纸上直接求得;或划分为规则的几何图形进行计算;也可用求积仪计算。

(4)填挖方量(土方量) 相邻两断面间的填方或挖方量,等于两断面的填方面积或挖方面积的平均值乘以其间的距离。其计算公式为:

$$V = \frac{1}{2}(F_1 + F_2)L \tag{12-4}$$

式中　$V$——相邻两断面间的填(挖)方量($m^3$);

　　　$F_1$——为"1"断面的填(挖)方面积($m^2$);

　　　$F_2$——为"2"断面的填(挖)方面积($m^2$);

　　　$L$——相邻两断面间的距离(m)。

# 附录 规划技术指标与相关参考资料

附表 1 镇区、乡政府驻地人口分类预测

| 人口类别 | | 统计范围 | 预测计算 |
|---|---|---|---|
| 常住人口 | 户籍人口 | 户籍在镇区规划用地范围内的人口 | 按自然增长和机械增长计算 |
| | 寄住人口 | 居住半年以上的外来人口寄宿在规划用地范围内的学生 | 按机械增长计算 |
| 通勤人口 | | 劳动、学习在镇区内,住在规划范围外的职工、学生等 | 按机械增长计算 |
| 流动人口 | | 出差、探亲、旅游、赶集等临时参与镇区活动的人员 | 根据调查进行估算 |

附表 2 镇乡村规划规模分级

| 规模分级 | 镇区人口 | 乡政府驻地人口 | 村人口 |
|---|---|---|---|
| 特大型 | ＞50 000 | ＞10 000 | ＞1000 |
| 大型 | 30 001～50 000 | 5 001～10 000 | 601～1 000 |
| 中型 | 10 001～30 000 | 3 001～5 000 | 201～600 |
| 小型 | ≤10 000 | ≤3 000 | ≤200 |

注:表中人口为规划期末常住人口。

附表 3 镇用地的分类和代号

| 类别代号 | | 类别名称 | 范 围 |
|---|---|---|---|
| 大类 | 小类 | | |
| R | | 居住用地 | 各类居住建筑和附属设施及其间距和内部小路、场地、绿化等用地,不包括路面宽度等于和大于 6 m 的道路用地 |

| 类别代号 | | 类别名称 | 范　围 |
|---|---|---|---|
| 大类 | 小类 | | |
| R | R1 | 一类居住用地 | 以一~三层为主的居住建筑和附属设施及其间距内的用地,含宅间绿地、宅间路用地,不包括宅基地以外的生产性用地 |
| | R2 | 二类居住用地 | 以四层和四层以上为主的居住建筑和附属设施及其间距、宅间路、组群绿化用地 |
| C | | 公共设施用地 | 各类公共建筑及其附属设施、内部道路、场地、绿化等用地 |
| | C1 | 行政管理用地 | 政府、团体、经济、社会管理机构等用地 |
| | C2 | 教育机构用地 | 托儿所、幼儿园、小学、中学及专科院校、成人教育及培训机构等用地 |
| | C3 | 文体科技用地 | 文化、体育、图书、科技、展览、娱乐、度假、文物、纪念、宗教等设施用地 |
| | C4 | 医疗保健用地 | 医疗、防疫、保健、休疗养等机构用地 |
| | C5 | 商业金属用地 | 各类商业服务业的店铺,银行、信用、保险等机构。及其附属设施用地 |
| | C6 | 集贸市场用地 | 集市贸易的专用建筑和场地,不包括临时占用街道、广场等设摊用地 |
| M | | 生产设施用地 | 独立设置的各种生产建筑及其设施和内部道路、场地、绿化等用地 |
| | M1 | 一类工业用地 | 对居住和公共环境基本无干扰、无污染的工业,如缝纫、工艺品制作等工业用地 |
| | M2 | 二类工业用地 | 对居住和公共环境有一定干扰和污染的工业,如纺织、食品、机械等工业用地 |
| | M3 | 三类工业用地 | 对居住和公共环境有严重干扰、污染和易燃易爆的工业,如采矿、冶金、建材、造纸、制革、化工等工业用地 |
| | M4 | 农业服务设施用地 | 各类农产品加工和服务设施用地,不包括农业生产建筑用地 |

续二

| 类别代号 | | 类别名称 | 范　　围 |
|---|---|---|---|
| 大类 | 小类 | | |
| W | | 仓储用地 | 物资的中转仓库、专业收购和储存建筑、堆场及其附属设施、道路、场地、绿化等用地 |
| | W1 | 普通仓储用地 | 存放一般物品的仓储用地 |
| | W2 | 危险品仓储用地 | 存放易燃、易爆、剧毒等危险品的仓储用地 |
| T | | 对外交通用地 | 镇对外交通的各种设施用地 |
| | T1 | 公路交通用地 | 规划范围内的路段、公路站场、附属设施等用地 |
| | T2 | 其他交通用地 | 规划范围内的铁路、水路及其他对外交通路段、站场和附属设施等用地 |
| S | | 道路广场用地 | 规范范围内的道路、广场、停车场等设施用地,不包括各类用地中的单位内部道路和停车场地 |
| | S1 | 道路用地 | 规划范围内路面宽度等于和大于 6 m 的各种道路、交叉口等用地 |
| | S2 | 广场用地 | 公共活动广场、公共使用的停车场用地,不包括各类用地内部的场地 |
| U | | 工程设施用地 | 各类公用工程和环卫设施以及防灾设施用地,包括其建筑物、构筑物及管理、维修设施等用地 |
| | U1 | 公用工程用地 | 给水、排水、供电、邮政、通信、燃气、供热、交通管理、加油、维修、殡仪等设施用地 |
| | U2 | 环卫设施用地 | 公厕、垃圾站、环卫站、粪便和生活垃圾处理设施等用地 |
| | U3 | 防火设施用地 | 各项防灾设施的用地,包括消防、防洪、防风等 |
| G | | 绿地 | 各类公共绿地、防护绿地,不包括各类用地内部的附属绿化用地 |
| | G1 | 公共绿地 | 面向公众、有一定游憩的绿地,如公园、路旁或临水宽度等于和大于 5 m 的绿地 |
| | G2 | 防护绿地 | 用于安全、卫生、防风等的防护绿地 |

续三

| 类别代号 | | 类别名称 | 范　围 |
|---|---|---|---|
| 大类 | 小类 | | |
| E | | 水域和其他用地 | 规划范围内的水域、农林用地、牧草地、未利用地、各类保护区和特殊用地等 |
| | E1 | 水域 | 江河、湖泊、水库、沟渠、池塘、滩涂等水域,不包括公园绿地中的水面 |
| | E2 | 农林用地 | 以生产为目的的农林用地,如农田、菜地、园地、林地、苗圃、打谷场以及农业生产建筑等 |
| | E3 | 牧草和养殖用地 | 生长各种牧草的土地及各种养殖场用地等 |
| | E4 | 保护区 | 水源保护区、文物保护区、风景名胜区、自然保护区等 |
| | E5 | 墓地 | |
| | E6 | 未利用地 | 未使用和尚不能使用的裸岩、陡坡地、沙荒地等 |
| | E7 | 特殊用地 | 军事、保安等设施用地,不包括部队家属生活区等用地 |

附表4　人均建设用地指标分级

| 级　别 | 一 | 二 | 三 | 四 |
|---|---|---|---|---|
| 人均建设用地指标/(m²/人) | >60~≤80 | >80~≤100 | >100~≤120 | >120~≤140 |

附表5　规划人均建设用地指标

| 现状人均建设用地指标/(m²/人) | 规划调整幅度/(m²/人) |
|---|---|
| ≤60 | 增 0~15 |
| >60~≤80 | 增 0~10 |
| >80~≤100 | 增、减 0~10 |
| >100~≤120 | 减 0~10 |
| >120~≤140 | 减 0~15 |
| >140 | 减至 140 以内 |

注:规划调整幅度是指规划人均建设用地指标对现状人均建设用地指标的增减数值。

附表 6　建设用地比例

| 类别代号 | 类别名称 | 占建设用地比例/(%) | |
|---|---|---|---|
| | | 中心镇镇区 | 一般镇镇区 |
| R | 居住用地 | 28～38 | 33～43 |
| C | 公共设施用地 | 12～20 | 10～18 |
| S | 道路广场用地 | 11～19 | 10～17 |
| G1 | 公共绿地 | 8～12 | 6～10 |
| | 四类用地之和 | 64～84 | 65～85 |

附表 7　镇级、乡级规划公共设施项目配置

| 类　别 | 项　目 | 中心镇 | 一般镇 |
|---|---|---|---|
| 一、行政管理 | 1. 党政、团体机构 | ● | ● |
| | 2. 法庭 | ○ | — |
| | 3. 各专项管理机构 | ● | ● |
| | 4. 居委会 | ● | ● |
| 二、教育机构 | 5. 专科院校 | ○ | — |
| | 6. 职业学校、成人教育及培训机构 | ○ | ○ |
| | 7. 高级中学 | ● | ○ |
| | 8. 初级中学 | ● | ● |
| | 9. 小学 | ● | ● |
| | 10. 幼儿园、托儿所 | ● | ● |
| 三、文体科技 | 11. 文化站(室)、青少年及老年之家 | ● | ● |
| | 12. 体育场馆 | ● | ○ |
| | 13. 科技站 | ● | ○ |
| | 14. 图书馆、展览馆、博物馆 | ● | ○ |
| | 15. 影剧院、游乐健身场 | ● | ○ |
| | 16. 广播电视台(站) | ● | ○ |
| 四、医疗保健 | 17. 计划生育站(组) | ● | ● |
| | 18. 防疫站、卫生监督站 | ● | ● |
| | 19. 医院、卫生院、保健站 | ● | ○ |
| | 20. 休疗养院 | ○ | — |
| | 21. 专科诊所 | ○ | ○ |

续表

| 类　别 | 项　目 | 中心镇 | 一般镇 |
|---|---|---|---|
| 五、商业金融 | 22. 百货店、食品店、超市 | ● | ● |
| | 23. 生产资料、建材、日杂商店 | ● | ● |
| | 24. 粮油店 | ● | ● |
| | 25. 药店 | ● | ● |
| | 26. 燃料店(站) | ● | ● |
| | 27. 文化用品店 | ● | ● |
| | 28. 书店 | ● | ● |
| | 29. 综合商店 | ● | ● |
| | 30. 宾馆、旅店 | ● | ○ |
| | 31. 饭店、饮食店、茶馆 | ● | ● |
| | 32. 理发馆、浴室、照相馆 | ● | ● |
| | 33. 综合服务站 | ● | ● |
| | 34. 银行、信用社、保险机构 | ● | ○ |
| 六、集贸市场 | 35. 百货市场 | ● | ● |
| | 36. 蔬菜、果品、副食市场 | ● | ● |
| | 37. 粮油、土特产、畜、禽、水产市场 | 根据镇的特点和发展需要设置 | |
| | 38. 燃料、建材家具、生产资料市场 | | |
| | 39. 其他专业市场 | | |

注:表中●——应设的项目;○——可设的项目。

**附表 8　镇区道路规划技术指标**

| 规划技术指标 | 道路级别 | | | |
|---|---|---|---|---|
| | 主干路 | 干路 | 支路 | 巷路 |
| 计算行车速度/(km/h) | 40 | 30 | 20 | — |
| 道路红线宽度/m | 24～36 | 16～24 | 10～14 | — |
| 车行道宽度/m | 14～24 | 10～14 | 6～7 | 3.5 |
| 每侧人行道宽度/m | 4～6 | 3～5 | 0～3 | 0 |
| 道路间距/m | ≥500 | 250～500 | 120～300 | 60～150 |

# 参 考 文 献

[1] 中华人民共和国建设部.GB 50188—2007 镇规划标准[S].北京:中国建筑工业出版社,2007.

[2] 中华人民共和国建设部.GB 50028—2006 城镇燃气设计规划[S].北京:中国建筑工业出版社,2006.

[3] 中华人民共和国住房和城乡建设部.GB 50039—2010 农村防火规范[S].北京:中国计划出版社,2010.

[4] 中华人民共和国住房和城乡建设部.CJJ 34—2010 城镇供热管网设计规范[S].北京:中国建筑工业出版社,2010.

[5] 同济大学.城市规划原理[M].2 版.北京:中国建筑工业出版社,1996.

[6] 王宁,王炜,赵荣山,等.小城镇规划与设计[M].北京:科学出版社,2001.

[7] 李德华.城市规划原理[M].北京:中国建筑工业出版社,2001.